Lektorat: Sigrid Ott

Verlust des ewigen Eises

Es ist Zeit Alarm zu schlagen!

Es wird warm, die Erde wärmt sich auf.
Polkappen und Gletscher sind am verschwinden.

Die globale Entstehung und Auswirkungen des Klimawandels auf unseren Planeten Erde und deren Veränderungen auf das Leben der Menschen und der weltweiten Umwelt, in der wir heute leben.

Von Hans-Jürgen Briest

Wir leben in einer trügerischen Ruhe. Es zeigt sich deutlich, dass es höchste Zeit ist, Lösungen zu entwickeln, wie die wachsenden Bedürfnisse der Weltbevölkerung mit den vorhandenen Rohstoffen gedeckt werden können. Vor dem Hintergrund, dass 2050 voraussichtlich mehr als neun Milliarden Menschen die Erde bevölkern werden, ist die Lösung dieser Frage fundamental. Der westliche Lebensstil hat zu einer gefährlichen Schieflage des Planeten geführt.

Je früher die Trendumkehr geschafft wird, desto besser.

Weltweit schmelzen die Gletscher in alarmierender Geschwindigkeit. Auch die Polarregionen verlieren ihre Eiskappe, riesige Eisberge treiben mit den Meeresströmungen bis in tropische Regionen. Schwere Stürme verwüsten ganze Landstriche in immer kürzerer Folge. Große Trockenheit wechselt sich mit sintflutartigen Niederschlägen ab. Flüsse treten über ihre Ufer, denn die Böden können nach Dürreperioden kaum mehr Wasser aufnehmen. Mit zunehmender Erwärmung des Klimas werden sich solche Wetterextreme häufen. Immer mehr Menschen werden durch die Ausbreitung der Wüsten, zunehmende Hochwasser und Stürme oder durch den steigenden Meeresspiegel in Zukunft aus ihrer Heimat vertrieben. Der Klimawandel ist Realität. Wir können nur noch beeinflussen, wie gravierend er wird.

Für meine Lebensfreunde

Heinz und Anneliese

Walter und Maria

In Gedenken an unsere verbrachten Stunden der Gemeinsamkeit
und den vielen Themen des Diskutierens.
Oft nächtelang, oft mit unterschiedlicher Meinung,
doch immer getragen von gegenseitigem Respekt und Verstehen.
Wir besuchten zusammen viele Platze der Natur, lernten sie lieben
und achten. Nun müssen wir sehen, dass vieles, was wir so sehr an
der Natur liebten, für immer von uns geht.
Wir sind nicht vor Problemen abgetaucht, wir haben sie
besprochen und erkannt, angepackt und Lösungen gesucht.
So hoffe ich sehr, dass all unsere Kinder diesen Weg des
Verstehens und Respektierens in ihrem Leben gehen werden.

Eure Freundschaft hat mir oft und viel geholfen.

Vielen Dank!

Hans-Jürgen

Gott schuf den Menschen zu seinem Bilde,
zum Bilde Gottes schuf er ihn und schuf ihn
als Mann und Weib.

Gott segnete sie und sprach zu ihnen:

„Seid fruchtbar und mehret Euch, füllet die Erde und macht sie
Euch untertan, herrscht über die Fische im Meer, über die Vögel
am Himmel, über das Vieh und über alles Getier, das auf Erden
kriecht."

Und Gott sah alles an, was er gemacht hatte und siehe, es war gut.

Der Mensch hat sich die Erde längst untertan gemacht.
Mit Feuer, Schwert und Bomben hat er sie überwacht.

Was kümmert uns die Zukunft, wir beichten im Gebet:
„Verzeih' mir meine Habgier, denn mein, ist der Planet!"

Wir predigen die Liebe und führen täglich Krieg.
Wir kämpfen nicht für Ziele, nur für den eigenen Sieg.
Wir sagen nicht mehr „Bitte!", wir schreien nur „Ich will."
Die halbe Welt verhungert, die halbe Welt hält still!

Atomexplosionen – was heißt das schon?

Denn was soll schon passieren? Wir fragen nicht,
wir nehmen, wir leben uns' re Gier!

Denn nach uns kommt die Sintflut, doch erst mal
kommen wir!

Wir nennen uns Krone der Schöpfung, die Helden der Evolution.

Das Meisterwerk im Universum benimmt sich wie die Inquisition.

Wir tragen die Krone der Schöpfung, eher so wie einen Karnevalshut.

Besoffen vom Größenwahn, fühlt sich die Menschheit – edel und gut.

Wir haben das Gewissen im Überfluss verloren.
Und wenn man uns erinnert, verschließen wir die Ohren.
Wir leben ohne Gnade und stoßen uns gesund.
Giganten der Verschwendung mit nimmersattem Schlund.

Die Schöpfung ist so wunderbar!
Aus Finsternis, das erste Licht, der erste Tag. Himmelszelt und Erde, Land und Meer!

Wir stehlen unsern Kindern die Zukunft ihrer Welt.

Warum in Demut leben, die bringt zu wenig Geld!

Der Planet X – Nibiru

Für den **Planet X** werden viele Namen überliefert. Die Sumerer nannten ihn den **12. Planeten** oder**Nibiru**.

Was übersetzt bedeutet: der vorüberziehende, passierende Planet. Die Babylonier und Mesopotamier nannten ihn **Marduk**, den König des Himmels oder auch den großen Himmlischen Körper. Die antiken Hebräer bezogen sich auf ihn durch das Symbol des geflügelten Globus. Die Griechen nannten ihn Nemesis, die Propheten nannten ihn den Blauen Stern, den Roten Stern, den Feurigen Botschafter oder den Kometen der Verdammnis. Bei den Sumerern war er auch als Shar bekannt. Die antiken Hindu Astronomen nannten diese Umlaufbahn Treta Yuga und die Zerstörung, die er verursachte das Kali Yuga. Sein jetziges Symbol ist das X, welches ein mehrdeutiges Symbol ist. **X** = Crossing = Kreuzung, denn er kreuzt die andere Planetenbahnen in unserem Sonnensystem. Zum anderen ist **X** = lateinisch 10.

Da man sich bis heute nicht recht erklären kann, warum die Orbits von Kometen mit langer Umlaufzeit, gewissen Gesetzmäßigkeiten folgen, entwickelte ein britischer Astronom eine spektakuläre Theorie. Die Kometen könnten von einem riesigen unentdeckten Planeten beeinflusst werden, der 32.000 mal weiter von der Sonne entfernt ist als die Erde. Bereits im 18. und 19. Jahrhundert vermutete man aufgrund von Bahnstörungen der Planeten, dass die damals bekannten Planeten nicht alle Planeten des Sonnensystems sein konnten, und wurde durch die Entdeckungen von Uranus (1781) und Neptun (1846) bzw. Pluto (1930) bestätigt. Neptun wurde beispielsweise aufgrund von Bahnstörungen des Uranus durch Leverrier berechnet und von Johann Galle entdeckt.

Trotz dieser Entdeckungen waren gewisse Bahnanomalitäten nicht zu erklären und Percival Lowell, der in Flagstaff, Arizona, ein privates Observatorium gebaut hatte, vermutete die Existenz eines hypothetischen Planeten X und unternahm auch mehrere Versuche, diesen Planeten zu finden. Später, 1930, fand man ironischerweise Pluto an genau diesem Observatorium und zum anderen existiert nun mittlerweile auch eine Sichtung dieses ominösen **Planeten X** an eben diesem Observatorium vom April 2001. Doch bevor es zu dieser Sichtung kam, hatte bereits im Jahre 1978 Zecharia Sitchin aufgrund des Studiums der babylonischen Schöpfungsgeschichte schlussgefolgert, dass ein weiterer Planet in unserem Sonnensystem existieren muss, der jenseits von Pluto eine extrem lange Umlaufbahn haben müsste.

Er hat diese Erkenntnisse in seinem Buch „Der zwölfte Planet" niedergelegt. Zwei Jahre später im Jahre 1981 veröffentlichten mehrere Tageszeitungen, dass nach Auskunft eines Astronomen des U.S. Naval Observatoriums die Umlaufbahn von Pluto anzeigen würde, dass Planet X existiert. Auch die NASA stellte 1982 offiziell fest, dass die Möglichkeit der Existenz von Planet X durchaus gegeben sei. Ein Jahr später wurde der IRAS-Satellit, ein Infraroter, astronomischer Satellit, gestartet und durch diesen soll der Planet X, Planet Nr. 10 – lateinisch X, sehr schnell gefunden worden sein. In einer Zusammenfassung der Washington Post sagte ein Chef-Wissenschaftler des IRAS vom JPL-California, dass ein Himmelskörper so groß wie Jupiter als ein Teil des Sonnensystems durch ein Teleskop im Orbit der Erde gefunden worden sein soll und zwar in der Richtung des Sternbilds Orion. Das Teleskop soll diesen Himmelskörper genau dort gefunden haben, wo er vermutet wurde. Anscheinend soll man von seiner Existenz und seiner Position schon seit Jahren gewusst haben und hatte dies dann mit einem technischen Auge noch einmal bestätigt gefunden.

Der Planet X, der Zehnte Planet, der Zwölfte oder **Nibiru**, es ist der gleiche Planet, ist riesig, um ein Mehrfaches größer als die Erde. Wenn der aus Meteoren bestehende Schweif des Planeten die Erde umfasst, dann wird er alles verwüsten. Der Planet selbst wird mit der Erde nicht zusammenstoßen. Das würde eine unvorstellbare Katastrophe hervorrufen.

Die Erde wird von dem Schweif umfasst. Um die Sprache der Wesen von der Zweiten Erde zu verwenden, er wird mit seinem Schweif den Nord oder Südpol sauber fegen.

Dann tritt das ein, wovon Patrick Geryl erzählte **das Eis wird schmelzen** und große Landflächen der Erde werden fast **sofort überschwemmt.** In den letzten Jahren wurden einige Sonden und Satelliten ins All geschossen. Der Öffentlichkeit wurde der Sinn und Zweck dieser übermäßig zahlreichen Aktionen mit Forschungszwecken erklärt, welches streng genommen auch der Tatsache entspricht. Nur war und ist der Hauptzweck dieser Aktionen eben die Aufspürung und die faktische Beweisführung für die Existenz, bzw. die Überwachung des Orbits und der derzeitigen Position des **Planeten X.** ausgewählte Mitglieder der NASA und einige Vertreter gewisser Regierungen sind involviert, der Öffentlichkeit werden diese Erkenntnisse aus gewissen Gründen nicht mitgeteilt, man mag sich selber denken, warum.

Astronomen der Louisiana-Lafayette-Universität haben jedoch bestätigt, dass sich das Furcht einflößende Objekt tatsächlich da draußen befindet. Aus Expertenkreisen ist außerdem zu entnehmen, dass sich dieses Objekt der Erde beständig nähert und diese abhängig von seiner Geschwindigkeit ist, die er in absehbarer Zeit erreichen werde. John Murray von der Open Universität in London versuchte drei Jahre lang, die Existenz dieses Riesenplaneten zu beweisen. Während ihn seine Kollegen zunächst belächelten, bestätigte ein US-Wissenschaftlerteam seine Hypothese.

So erklärten John Matese, Daniel Whitmire und Patrick Whitman von der Universität Louisiana: „Wir haben das seltsame Verhalten vieler Kometen und Sonden ebenfalls festgestellt. Nachdem wir jede denkbare alternative Erklärung geprüft haben, können auch wir nur folgern, dass sich nahe der **Ortschen Wolke ein sehr großer Himmelskörper befindet.**"

1983-1984 ortete der astronomische Infrarot-Satellit IRAS Hinweise auf einen X. Planeten. 1992 veröffentlichten die US Astronomen Harrington und van Flandern eine Studie, dem zufolge sie mit „85-prozentiger" Sicherheit von der Existenz dieses Planeten überzeugt sind, den sie für einen Eindringling im Sonnensystem halten. Der Planet soll gemäß Murray die Sonne im Uhrzeigersinn umkreisen, im Gegensatz zu allen bekannten neun Planeten. Seine Arbeit erschien in der Novemberausgabe des Jahres 1999 des Bulletins der renommierten britischen Royal Astronomical Society, gleichzeitig publizierten die Amerikaner ihre Forschungen in der Fachzeitschrift „Icarus".

Soviel zu der bisher weithin unbekannten „Öffentlichkeitsarbeit" einiger Experten, nur über die Auswirkungen seiner Anwesenheit auf die Aktivitäten der Sonne wurde bisher wenig oder gar nicht geachtet. Die bereits begonnenen Wandlungen aufgrund zunehmender **Sonnenaktivität** werden alle unsere Erwartungen weit übertreffen. Es geht nicht mehr um das „Wann", wir stecken bereits mitten darin – es geht nur um die Frage der Heftigkeit des Wandlungs- und Erschütterungsgrades, eben ausgelöst durch die Anwesenheit von Planet X, bzw. durch den Einfluss seiner enormen Kräfte. Da Dr. Harrington vom US-Marineobservatorium sagte, dieser Todesstern sei bis zu 4-mal größer als die Erde, und seine Masse dem 18-24-fachen der Erde entspreche, aber wesentlich höher in der Dichte sei, passt sich die Erde seinem starken elektromagnetischen Graviationssog temporär an, anstatt auf die Sonne ausgerichtet. Dennoch ist der Einfluss von Planet X so gewaltig auf die Sonne, das die Auswirkungen derer Aktivitäten auf unsere Erde und auch auf unserem Bewusstsein unglaublich sind. Seit 10 Jahren nun sendet der NASA-Satellit SOHO ununterbrochen Messdaten von der Sonne zur Erde. Von großer Bedeutung sind bei den Beobachtungen der Sonne die Sonnenflecken. Von diesen Sonnenflecken ist bekannt, dass sie den Zustand von sehr intensiven Magnetfeldern darstellen. Auf einer vollständig erhaltenen Keilschrifttafel wird Nibiru näher beschrieben.

„**Nibiru**, der die Übergänge von Himmel und Erde besetzt halten soll, weil jeder oben und unten **Nibiru** befragt, wenn sie den Durchgang nicht finden. **Nibiru** ist Marduks Stern, den die Götter am Himmel sichtbar werden ließen. **Nibiru** steht als Posten am Wendepunkt. Zum Posten **Nibiru** mögen die andern sagen: „Der die Mitte des Meeres (Tiamat) ohne Ruhe überschreitet, sein Name sei **Nibiru**, denn er nimmt die Mitte davon ein". Die Bahn der Sterne des Himmels sollen unverändert gehalten werden."

Schon aus der Geschichte können wir den bevorstehenden Klimawandel ableiten.

Dann tritt das ein, wovon Patrick Geryl erzählte, **das Eis der Pole wird schmelzen und große Landflächen der Erde werden fast sofort überschwemmt.**

Ich wurde als Nachkriegskind 1947 geboren. Es war eine Zeit als Deutschland und der Rest der Welt am Boden lagen. Hunger und allgemeiner Mangel bestimmten den Ablauf. Mit der Einführung der Deutschen Mark erlebte unser Land einen Aufstieg. Wir wurden zu Konsumenten erzogen und bauten eine weltweit anerkannte Industrie mit dem Gütesiegel „Made in Germany" auf. Umweltbelastungen übersah man zum Wohle der blühenden Wirtschaft. Unvoreingenommen und unaufgeklärt nahmen wir neue Krankheiten hin. Alle lebten im Wohlstandsrausch, dem Erreichen der nächsten Stufe, Wohlstand sollte und musste erreicht werden. Der Preis, den wir alle nun zu zahlen haben, ist in wirtschaftlicher und finanzieller Weise nicht ausdrückbar. Wir haben zugelassen das unsere Lebensgrundlagen Schaden genommen haben und nicht mehr ins richtige Lot gebracht werden können.

Wir schreiben nun eine neue Geschichte unseres Lebens und unseres Blauen Planeten „Erde". Alle Hoffnung liegt in einem radikalen Umdenken und weltweitem Handeln. Einige Informationen zu liefern und Anstöße zum Nachdenken zu geben liegen mir am Herzen.

Es gibt nur eine Welt und diese müssen wir bewahren.

Beringia

Versunkenes Land, eiszeitlicher Weg zwischen Asien und Amerika

Das Land war voller exotisch anmutender Tiere. Riesige Wollhaarmammuts mit etwa an die zweieinhalb Meter langen Stoßzähnen, stapften über die weiten Ebenen. Kurznasige Bären, anderthalb Meter hoch, witterten nach Beute. Das Land, auf dem zahlreiche Tier- und Pflanzenarten ihr zu Hause hatten, ist heute fast ganz verschwunden, doch vor rund zwei Millionen Jahren war es wirklich da. Beringia, so heißt dieser Subkontinent, der während der Eiszeit zwischen Nordamerika und Asien, am Rande der Arktis gelegen war. Seine Existenz verdankte er den gigantischen Gletschern der Eiszeit. In ihnen war ein Großteil der weltweiten Wassermassen auf dem Land gebunden. Dadurch sank der Meeresspiegel zeitweise und legte dadurch Teile der Beringsee trocken. Im Laufe vieler Jahrtausende entstand so eine karge, flache Steppenlandschaft: Beringia. Da dieses Land von hohen Gletschern umgeben war, an denen sich die Wolken abregneten, lag es im Regenschatten der Eisgiganten und war vermutlich kalt und trocken.

Mittlerweile ist Beringia verschwunden, über seinen Landmassen liegt heute ein 90 Meter tiefer Meeresabschnitt, die Beringstraße. Nach ihr wurde Beringia auch benannt. Vor vielen Tausend Jahren aber war Beringia, das sich von der Lena in Sibirien bis zum Mackenzie River im Nordwesten Amerikas erstreckte, eine Landbrücke, über die viele Tiere zu Fuß von Kontinent zu Kontinent wechseln konnten. Auch der Mensch nutzte das Land Beringia: Die „ersten Einwanderer", die sogenannten Paleo-Indianer, erreichten den nordamerikanischen Kontinent vor rund 20.000 Jahren aus Asien über diese Landbrücke.

Doch woher weiß man von der Verbindung zwischen den Kontinenten? In den 30er Jahren des vorigen Jahrhunderts fiel Wissenschaftlern auf, dass zu beiden Seiten der Beringstraße sehr ähnliche Pflanzen wuchsen. Sie mussten einst zu einer zusammenhängenden Landmasse gehört haben. Inzwischen haben die Wissenschaftler Beweise gesammelt: Entnimmt man dem Meeresboden in der Beringsee Proben, so enthalten diese Reste von Landpflanzen, die auf dem einst trockengelegten Meeresboden wuchsen. Aber auch Tierknochen, etwa die des riesigen Mammuts, deuten auf die einstige Landschaft hin.

Die Gletscher gingen, das Wasser kam

Als sich vor etwa 15.000 Jahren das Klima erwärmte, schmolzen die Gletscher, die Beringia geschaffen hatten, langsam ab. Das Meer stieg an und die einstige Landbrücke wurde überflutet. Da sich die Wolken nun nicht mehr an den aufgetürmten Eislandschaften abregneten, sondern ins Landesinnere ziehen konnten, fielen Niederschläge auf das einst karge Land. Es entstanden ausgedehnte Waldflächen und die Tiere und Pflanzen der Beringia-Steppe verschwanden.

Zu unserem Leben benötigen wir Wasser und Luft. Schon vor Millionen von Jahren bildeten sich große Seen und Meere. Ein See zeichnet sich durch seine Besonderheit aus, er liegt unter einem viertausend Meter dicken Eispanzer in der Antarktis. Nach ca 35 Millionen Jahren bohren Forscher diesen abgeschlossenen, vom ewigen Eis versiegelten See an.

Ein russisches Forscherteam erschließt nun eines der letzten unberührten Gebiete der Erde. Unter kilometertiefem Eis der Antarktis liegt der Wostoksee, der Klimaforscher, Geowissenschaftler und Biologen gleichermaßen interessiert. Doch die Bohrung birgt Risiken. Einer der lebensfeindlichsten Orte der Erde ist ein Eldorado für die Wissenschaft. Rund 1.300 Kilometer vom geografischen Südpol entfernt und 3.488 Meter über dem Meer liegt die russische Forschungsstation Wostok. Forscher kämpfen hier mit Sauerstoffarmut, extrem geringer Luftfeuchtigkeit und einer Durchschnittstemperatur von minus 60 Grad Celsius.

Doch ihr Einsatz lohnt sich: Denn der 3,6 Kilometer mächtige ostantarktische Eisschild ist das genaueste Klimaarchiv des Planeten, das Informationen der letzten 420.000 Jahre speichert. Und unter dem Eis erstreckt sich der Wostoksee, der bei Klimaforschern, Geowissenschaftlern und selbst bei Biologen das Herz höher schlagen lässt. Das subglaziale Gewässer ist mit Ausmaßen von 250 mal 50 Kilometer etwa so groß wie Schleswig-Holstein und wurde noch nie direkt erkundet. Diesen Zustand wollen russische Forscher nun endlich beenden. Denn es gilt als nationales Prestigeprojekt, den größten von mehr als 150 subglazialen Seen in der Antarktis erstmalig anzubohren und zu erforschen. Wissenschaftler glauben, dass das Gewässer seit beinahe 15 Millionen Jahren völlig von der Außenwelt abgeschlossen ist und hier bisher unbekannte Mikroorganismen leben, die sich an Dunkelheit, extreme Nährstoffarmut und einen Druck von 350 Atmosphären anpassen mussten. Am Grunde des Sees befinden sich außerdem Sedimentschichten, die bis in die Bildungszeit des Sees im späten Eozän zurückreichen. Hier ist also das Klimageschehen der Antarktis seit Beginn ihrer Vergletscherung vor 35 Millionen Jahren gespeichert.

Die ersten Anzeichen für die Existenz des Gewässers unter dem antarktischen Eisschild fanden schottische Forscher 1974. Bei der radargestützten Vermessung der Oberfläche entdeckten sie eine große und besonders ebene Fläche auf dem Gletscher. Sie entsteht, weil sich das antarktische Kontinentaleis langsam hangabwärts bewegt. Auf der Seeoberfläche schwimmen sie eben auf, was die Eisoberfläche begradigt. Später folgten Schwerefeldanalysen und genaue Satellitendaten, nach denen man die bekannten Ausmaße des Sees immer wieder nach oben revidieren musste.

Neuesten Abschätzungen zu Folge ist er bis zu 1.100 Meter tief und enthält 5.000 Kubikkilometer Wasser, hundert Mal mehr als der Bodensee. Im Jahr 1996 ging ein russisch-französisches Forscherteam erstmals mit dem See auf Tuchfühlung. Zuerst förderten sie den „Bohrkern 5G", in dem über unterschiedliche Isotopengehalte die atmosphärische Temperatur sowie die Konzentration der Treibhausgase CO_2 und Methan über die letzten vier Eiszeitzyklen hinweg erhalten sind.

Doch ab einer Tiefe von 3.539 Metern förderte die Bohrmannschaft plötzlich ein völlig andersartiges Eis zutage, das nicht wie in einem Gletscher üblich über Jahrtausende zusammengepresst worden war. Sie hatten so genanntes „akkretiertes Eis" erreicht: Seewasser fror an dieser Stelle in einer rund 200 Meter dicken Schicht an der Gletscherbasis an. Von hier sollte der Bohrmeißel direkt in den See vorstoßen; er wurden aber auf Druck der Unterzeichnerstaaten des Antarktisvertrags gestoppt: Die Gefahr sei zu groß, das bisher unberührte Habitat zu kontaminieren. Deshalb untersuchten die Forscher vorerst nur das akkretierte Eis. Die Proben wurden auf mehrere Institute verteilt, um nachträgliche Verunreinigungen leichter zu entdecken. Doch die ersten Ergebnisse waren ernüchternd.

Mikrobiologen von der University of Hawaii und von der Montana State University fanden zwar Hinweise auf nicht näher bestimmbare Mikroben. Doch ihr Anteil war mit 250 Zellen pro Milliliter extrem gering. Selbst in nährstoffarmen Habitaten der Tiefsee sei dieser Wert deutlich größer, so die Amerikaner. Russische Forscher erhielten bei späteren Vergleichsmessungen sogar nur Werte um 20 Zellen pro Milliliter, was sie auf unberücksichtigte Verunreinigungen durch die anderen Autoren zurückführten. Obwohl ihre eigenen Proben „im Wesentlichen frei von mikrobieller DNA" seien, identifizierten sie als einzige Art ein Wärme liebendes Proteobakterium.

Vielleicht stammte es aus tiefen Spalten unterhalb des Sees, dessen mittlere Temperatur druckbedingt bei etwa minus zwei Grad Celsius liegt, oder es handelte sich schlicht um eine weitere Verunreinigung.

„Das russische Team hat Pläne, um den Wostoksee zu schützen", beteuerte der Direktor des russischen Antarktisprogramms Valery Lukin auf einer Tagung der American Geophysical Union im März 2010. Denn die Bohrmannschaften arbeiteten nur bis knapp über dem See mit konventionellen Methoden: Sie füllen das Loch mit einem Gemisch aus Diesel und dem Lösungsmittel Freon. Das erhält den hohen Druck, damit die umgebenen Eismassen nicht die Bohrung zusammendrücken.

Da sich jedoch diverse Mikroorganismen von Kohlenwasserstoffverbindungen ernähren und den See verunreinigen könnten, ersetzt es Lukins Team in der letzten Phase durch steriles Silikonöl. Auf den finalen Metern arbeitet sich dann ein Hitzebohrer zum Wostoksee vor. Hier sei man erneut sehr vorsichtig, so Lukin. Da das Gewässer unter hohem Druck steht, werde keine Bohrspülung in den See strömen, sondern nur Wasser aus dem See in das Bohrloch. Das wolle man wieder erstarren lassen, um es dann im kommenden antarktischen Sommer genau zu untersuchen. Dennoch stehen viele Wissenschaftler der russischen Bohrung kritisch gegenüber.

„Verunreinigungen können selbst dann in den See gelangen, wenn das Vorhaben gelingt wie geplant", befürchtet ein Forscher vom Alfred-Wegener-Institut für Polar- und Meeresforschung in Bremerhaven. „Das kilometertiefe Bohrloch lässt sich beim Abpumpen der Bohrspülung nur schwer von allen Dieselrückständen befreien, die vielleicht von Mikroben kontaminiert sind. Und die würden dann in den See einwandern." Außerdem sei es wie beim akkretierten Eis schwer zu sagen, ob das erneut gefrorene Wasser Organismen aus dem See enthält, oder über die Spülung eingeschleppte Mikroben. „Anstatt gleich in den größten subglazialen

See einzudringen, sollten wir die sterile Bohrtechnik zuerst an einem der kleineren Gewässer versuchen", fordert ein Geowissenschaftler von der University of Bristol.

Genau das plane sein Team, das voraussichtlich Ende 2012 den Ellsworthsee in der Ostantarktis erschließen wird. Es arbeite auf der gesamten Tiefe mit einem sauberen Heißwasserbohrer und werde den See mit einem Tauchroboter erkunden. Sogar Bohrkerne würden die Forscher mit modernen Geräten aus dem Sediment am Grund fördern, um die Klimageschichte der Antarktis zu erkunden. Doch egal ob der große Wostok- oder der kleine Ellsworthsee durch unachtsame Bohrmannschaften kontaminiert wird. Der Schaden für das subglaziale Ökosystem der Antarktis könnte in beiden Fällen gravierend sein. Denn der Glaube an jeweils völlig isolierte Gewässer unter dem antarktischen Eis bröckelt. Ein Forscherteam entdeckte 2006, dass sich das Eis über zwei kleinen Seen der Ostantarktis kurzzeitig anhob und später wieder absenkte. Offenbar hatte Wasser die mächtigen Eismassen kurzerhand „hochgestemmt", woraufhin der erste See überlief. Innerhalb von 16 Monaten tauschten die Seen schätzungsweise 1,8 Kubikkilometer Wasser über eine Distanz von 290 Kilometern aus. Ein solches Verhalten wurde beim Wostoksee zwar bisher nicht beobachtet, wäre aber nicht unmöglich. Noch dazu befindet er sich im Zentrum des ostantarktischen Eisschilds und könnte sein Wasser an diverse Seen in der Umgebung verteilen. Eingeschleppte Organismen in einem einzelnen Gewässer würden sich also mit der Zeit ausbreiten und in einer Kettenreaktion gleich mehrere Ökosysteme „infizieren".
In unseren Klimakammern des Süd- und Nordpols lagern riesige Wasserreserven, wie wir von nur einem See feststellen konnten. Wasser ist Leben, doch auch Luft brauchen wir zum Leben.

78 Prozent Stickstoff, 21 Prozent Sauerstoff, etwas weniger als ein Prozent des Edelgases Argon und ein winziger Rest Spurengase. Die Erdatmosphäre, wie wir sie heute kennen, gab es so nicht

immer. Seit der Entstehung der Erde vor 4,6 Milliarden Jahren gab es mehrere Entwicklungsschritte.

Vor 4,6 Milliarden Jahren

ballt sich aus einer kosmischen Wolke aus Gas und Staub ein neuer Planet zusammen: **die Erde**. Ihre Masse hält die kosmischen Gase, die sie umgeben, durch Gravitation fest. So bildet sich eine Uratmosphäre aus Wasserstoff und Helium. Allerdings reicht die Anziehungskraft der frischgebackenen Erde noch nicht aus. Die Uratmosphäre kann dem Ansturm der Sonnenwinde aus dem All nicht standhalten und wird einfach in die Weite des Weltalls geblasen.

Die junge Erde wird von den Vorgängen in ihrem Inneren sowie durch zahlreiche Meteorite, die permanent auf ihr einschlagen, sehr heiß und weitgehend in zähflüssigem Zustand gehalten. So können sich die einzelnen Elemente, aus denen die Erde besteht, nach ihrem Gewicht auftrennen und der heutige Schalenaufbau der Erde entsteht, vom festen inneren Kern bis zur äußeren Erdkruste. Ab jetzt bildet sich eine neue Atmosphäre, deren Gasbestandteile dieses Mal nicht von Außen, vom Weltall, kommen, sondern durch Ausgasungen, vor allem durch Vulkanismus, vom Inneren der Erde. Die Erdatmosphäre enthält jetzt hauptsächlich Kohlendioxid; hinzu kommen noch Stickstoff, Methan, Ammoniak, Schwefelwasserstoff und Wasserdampf! Dieser kondensiert an Staub- und Ascheteilchen und so prasseln pausenlos Regenschauer auf die Erde. Für die Ausbildung von Ozeanen ist es zunächst aber noch zu heiß. Das Wasser verdampft sofort wieder, wenn es auf die Erdoberfläche trifft.

Vor 3,5 Milliarden Jahren

Die Erde ist inzwischen so weit abgekühlt, dass das Wasser nicht mehr verdampft und sich ab jetzt auf der Erdoberfläche ansammeln kann. Ein viele Hundert Millionen Jahre andauernder Regen lässt die Ozeane entstehen und wäscht das Kohlendioxid und den Schwefel aus der Atmosphäre. Übrig bleibt vor allem Stickstoff. Es bildet sich auch schon ein wenig Sauerstoff. Fotochemisch, durch die Aufspaltung von Wasserdampf (H_2O) und Kohlendioxid (CO_2). Die Ozonschicht beginnt sich in der Stratosphäre, der zweiten Schicht der Erdatmosphäre, auszubilden. Inzwischen spielt sich auch unter Wasser Erstaunliches ab: Kleine winzige blaugrüne Zellen, Cyanobakterien, betreiben erstmalig Fotosynthese. Sie nutzen die Energie des Sonnenlichts, um aus Wasser und Kohlendioxid Zucker herzustellen.

Vor 2,5 Milliarden Jahren

Sozusagen als Abfallprodukt entsteht bei der Fotosynthese Sauerstoff, der sich zunächst im Wasser der Ozeane anreichert. Als das Wasser mit Sauerstoff „gesättigt" ist, entweicht dieses neue „Abgas" dann schließlich in die Erdatmosphäre. Jetzt kann sich an Land Leben entwickeln, das Sauerstoff atmet. Die in der Stratosphäre bereits gebildete Ozonschicht absorbiert die schädliche ultraviolette (UV) Strahlung der Sonne und schützt das Leben auf der Erde, sodass es sich ungehindert ausbreiten kann. Die Lebewesen, die Sauerstoff einatmen, atmen Kohlendioxid aus. Das Kohlendioxid wird von den Pflanzen aufgenommen, die dann ihrerseits Sauerstoff in die Atmosphäre abgeben.

Vor 500 Millionen Jahren bis heute

Der Sauerstoffgehalt erreicht allmählich den Volumenanteil, den er auch heute noch in der Atmosphäre hat. Auch die Ozonschicht in der Stratosphäre ist annähernd so ausgeprägt wie heute. Vor etwa 200 Millionen Jahren ist die Zusammensetzung der Luft dann so, wie wir sie heute kennen: 78 Prozent Stickstoff, 21 Prozent Sauerstoff, etwas weniger als ein Prozent Argon, der Rest Spurengase, die zwar nur einen winzigen Anteil am Gesamtvolumen einnehmen, von denen aber einige, wie zum Beispiel das Kohlendioxid und das Methan, für unser Klima von größter Bedeutung sind.

Die Erdatmosphäre erstreckt sich von der Erdoberfläche bis in eine Höhe von 10.000 Kilometern. Diese gigantische Hülle, die die Erde umgibt ist aber keineswegs überall gleich aufgebaut. Der Druck, aber auch die Temperatur und der Gehalt an Gasen, wie Wasserdampf oder Kohlendioxid ist recht unterschiedlich.

Troposphäre, 0 bis 15 Kilometer Höhe

In der Schicht, in der wir leben, sind 80 bis 90 Prozent der gesamten Luftmasse und fast der gesamte Wasserdampf der Atmosphäre enthalten. Wolken und Wasserkreislauf sind also eine „troposphärische Angelegenheit". Über dem Äquator reicht die Troposphäre bis in eine Höhe von circa 17 Kilometern, über den Polarregionen nur bis etwa acht Kilometer. Passagierflugzeuge verkehren typischerweise in Höhen von zehn bis zwölf Kilometern. Je nachdem auf welchem Breitengrad befinden sie sich noch in der Troposphäre oder schon in der Stratosphäre. Mit zunehmender Höhe wird es in der Troposphäre immer kälter. Pro 100 Höhenmeter nimmt die Temperatur durchschnittlich um 6,5 Grad Celsius ab. An der Obergrenze der Troposphäre können Temperaturen von bis zu minus 80 Grad Celsius herrschen.

Stratosphäre, 15 bis 50 Kilometer Höhe

Ab hier wird es nach oben hin nicht mehr kälter, sondern wärmer. Der Grund dafür: In der oberen Stratosphärenregion wird die ultraviolette (UV) Strahlung des Sonnenlichtes durch die Ozonschicht absorbiert und in Wärme umgewandelt. Die Ozonschicht befindet sich über den mittleren Breiten in einer Höhe von circa 20 bis 45 Kilometern Höhe. Die UV-Filterfunktion des Ozons ist von großer Bedeutung, denn würde die energiereiche UV-Strahlung die Erdoberfläche erreichen, wäre das für das Leben dort eine große Bedrohung. Durch die Wärme, die bei der Absorption in der Ozonschicht entsteht, steigt die Temperatur in der Stratosphäre von minus 80 Grad Celsius auf null Grad Celsius an. Obwohl die Stratosphäre im Gegensatz zur Troposphäre fast keinen Wasserdampf enthält, kann es unter extrem kalten Bedingungen zur Ausbildung von perlmuttartig schimmernden Stratosphärenwolken kommen.

Mesosphäre, 50 bis 85 Kilometer Höhe

In der Mesosphäre verglühen Staubteilchen und kleinere Gesteinsbrocken aus dem All, die ohne die „Atmosphärenbremse" auf die Erde stürzen würden. Am Himmel wird dieses Verglüh-Spektakel in Form von Sternschnuppen sichtbar. Ozon kommt in der Mesosphäre kaum noch vor und die Temperatur sinkt wieder. Bis zu minus 100 Grad Celsius kann es kalt werden. Damit ist die Mesosphäre die kälteste Schicht der gesamten Erdatmosphäre. Die Luft hat hier nur noch ein Tausendstel der Dichte der Luft auf Höhe des Meeresspiegels. In einer Höhe von circa 80 Kilometern können sich „leuchtende Nachtwolken" bilden. Sie sind erst zu sehen, wenn die Sonne schon hinter dem Horizont verschwunden ist.

Thermosphäre, 85 bis 500 Kilometer Höhe

Das ist der Bereich, in dem sich Spaceshuttles und die internationale Raumstation ISS (Umlaufbahn in 350 km Höhe) aufhalten. Die Luft ist extrem dünn. Der Abstand zwischen den einzelnen Gasteilchen kann mehrere Tausend Meter betragen. Die Temperatur steigt bis über 1700 Grad Celsius. Unsere persönliche Vorstellung von hoher Temperatur greift hier allerdings nicht mehr. Die Gasteilchen bewegen sich zwar mit unglaublich großer Geschwindigkeit, was die hohe Temperatur ausmacht, sind aber so weit voneinander entfernt, dass zwischen ihnen so gut wie kein Energieaustausch stattfindet.

Exosphäre, 500 bis 10.000 Kilometer Höhe

Innerhalb der Exosphäre, der äußersten Schicht der Erdatmosphäre, findet sozusagen der fließende Übergang ins Weltall statt. Der Einfluss der Erdanziehungskraft wird mit zunehmender Höhe immer schwächer; irgendwann dann so schwach, dass die Gasmoleküle nicht mehr festgehalten werden können und ins All entweichen.

Unsere Erdatmosphäre schenkt uns also die Luft zum Atmen und macht den Himmel blau, verleiht Sonnenauf- und -untergängen einen romantischen Touch und zaubert nach einem ordentlichen Gewitterschauer faszinierend bunte Regenbögen. Sie hält Flugzeuge in der Luft und bringt Kometen zum Glühen. Von der Erde aus betrachtet scheint die Lufthülle über uns bis ins Unendliche zu reichen. Einem Astronauten im Weltall präsentiert sich die Erdatmosphäre dagegen als ein hauchdünner, zerbrechlicher Schleier, der die Erde zartblau ummantelt. Wäre die Erde nur so groß wie ein Apfel, dann hätte die Atmosphäre gerade mal die Dicke seiner Schale. Obwohl wir sie nicht sehen können: Spätestens, wenn uns ein kräftiger Wind um die Ohren bläst, wird klar – Luft ist nicht „nichts".

Genauso wie zum Beispiel Steine, wir Lebewesen oder Wasser, besteht auch die Luft aus unvorstellbar kleinen „Teilchen": Atomen beziehungsweise Molekülen. Durch die Erdanziehungskraft sind diese Gasteilchen an die Erdoberfläche gebunden und bilden so unsere Atmosphäre. Ständig sind innerhalb der Erdatmosphäre Umwandlungs- und Durchmischungsprozesse im Gang. Die Gase der Atmosphäre treten dabei mit der Erdkruste, den Ozeanen, Seen und Flüssen und allen Lebewesen in Wechselwirkung. Erstaunlicherweise bleibt dabei das Mischungsverhältnis der einzelnen Gase innerhalb der Atmosphäre annähernd gleich. Bei der Gestaltung unserer Erde spielten die Gletscher bedeutend mit.

Gletscher haben mit ihrer Kraft die Landschaften unseres Planeten bedeutend mitgestaltet. Die eisigen Riesen sind für viele Täler, Seen und Hügel verantwortlich. Heute sind sie nicht nur für Wintersportler ein beliebtes Ziel, sondern dienen auch als Süßwasserspeicher. Dennoch geht der Mensch mit diesen Zeugen der Eiszeit nicht besonders pfleglich um. Die zunehmende Erwärmung des Erdklimas sorgt dafür, dass viele Gletscher immer kleiner werden oder sogar ganz verschwinden.

Immer wieder gab es Phasen der Erdgeschichte, in denen das Weltklima für eine gewisse Dauer verhältnismäßig kalt oder warm war. Die sogenannten Eiszeiten, in denen die Vergletscherung ein wesentlich größeres Ausmaß einnahm als heute, sind im Vergleich zu den Warmzeiten kurz. Wissenschaftler gehen von mindestens drei Eiszeiten aus, die das Bild der Erde geprägt haben.

Eine sehr starke Vergletscherung der Erde entstand vor circa 250 Millionen Jahren gegen Ende des Paläozoikums, das auch Erdaltertum genannt wird. Eine weitere, noch viel weiter in der Vergangenheit liegende Eiszeit beherrschte die Erde vor rund 2,3 Milliarden Jahren, im Proterozoikum. Die letzte Eiszeit, das Pleistozän, liegt dagegen in der verhältnismäßig jungen Vergangenheit der Erde, denn das Pleistozän begann „erst" vor rund 1,7 Millionen Jahren und endete vor 10.000 bis 15.000 Jahren. Charakteristisch für diese letzte Eiszeit ist, dass sie insgesamt gesehen als Kaltzeit bezeichnet wird, aber dennoch klimatischen Schwankungen unterworfen war.

Es gab sowohl kalte Perioden, die sogenannten Glazialen als auch relativ warme Zeiten, die Interglazialen. Die heftigen Niederschläge während der Glazialen waren mit Ursache dafür, dass sich zu dieser Zeit riesige Gletscher bildeten. Über die genaue Ursache von Eiszeiten wird noch immer spekuliert. Sicher erscheint jedoch, dass dabei die Position und Entfernung der Erde auf ihrer Umlaufbahn um die Sonne eine große Rolle spielt.

Gletscher entstehen dann, wenn in einer bestimmten Region mehr Schnee fällt, als wieder verdunsten oder abtauen kann. Fallen auf den bereits vorhandenen Schnee weitere Niederschläge, werden die unteren Kristalle immer weiter zusammengedrückt. Es entsteht das sogenannte Firneis. Dieses wird durch weitere Schneeschichten noch mehr verdichtet und wird schließlich zu Gletschereis. Ab einer bestimmten Dicke beginnt der Gletscher durch die Schwerkraft ins Tal zu wandern.

Ohne die Gletscher sähe Mitteleuropa ganz anders aus. Denn in der Eiszeit bis vor gut 15.000 Jahren war die Landschaft mit mächtigen Eismassen überzogen. Viele Hügel und Talsenken, Seen und Bachläufe sowie Unmengen an Aufschüttungen von Geröll gäbe es ohne die Gletscher von damals nicht. Aus zwei Richtungen suchten sich die Eisriesen ihren Weg. Aus Norden über das Gebiet der heutigen Ostsee und aus dem südlichen Alpenraum. Durch die Kraft, mit der sich die kilometerdicken Gletscher nach vorne schoben, wurden Berge und Täler aufgeschüttet. Im Bereich voreiszeitlicher Vertiefungen entstanden durch die schürfende Wirkung des Eises riesige Tröge oder Trichter, die Kare. Vielfach sind diese heute von sogenannten Karseen gefüllt. Typische Karseen sind die „Augenseen" des Schwarzwaldes, die wegen ihrer oft kreisrunden Form innerhalb eines tiefen und heute dicht bewaldeten Trogtales attraktive Touristenziele darstellen. Hier erinnert mich der Glaswaldsee und der Mummelsee im Nordschwarzwald besonders mit ihrer schönen Waldlage.

Als die Gletscher der Eiszeit abschmolzen, hinterließen sie den mitgeführten Schutt in Form von Stirn-, Seiten- und Grundmoränen. Wer aus nördlicher Richtung in die Alpen reist, wird unweigerlich die Hügelformen des Alpenvorlandes passieren, die einst von Gletschern aufgeschüttet wurden. Die Landschaft Norddeutschlands, in der Gletscher aus Skandinavien wirkten, wird in Jung- und Altmoränenlandschaft unterteilt. Das Jungmoränenland ist jenes Gebiet, das durch das Inlandeis der Jüngsten, also der

Würm- oder-Weichsel-Kaltzeit geformt wurde. Typisch für das Jungmoränenland sind der Seenreichtum sowie ein unübersichtliches Gewässernetz.

Weitere Beweise dafür, dass Deutschland einmal von Gletschern bedeckt war, sind vereinzelt noch heute auf den Äckern der Voralpenlandschaft und in Norddeutschland zu finden. Große runde Steine, sogenannte Findlinge, zeugen von der Macht eines Gletschers, der die Steine mit sich führte und dort zurückließ, als das Klima wärmer wurde und das Eis schmolz.

Vor allem in den Alpen finden sich weitere deutliche Spuren der eiszeitlichen Gletscher, die Schrammen. Das sind parallel in Felsen verlaufende Rillen, die die ehemalige Fließrichtung des Gletschers anzeigen. Diese Gletscherschrammen kratzten vom Eis mitgeführte Steine ein. Anders die Gletschertöpfe. Sie entstanden am Grund des Gletschers durch die Wucht des abfließenden Wassers.

Wie heute noch auf den Alpengletschern floss das Schmelzwasser zuerst auf der Eisoberfläche und drang durch Spalten ins Innere des Gletschers. Am Grund des Gletschers stand das Wasser unter hohem Druck, und das Schmelzwasser war stark durchsetzt von Sand und Kies, die innerhalb weniger Jahre die Gletschertöpfe aushöhlten. Heute erkennt man Gletschertöpfe an ihrer annähernd schraubenförmigen Lochform, die sich wie eine steilwandige senkrechte Höhle in das Gestein windet.

Die Welt, in der wir heute leben, benötigte sehr lange Zeit, um so zu sein, wie sie noch bis vor Kurzem war. Die Industrialisierung und der massive menschliche Eingriff haben die Situation verändert. Man hat erkannt, dass es in diesem Stil kein Weiterleben mehr auf Dauer geben kann. Internationale Umweltgruppen, aber auch Regierungen beginnen zu reagieren. Die umweltpolitische Aufklärung beginnt zu greifen und man zeigt Interesse an Lösungen, dies war nicht immer so.

Ich möchte nachfolgend aufzeigen, wie der Wissensstand auf dem Gebiet der Klimaforschung zur Aufwärmung unseres Planeten ist:

Treibhausgas-Emissionen nehmen zu:

Im Jahr 2008 wurden rund 40 Prozent mehr Kohlendioxid aus fossilen Quellen freigesetzt als im Jahr 1990. Selbst wenn die Emissionen ab jetzt stabil blieben, würde schon innerhalb von 20 Jahren so viel CO_2 ausgestoßen, dass dadurch die globale Erwärmung mit einer Wahrscheinlichkeit von 25 Prozent 2 Grad Celsius überschreiten würde, **selbst bei Nullemissionen ab 2030.** Mit jedem Jahr, in dem nichts unternommen wird, steigt die Wahrscheinlichkeit, dass 2 Grad Celsius Erwärmung überschritten werden.

Aktuelle globale Temperaturen zeigen die von menschlichen Aktivitäten verursachte Erwärmung:

Während der vergangenen 25 Jahre sind die Temperaturen im Mittel um 0,19 Grad pro Jahrzehnt angestiegen. Das stimmt sehr gut mit den Vorhersagen aufgrund der wachsenden Treibhausgas-Konzentration in der Atmosphäre überein. Selbst im letzten Jahrzehnt hat sich der Erwärmungstrend fortgesetzt, obwohl die Sonneneinstrahlung abgenommen hat. Natürliche, kurzzeitige Schwankungen treten wie immer weiterhin auf, am darunter liegenden Erwärmungstrend sind jedoch keine signifikanten Veränderungen zu beobachten.

Eisschilde und Gebirgsgletscher schmelzen beschleunigt ab:

Satelliten- und direkte Messungen belegen eindeutig, dass sowohl der grönländische als auch der antarktische Eisschild immer rascher an Masse verlieren. **Seit 1990 hat sich auch das Abschmelzen von Gletschern in anderen Regionen der Welt beschleunigt.**

Rapider Schwund des arktischen Meereises:

Das arktische Meereis schwindet sommers deutlich schneller als nach den Projektionen von Klimamodellen zu erwarten war. Die Eisausdehnung in den Sommern der Jahre 2007 bis 2009 war jeweils rund 40 Prozent kleiner als der Mittelwert der Simulationsrechnungen für den vierten Sachstandsbericht des Weltklimarats IPCC von 2007.

Derzeitiger Anstieg des Meeresspiegels unterschätzt:

Satellitenmessungen belegen, dass der Meeresspiegel in den letzten 15 Jahren um 3,4 Millimeter pro Jahr gestiegen ist, das ist rund 80 Prozent rascher als in früheren IPCC-Projektionen. Diese Beschleunigung des Anstiegs ist konsistent mit einer Verdoppelung des Beitrags schmelzender Gebirgsgletscher sowie des grönländischen und des westantarktischen Eisschildes.

Überarbeitete Projektionen des Meeresspiegelanstiegs:

Bis zum Jahr 2100 wird der Meeresspiegel wahrscheinlich mindestens doppelt so stark steigen wie von der Arbeitsgruppe 1 des 4. IPCC-Berichts projiziert; bei unverminderten Treibhausgas-Emissionen könnte er um mehr als einen Meter steigen. Die Obergrenze wurde als ca. zwei Meter bis 2100 abgeschätzt. Der Anstieg wird sich noch Jahrhunderte lang fortsetzen, nachdem die globalen Temperaturen stabilisiert wurden, und es muss mit einem weiteren Anstieg **um mehrere Meter in den kommenden Jahrhunderten gerechnet werden.**

Handlungsverzug riskiert irreversible Schäden:

Ungebremst fortschreitende Erwärmung könnte noch in diesem Jahrhundert abrupte oder irreversible Veränderungen mehrerer empfindlicher Elemente des Klimasystems anstoßen, wie z. B. der kontinentalen Eisschilde, des Regenwaldes im Amazonasgebiet, des westafrikanischen Monsuns und anderen. Das Risiko, kritische Schwellenwerte, sogenannte Kipppunkte zu überschreiten, wird bei ungebremstem Klimawandel im Verlauf dieses Jahrhunderts stark ansteigen. Auf größere wissenschaftliche Gewissheit zu warten könnte zur Folge haben, dass solche kritischen Punkte überschritten werden, bevor man sie als solche erkannt hat.

Der Wendepunkt muss bald erreicht werden:

Wenn die globale Erwärmung auf 2 Grad Celsius gegenüber vorindustriellen Werten begrenzt werden soll, müssen die globalen Emissionen zwischen 2015 und 2020 ihren Gipfel erreicht haben und anschließend rasch abnehmen. Um das Klima zu stabilisieren, muss die Dekarbonisierung der Gesellschaft – die Verringerung des Ausstoßes von Kohlendioxid und anderen langlebigen Treibhausgasen auf fast Null – deutlich vor Ende des Jahrhunderts erreicht werden. Die durchschnittlichen jährlichen Pro-Kopf-Emissionen müssen bis zum Jahr 2050 auf weit unter eine Tonne CO_2 reduziert werden. **Dieser Wert liegt 80 bis 95 Prozent unter den Pro-Kopf-Emissionen der Industriestaaten im Jahr 2000.**

Auf anderem Wege werden wir die Herausforderungen des dritten Jahrtausends nicht in Angriff nehmen, geschweige denn lösen können.
Wir argumentieren immer noch mit der Steinzeitkeule.
Wer sich beim Evolutionsbiologen Rat darüber holt, wie eine Gesellschaft mit den Veränderungen umgehen soll, macht sich lächerlich.
Ist es nicht schrecklich, einer Frage, von deren Beantwortung unser Überleben abhängt, mit einer solchen Passivität, Lähmung und Verkrampfung zu begegnen? Der Begriff der Umwelt ist geprägt durch die anthropogene Sichtweise des Menschen. Umwelt ist danach definiert, als dem Menschen umgebende Medien, Wasser,

Boden, Luft usw. und aller darin lebenden Organismen. **Anthropogen bedingte Verluste von Lebensraum und deren Folgen auf die Umwelt.**

Der Ausdruck Umwelt wurde durch Jakob Johann von Uexküll, dem alternativen Nobelpreisträger, 1921 als zentraler Begriff der Ökologie eingeführt. Aus der Überlegung, dass die Menschen **nur mit der Natur leben und auch überleben können,** wäre der Begriff Mitwelt angemessener. Dennoch wird der Begriff Umwelt heute oft auf die Umwelt des Menschen und seine Auswirkungen auf das Ökosystem beschränkt. Die aus der Mitte zerteilende Betrachtung der Umwelt und die entsprechenden strukturellen Maßnahmen sind einige Gründe, warum trotz vielfältiger Aktivitäten eine Trendwende in der Umweltzerstörung bislang nicht absehbar ist.

Erst wenn es zu medienübergreifend abgestimmten Konzepten und Maßnahmen kommt, die aber dem menschlichen Denken und Streben bislang zuwiderlaufen, ist eine Verbesserung realisierbar. Das allein wird jedoch nicht ausreichen, um eine nachhaltige Entwicklung zu gewährleisten. Dafür ist ein grundsätzliches Umdenken im menschlichen Verhalten gegenüber der Umwelt und der belebten Natur notwendig.

Erst wenn die Natur als dem Menschen helfend, sozusagen als mitproduzierende Qualität verstanden wird und der Mensch sein Handeln weniger mächtig und eingreifend gestaltet, hat er in der Umwelt eine Zukunft.

Es ist Zeit Alarm zu schlagen!

Wissenschaftler schlagen Alarm.

Warum schlagen sie Alarm?

Täglich hören wir neue Meldungen über den fortschreitenden Klimawandel. Hören wir eigentlich zu und verstehen wir überhaupt, was Klimawandel bedeutet? Die Zeit ist nun gekommen, wo jeder auf unserer Erde gefordert ist, zuzuhören und aufzuwachen, um auch den nächsten Generationen noch eine bewohnbare Welt zu übergeben.

Die schädlichen Klimafolgen treten offenbar schneller ein als gedacht. Fünf Risiken treiben den Forschern die Sorgenfalten auf die Stirn. Die Risiken der Klimaerwärmung könnten weit größer sein als bislang angenommen. Auf Basis der „fünf Klimasorgen", einer Beschreibung möglicher Folgen des Klimawandels durch den UN-Klimarat IPCC von 2001, revidierten Experten jetzt ihre Einschätzung möglicher Schäden. Demnach genügen bereits geringere Temperaturanstiege als noch zu Beginn des Jahrzehnts angenommen, um bedrohte Tier- und Pflanzenarten auszulöschen oder starke Hitze- und Dürreperioden auszulösen.

In seinem dritten Sachstandsbericht von 2001 war der UN-Welt-Klimarat davon ausgegangen, dass die globale Durchschnittstemperatur um ein bis zwei Grad über das Niveau von 1990 steigen muss, damit beispielsweise die Gefahr von Unwettern deutlich steigt. Dafür reicht jedoch bereits ein Anstieg von weniger als einem Grad aus. Die Einschätzung wird begründet mit bereits heute beobachtbaren Folgen des Klimawandels, verbesserten Prognosemethoden und mehr Wissen, um besonders betroffene Regionen, Wirtschaftssektoren und Bevölkerungsgruppen. Die Risiken negativer Auswirkungen des Klimawandels auf Mensch und Natur müssen heute höher eingeschätzt werden als noch vor einigen Jahren. Es gibt heute mehr Hinweise darauf, dass bereits ein ge-

ringer weiterer globaler Temperaturanstieg schwere Folgen wie etwa das **Abschmelzen des grönländischen Eisschilds** bewirken
könnte. Man stellt heraus, dass es bei der Beobachtung von Ursachen und Folgen um Zeiträume von mehreren Jahrhunderten
gehe.

Vor dem Hintergrund der neuen Risikobewertung nennt man die
Erwärmung auf zwei Grad Celsius zu begrenzen, eine „Minimal-
forderung".

Risiko für einzigartige und bedrohte Systeme:

Korallenriffe, bedrohte Tier- und Pflanzenarten, seltene und besonders artenreiche Lebensräume, Inselstaaten, **tropische Gletscher** oder indigene Bevölkerungsgruppen könnten erheblichen
Schaden nehmen oder unumkehrbar zerstört werden.

Risiko extremer Wetterereignisse:

Häufigkeit, Stärke und Folgeschäden von extremen Wetterereignissen wie Hitzewellen, Überschwemmungen, Dürren oder tropischen Wirbelstürmen nehmen zu. Wir sehen zurzeit die biblischen
Überschwemmungen in Australien.

Verteilung der Auswirkungen:

Unterschiedliche Regionen, Länder und Bevölkerungsgruppen sind
unterschiedlich schwer von Klimafolgen betroffen. Die **ärmsten
Länder, die am wenigsten zum Klimawandel beigetragen
haben, haben überdurchschnittlich stark zu leiden,** können
sich aber nur eingeschränkt selbst schützen.

Zusammengefasste Schäden:

Unterschiedliche Klimafolgen können nach einem Maß wie etwa dem finanziellen Schaden oder der Anzahl betroffener Menschen bemessen werden. In der vorliegenden Literatur wurden die Auswirkungen des Klimawandels häufig in Form des zu erwartenden finanziellen Schadens zusammengefasst.

Risiko grundlegender Veränderungen im Erdsystem:

Der Treibhausgas-Ausstoß könnte das Klimasystem der Erde über kritische Grenzen hinaus belasten, sodass wichtige Prozesse im Gesamtgefüge „kippen" und von da an grundsätzlich anders ablaufen. Beispiele sind das Abschmelzen des grönländischen Eisschilds, eine großflächige Versteppung des Amazonas-Regenwalds oder die Schwächung des Nordatlantikstroms.

Die Erde erwärmt sich Klimaforschern zufolge schneller als erwartet. Dies wiederum könnte Großflächenbrände und eine **massive Eisschmelze** auslösen, was weitere verheerende Folgen hätte.
Die Erderwärmung ist in den Jahren 2000 bis 2007 noch weitaus schneller vorangeschritten, als Experten prognostiziert hatten. Grund sei der stark angestiegene Ausstoß von Treibhausgasen in Entwicklungsländern wie Indien oder China. Wir sehen uns jetzt mit einem Klima konfrontiert, das über das hinausgeht, was je ernsthaft in Betracht gezogen wurde. Die Erderwärmung könnte verheerende Großflächenbrände in tropischen Regenwäldern oder Eisschmelze in der Antarktis auslösen. Dies wiederum setze weitere Treibhausgase frei und dies treibt die Temperaturen weiter in die Höhe. Bisher sind die Regenwälder noch durch ihre Feuchtigkeit geschützt. Bei weiter steigenden Temperaturen aber könnten sie so weit austrocknen, dass sie Feuer hilflos ausgeliefert wären. Jüngste Klimamodelle sagen voraus, dass der Verlust der tropischen Wälder die Kohlenstoffdioxid-Konzentration in der Atmos-

phäre bis zum Ende des Jahrhunderts um einen Wert zwischen zehn und 100 Teilen pro Million (ppm) anheben wird. Das könnte dramatische Folgen nach sich ziehen. Schon jetzt hat die CO2-Konzentration in der Erdatmosphäre mit 380 ppm den **höchsten Stand seit 650.000 Jahren** erreicht.

Ebenso fürchten die Wissenschaftler, dass der Dauerfrost in der arktischen Tundra so weit schmelzen könnte, dass enorme Mengen von CO2 und Methangas in die Atmosphäre abgehen. Unter der Eisdecke lägen organische Pflanzenstoffe von vor 25.000 bis 50.000 Jahren. Nach jüngsten Schätzungen würden diese Stoffe dreimal so viel CO2 in die Erdatmosphäre absetzen wie die Verbrennung von Treibstoff seit Beginn der industriellen Revolution, so die Warnung der Wissenschaftler. Weder dieser Faktor noch die Brandgefahr in den tropischen Wäldern seien bisher berücksichtigt worden, sagen die Klimaforscher. Zuletzt hätten sich die Experten, vor allem Gedanken über China, Indien und andere wirtschaftlich aufholende Länder gemacht, die ihren wachsenden Energiebedarf vor allem aus der Kohleverbrennung gewinnen. Luftverschmutzung kennt keine Grenzen. Sie kommt als kostenfreies Geschenk in die Nationen zurück, die die Umweltverschmutzer groß gemacht haben. Nur der Profit zählt, die geschädigte Zukunft wird nicht beachtet.

Wissenschaftler sehen die Entwicklung von Biosprit nun nicht mehr als eine Hilfe der Zukunft an. Aus Pflanzen gewonnener Biosprit könnte die Klimaerwärmung nach einer US-Studie weiter anheizen. Für die Schaffung neuer Anbauflächen werde meist tropischer Regenwald abgebrannt und dabei klimaschädliches Kohlendioxid freigesetzt. Bis sich der geringere CO2-Ausstoß durch das Tanken von Biosprit für das Klima bezahlt mache, müssten Jahrzehnte vergehen. Beim Anbau ertragreicher Pflanzen, wie etwa Zuckerrohr, wäre die CO2-Bilanz nach 40 bis 120 Jahren ausgeglichen, so die US-Studie. Beim Anbau weniger ertragreicher Pflanzensorten wie etwa Sojabohnen wären es sogar Hunderte von Jahren.

36

Die rasante Zunahme von Anbauflächen für Biosprit hat die Fachwelt alarmiert. Die weltweite Produktion von Ethanol hat sich zwischen 2000 und 2007 vervierfacht, die von Biodiesel sogar verzehnfacht. Die Abholzung von Wäldern sei ihrer Ansicht nach bereits bis zu zwei Drittel durch die starke Nachfrage nach Biotreibstoffen bedingt, so die Forscher.

Wirbelstürme und Erdbeben machten das Jahr 2008 zu einem der kostspieligsten seit Beginn der Aufzeichnungen. Und es soll noch schlimmer kommen.

Weltweit sind 2008 durch Naturereignisse wie Stürme, Erdbeben und Überschwemmungen mehr als 220.000 Menschen ums Leben gekommen. Laut einer Studie eines Rückversicherers lag der gesamtwirtschaftliche Schaden bei rund 200 Milliarden US-Dollar. Die Versicherungen mussten mit 45 Milliarden Dollar einstehen. Damit ist 2008 eines der schlimmsten Jahre seit Beginn der Aufzeichnungen Anfang des vergangenen Jahrhunderts. Noch verheerender war die Bilanz nur 1995 mit dem Erdbeben von Kobe in Japan, 2004 mit dem Tsunami in Südostasien und 2005 mit seinen zahlreichen Wirbelstürmen. Die größten Verwüstungen richtete dieses Jahr das Erdbeben in der chinesischen Region Sichuan im Mai an. Der Gesamtschaden habe dort rund 85 Milliarden Dollar betragen. Die Assekuranzen kam der nordamerikanische Hurrikan „Ike" mit einem Versicherungsschaden von 15 Milliarden Euro am teuersten zu stehen. Die meisten Menschenopfer forderte der Zyklon „Nargis", in dessen Folge im asiatischen Myanmar 84.500 Menschen starben und noch 50.000 vermisst werden.

Der Klimawandel hat bereits eingesetzt und trägt mit großer Wahrscheinlichkeit zu immer häufigeren Wetterextremen und dadurch bedingten Naturkatastrophen bei. Diese wiederum richten immer größere Schäden an.

Die Versicherer kündigten an, auf die zunehmende Bedrohung durch Naturkatastrophen auch mit Preiserhöhungen zu reagieren.

In dem Kerngeschäft übernehmen die Versicherer Risiken zu adäquaten Preisen, doch ändert sich die Gefährdungslage, passt man das Preisgefüge an.

Die Manager drängen die Politik zu raschen, konkreten Maßnahmen gegen die fortschreitende Erderwärmung. Es müsse auf dem nächsten Klimagipfel ganz klar der Weg zu einer mindestens fünfzigprozentigen Reduzierung der Treibhausgasemissionen bis 2050 mit entsprechenden Meilensteinen festgeschrieben werden. Bei zu langem Zögern wird es für künftige Generationen sehr teuer, so die Versicherungswirtschaft.
Dürre und Hochwasser, Stürme, Hagelschlag, Hitze und Schneestürme. Superrechner prognostizieren Deutschlands Klimazukunft detailgenau.

Entwicklungen in Deutschland, die durch den Klimawandel ausgelöst werden können, leiten die Klimaforscher in erster Linie aus Computermodellen her, mit denen sie die Auswirkungen der wichtigsten Einflussfaktoren auf das Erdklima simulieren. Allerdings waren solche Berechnungen zunächst recht grob. Seit einiger Zeit aber lässt sich, dank neuer Superrechner das Erdsystem immer besser simulieren. So ermöglichen die Computermodelle heute Aussagen selbst über kleine Regionen, etwa in der Größenordnung von Bundesländern.

Ein besonders hoch auflösendes Modell entwickelten Forscher des Max-Planck-Instituts für Meteorologie (MPIM) in Hamburg. Höchst detailreich zeigt es, wie sich der Klimawandel bis 2100 in Deutschland auswirken kann. Die Ergebnisse fassten die Klimatologen in einer bereits 2006 erschienenen Studie zusammen. Ihr Computer unterteilt die ganze Republik in 10 mal 10 Kilometer große Kästchen. Im 50-Sekunden-Takt ermittelt er, wie sich die Zustandsdaten darin ändern. Heraus kommen Werte für Temperatur, Luftdruck, Wind und Niederschläge.

Aus den Simulationen gehen klare Klimatrends hervor. Danach wird es vor allem in den Wintermonaten in ganz Deutschland wärmer, wenn auch in diesem Jahr ein früher Wintereinbruch zu verzeichnen war. Regional steigen, je nach CO_2-Ausstoß, die Temperaturen um bis zu vier Grad, in den Alpen sogar bis fünf Grad. Die winterliche Niederschlagsmenge nimmt in den Mittelgebirgen um bis zu 30 Prozent zu, speziell an der Ostseite des Schwarzwalds. Doch den Alpen mangelt es an Schnee – der Wintersport gerät stark in Bedrängnis. Andererseits könnten sich doch – trotz der galoppierenden Erderwärmung – in Deutschland und Europa künftig Schneekatastrophen häufen. Die Ursache hierzu sind Luftdruckschwankungen zwischen dem Islandtief und dem Azorenhoch, die sogenannte Nordatlantische Oszillation.

Es gibt Anzeichen, dass sie in eine schwächere Phase übergeht. Das bedeutet, dass wir häufig wärmere Luft aus den Subtropen bekommen können, aber auch verstärkt Kaltluftausbrüche aus der Arktis. Diese Wettersituation verursachte beispielsweise die starken Schneefälle in Südostbayern im Winter 2006. Im Sommer könnten die Regenmengen in Süd-, Südwest- und Nordostdeutschland um ein Drittel sinken, was Dürren verschärft und die Waldbrandgefahr erhöht. An Nord- und Ostseeküste dürfte davon der Tourismus profitieren.

Unter dem Strich nehmen die Extreme zu. Das wird Deutschland am meisten berühren. Wir müssen mit stärkeren Wetterereignissen wie Stürmen, Hagelschlag und Dürre rechnen, und auch mit solchen, die wir bisher noch gar nicht kennen. Im Jahresmittel bleiben die Niederschläge aber ungefähr gleich.

Was im Sommer fehlt, wird im Winter nachgeliefert.

Deutschland wird künftig durch zwei Klimatypen geprägt. Gemäßigt maritim im Westen und gemäßigt kontinental im Osten. Ihre Grenze verläuft ungefähr entlang der früheren Grenze zur DDR. Generell regnet es im Westen mehr, und der Osten wird trockener. Diese Tendenz zeichnet sich schon seit den 70er Jahren ab. Künftig ist im Windschatten der Mittelgebirge mit weniger Niederschlägen zu rechnen, nur die Kammlagen von Erzgebirge, Thüringer Wald und Harz werden feuchter. Betroffen ist auch das Elbe-Einzugsgebiet.

Die Elbe wird im Sommer häufiger Niedrigwasser haben. Jede Flussverbauung, die das nicht berücksichtigt, ist rausgeworfenes Geld.

Diese bedenklichen Entwicklungen sind vermutlich nicht mehr zu vermeiden. Nach Meinung vieler Klimaforscher sind bereits die heutigen CO_2-Konzentrationen in der Atmosphäre zu hoch, um das Zweigradziel noch einhalten zu können. Im Jahr 2008 wurden rund 40 Prozent mehr von dem Treibhausgas freigesetzt als im Jahr 1990.

Selbst wenn die Emissionen nicht weiter steigen würden, wäre schon innerhalb von 20 Jahren das Emissionsbudget aufgebraucht, das der Menschheit noch zur Verfügung steht, wenn sie die globale Erwärmung auf höchstens zwei Grad Celsius begrenzen will.

Die Änderungen des Niederschlags in Europa und anderen Gebieten, z. B. Südamerika, Zentralafrika, hängen eng mit der jahreszeitlichen Verschiebung der Klimazonen zusammen. Im Mittelmeergebiet wird eine ausgeprägte Niederschlagsabnahme im Winter simuliert. Im Sommer wandert diese Anomalie nordwärts und betrifft Teile von Süd- und Mitteleuropa. In Mitteleuropa und besonders in Skandinavien nehmen die Niederschlagsmengen im Winter zu und im Sommer ab.

Die gesamte Welt ist informiert über endlos viele Ereignisse und Katastrophen, die bevorstehen. Unser Leben, unsere Umwelt und die gesamte bisher gekannte Struktur des menschlichen Zusammenlebens stehen vor einer Veränderung.

Wir sehen nicht bewusst und ausreichend genug in die Zukunft. Überlassen das Informieren Anderen und schon bei ganz normalen Ereignissen, wie zum Beispiel einem heftigen Wintereinbruch, bricht unser normaler Tagesablauf zusammen. Die bis in den letzten Winkel der Erde ausgearbeitete Logistik zeigt Schwächeanfälle, wir geraten in Panik.

Wie wird sich die Welt bei einem für 2013 vorhergesagten riesigen Sonnensturm verhalten, oder enden wir in einem Mega Chaos auf der Erde?

Wissenschaftler haben das Jahr 2013 im Visier. Dann sollen gewaltige Plasmaströme der Sonne für Tumulte auf unserem Planeten sorgen, vielleicht bestehen aber auch Verbindungen mit dem Planeten X und dem Ende des Maya Kalenders am 21.12.2012. Aufregendes steht uns bevor.

Eine von der NASA in Auftrag gegebene Studie bestätigte, dass die geomagnetischen Sonnenstürme einen großen Einfluss auf das Leben auf der Erde haben werden. Ein geomagnetischer Sturm könnte Nationen auf der ganzen Erde zerstören. Wir können nicht auf eine Katastrophe warten, wir müssen endlich beginnen zu handeln. Die britische Regierung nimmt die Warnungen sehr ernst. Der englische Verteidigungsminister forderte die Wissenschaftler auf, eine Strategie gegen die drohende Katastrophe zu suchen. Sonnenaktivitäten wie Stürme und Eruptionen tauchen etwa alle elf Jahre auf, die nächsten werden für das Jahr 2013 erwartet. Wissenschaftler fürchten, dass dann empfindliche Satelliten gestört oder zerstört werden könnten.

Als Folge könnten weltweit die Versorgungsnetze kollabieren. Stille, Dunkelheit, Chaos, nichts geht mehr! Aber warum? Gewaltige Plasmaströme im heißen Inneren der Sonne sorgen dafür, dass auch das Magnetfeld in den äußeren Schichten ständig in Bewegung ist. Dadurch kommt es teilweise zu heftigen Eruptionen, den Sonnestürmen. Diese schleudern Strahlung und geladene Teilchen ins All und hängen eng mit dem Magnetfeld zusammen. Die Sonne erwacht aus einem tiefen Schlaf. In den nächsten Jahren rechnen wir mit deutlich verstärkter Solaraktivität. Gleichzeitig ist die Technologie des 21. Jahrhunderts extrem empfindlich gegen Sonnenstürme.

Die Verknüpfung dieser beiden Punkte werden wir diskutieren müssen, so die NASA. Der stärkste bislang registrierte Sonnensturm ereignete sich im August 1859. In Rom und Hawaii bestaunten Anwohner bunte Lichter am Himmel und Augenzeugen berichteten, dass die Sonne eine volle Minute lang doppelt so hell geleuchtet hätte wie sonst. In den Telegrafenämtern schlugen Funken aus den Leitungen, einige Stationen gingen sogar in Flammen auf. Im Jahre 1989 legte ein Sonnensturm das Stromnetz im kanadischen Quebec lahm.
Millionen Menschen saßen neun Stunden lang im Dunkeln, der Schaden wurde auf Hunderte Millionen Dollar geschätzt. Im Jahr 2003 mussten durch Sonnenstürme getroffene Satelliten zeitweise abgeschaltet werden oder wurden gar vermisst. Radar- und Sprechfunkanlagen von Flugzeugen waren beeinträchtigt und es kam zu Flugverspätungen. Nach den Forschern befinden wir uns an der Schwelle zu einer neuen Ära, in der Weltraumwetter ebenso wichtig für unser tägliches Leben wird, wie das Wetter auf der Erde.

Droht uns der Blackout?

Es ist ein Horror-Szenario wie aus einem Science-Fiction-Film. GPS, Handys, TV, Radio und Stromnetze sind lahmgelegt, weltweit kollabieren die Versorgungsnetze. Stille, Dunkelheit, Chaos, eben nichts geht mehr!

Doch tatsächlich handelt es sich nicht um eine Vision aus Hollywood, sondern um die möglichen Folgen gigantischer Sonnenstürme. Gewaltige Plasmaströme im heißen Inneren der Sonne sorgen dafür, dass auch das Magnetfeld in den äußeren Schichten ständig in Bewegung ist. Dadurch kommt es teilweise zu heftigen Eruptionen, den Sonnestürmen. Diese schleudern Strahlung und geladene Teilchen ins All und hängen eng mit dem Magnetfeld zusammen, eine Gefahr für Satelliten und Raumstationen. Droht uns jetzt der Blackout auf der Erde?

Bei einem Treffen in Washington wollen Experten sich über die Folgen austauschen. Bereits vor zwei Jahren hatte die US-amerikanische Luft- und Raumfahrtbehörde NASA in ihrem Report „Schwerwiegende Weltraumwetter-Ereignisse, Soziale und ökonomische Auswirkungen" auf das Problem hingewiesen. Thema war die Abhängigkeit der modernen Welt von technischen Hilfsmitteln. Die Menschen des 21. Jahrhunderts verlassen sich im Alltag auf Hightech-Systeme. Und genau die sind nun von der gesteigerten solaren Aktivität bedroht. GPS-Navigation, Luftfahrt, Finanzdienstleistung, Notruf-Kommunikation. Ein Jahrhundert-Sonnensturm könnte einen 20-mal größeren Schaden anrichten als der verheerende Hurrikan Katrina im Südosten der USA, warnt die US-Behörde. Der Sturm hatte im August 2005 über 1.800 Menschen das Leben gekostet und Schäden in Höhe von etwa 68 Milliarden Euro verursacht. Allerdings sei es möglich, Schäden abzuwenden, wenn bekannt wäre, ob ein Sonnensturm kommt, sagen die Forscher.

Dann könnten Satelliten in den „Sicherheits-Modus" gestellt und Stromwandler abgeschaltet werden. Zerstörung durch Überspannung würde so verhindert. Um vorzeitig zu reagieren, werden zuverlässige Vorhersagen benötigt. Die soll das Zentrum für

Weltraumwetter-Vorhersage (NOAA) liefern. Die Vorhersage von Weltraumwetter steckt noch in den Kinderschuhen, doch werden große Fortschritte gemacht. Man sieht die Zusammenarbeit von NASA und NOAA als Schlüssel.

Die heliophysikalischen Daten der NASA-Raumsonden versorgen die NOAA mit den neuesten Informationen über die Sonne. Sie sind eine wichtige Ergänzung zu unseren eigenen Satelliten, die sich mehr auf die Umgebung nahe der Erde konzentrieren. Die Erde und der Weltraum werden auf eine Weise miteinander in Kontakt kommen, wie es in der Menschheitsgeschichte noch nie geschehen ist.

Wir befinden uns an der Schwelle zu einer neuen Ära, in der Weltraumwetter ebenso wichtig für unser tägliches Leben wird wie das Wetter auf der Erde.

Trotz aller Vorhersagen und Unheilverkündigungen sollten wir unser Leben auch weiterhin bewusst und erlebnisreich weiterführen. Die Zeit aber ist reif zum Nachdenken, zum Umdenken. Eine Phase des Verstehens muss erfolgen. Die Natur sollte wieder als Natur erlebt werden, und dem uneingeschränktem Profitdenken mit einhergehender Umweltzerstörung Grenzen gesetzt werden. Wir sind es unseren Kindern und Enkelkindern schuldig, ihnen eine bewohnbare Welt zu überlassen und in Frieden mit allen Völkern der Welt zusammen leben zu können.

Erstes Kapitel

Erstmals im Jahre 2004 hörte ich von Forschern, die herausfanden, dass die letzten Südsee-Gletscher dahinschmelzen. Nach einigem Suchen fand ich einen Bericht, aus dem hervorgeht, mit welcher Geschwindigkeit sich alles Eis in Äquatornähe verflüchtigt.

Gletscher gibt es auch in der Nähe des Äquators, allerdings nicht mehr lange, wie Forscher befürchten. Wissenschaftler sammeln Bohrkerne von den letzten Eisfeldern Ozeaniens und der Südsee. Es ist ein Wettlauf gegen die Zeit.

Wie eine kleine Armee der Verlorenen näherte sich ein Team von Gletscherforschern der Stirn eines Eishangs in Papua, über den rauchige Nebel dahinzogen. Dann, am obersten Rand des Gletschers, namens North Wall Firn, belohnten dramatisch komponierte Bilder die Mühen des Aufstiegs.

Gleich gegenüber erhob sich ein wild gezacktes, felsiges Riff. Die Carstensz-Pyramide, mit 4.884 Metern der höchste Berg der Insel Neuguinea und zugleich der höchste Gipfel, der zwischen dem Himalaja und den Anden Südamerikas emporragt. Es war der österreichische Autor und Abenteurer Heinrich Harrer, der 1962 den Koloss aus Kalk als Erster bestieg.

Noch spektakulärer aber war der Blick nach Süden, der sich den Gletscherforschern bot. Dort glitzerte am Horizont azurblau die Arafurasee, das Meer zwischen dem australischen Kontinent und Neuguinea mit seinen Sandstränden, Palmenufern, Orchideen und feuchtwarmem Dschungel. Nur eines stört die Idylle. Die Gletscher in der Gegend verschwinden und das mit atemberaubendem Tempo. Schönwettertage im zentralen Hochland der indonesischen Provinz Papua. Die Indonesier nennen das Land Irian Jaya.

Die Gletscherexperten hatten ein Zeltlager errichtet, um dem North Wall Firn hoch über den Urwäldern Eisbohrkerne zu entnehmen. Eine Arbeit, die in dem niederschlagsreichen Gebirge ganz besonders schwierig war. Morgens rollten Nebelbänke über das Camp, gefolgt von Unwettern mit Blitzen und Donner, ehe am Nachmittag stundenlange Regenfälle niedergingen.

„Ich habe noch nie einen Gletscher gesehen, auf dem es jeden Tag regnet, aber nicht schneit", sagt ein amerikanischer Geowissenschaftler, der bisher an 57 solcher Expeditionen teilgenommen hat. Und auch diesmal, im tropischen Carstensz-Massiv, ging es darum, mithilfe einer Stahlwinde, mit Bohrköpfen und mit schwerem Bohrgestänge senkrechte Kanäle durch das Gletschereis zu treiben. Beim Herausziehen der Rohre wurden meterlange, fast kreisrunde Eiskerne nach oben gebracht, die ein wahres Klimaarchiv in sich bergen, mit Informationen über die Wechselwirkung zwischen der Atmosphäre und dem riesigen Pazifik und darüber hinaus den globalen Klimawandel.

In Luftbläschen, die in dem Eis eingeschlossen sind, finden sich Treibhausgase wie Methan und Kohlendioxid. Bestimmte Isotope weisen auf die frühere Aktivität der Sonne hin, und auch die Niederschlagsmenge und vorherrschende Lufttemperatur lassen sich über Jahrtausende hinweg in den Bohrkernen zurückverfolgen.

Daheim wertet der Gletschermann die empfindlichen Mitbringsel in Kältekammern aus und untersucht sie mit Elektronenmikroskopen und Massenspektrometern. Er hat schon den Furtwänglerlergletscher am Kilimandscharo durchlöchert und die Eispanzer am 6.768 Meter hohen Andenberg Huascaran, auf denen er 53 Tage lang Bohrkerne entnahm. Ein Rekord für das Metier der Gletscherforscher.

Dann, auf einem Gletscher in Tibet, stellte der Glaxiologe mit einer Bohrstelle in 7.200 Metern Höhe einen Höhenrekord auf, und im vergangenen Winter erkundete er den Gletscher des Nevado Hualcan (6.122 Meter) in der weißen Kordillere von Peru. „Die dortigen Eisbohrkerne waren alles in allem 195 und 189 Meter lang, damit die längsten, die jemals in den Anden gewonnen wurden."

Auf Neuguinea aber musste sich der Forscher ganz besonders beeilen. Denn sein Forschungsprojekt schmilzt wegen des täglichen Regens, der die Gletscheroberfläche aufwärmt und selbst in der Nacht am Felsenuntergrund, der die Eisdecke trägt. Er hörte dann immer das Rauschen von Schmelzwasser, das durch Spalten neben dem Bohrcamp nach oben drang. Mit gut vier Tonnen Ausrüstung waren er und seine Crew angerückt. Diesmal auch mit Mini-Kühl-Schränken, in denen das Eis auf 20 Minusgrade gekühlt wurde. Es sollte sich in der Höhenluft von Papua bei täglicher Plustemperatur nicht in Schmelzwasser verwandeln. Dabei war ihm schon vor der Abreise nach Neuguinea klar, dass der North Wall Firn im Geschwindtempo an Masse verliert. In der Wissenschaftszeitschrift „Science" befürchtete er sogar eine „Enthauptung" des Gletschers, des jüngsten Opfers des Klimawandels und des letzten seiner Art auf der Insel, nahe dem Äquator.

2003 war schon die Eiskappe auf dem 4.760 Meter hohen Papua-Riesen Puncak Mandala verschwunden, der 300 Kilometer weiter östlich im Zentralgebirge steht. Und das gleiche Schicksal war dem Puncak Trikora (4.730 Meter) widerfahren, der 200 Kilometer vom Carstensz-Massiv und dem North Wall Firn entfernt ist.

An der Carstensz-Pyramide schließlich hat sich ein Hängegletscher in der Südwand aufgelöst, und auch der kleine Carstensz-Gletscher östlich des fulminanten Bergs gibt nicht mehr viel her. Er ist nur noch einen halben Quadratkilometer groß, und der Forscher ist der Ansicht, dass es sich bei ihm gar nicht mehr um einen Gletscher handelt.

Der North Wall Firn ist das letzte Eisfeld Ozeaniens, zu dem Neuguinea wegen seiner Zugehörigkeit zur großen Inselgruppe Melanesien nordöstlich von Australien gehört. Aber auch seine Tage sind gezählt. Als sich die Gletscherforscher nach zwei Wochen daran machten, ihre Zelte abzubrechen, standen diese 30 Zentimeter über der Eisdecke, so stark war das Eis, das sie umgab, zurückgegangen. „Ehe ich hierherkam, dachte ich, der Gletscher hätte noch ein paar Jahrzehnte", sagten die Forscher. „Nun aber werden es nur noch ein paar Jahre sein."

Früher bedeckte der North Wall Firn noch einen ganzen Bergrücken, der nach Norden hin steil abfällt. Zuletzt aber hat sich der westliche Teil vom Hauptgletscher abgekoppelt und darbt ohne Neuschnee hoffnungslos dahin. Der gesamte Rest des North Wall Firn ist nur noch knapp einen Quadratkilometer groß, wie die Auswertung von Satellitenbildern ergeben hat.

Vor diesem Hintergrund war es ein Glück, dass er und seine Kollegen jeweils am richtigen Platz gebohrt hatten. Am First des Gletschers und auf einer Gipfelkuppe namens Ngga Pulu, die ihren Namen einer mythischen und mehrköpfigen Schlange der Papuas drunten im Tal verdankt. Eine der beiden Bohrungen stieß nach 32 Metern, die andere nach 30 Metern auf den Felsenuntergrund. Das Forscherteam ist darüber hocherfreut. „Mit jedem Meter finden wir in den Bohrkernen mehr von jenen Informationen, die wir suchen. Und wenn wir nicht ganz hinabstoßen können, macht das auch nichts, wir nehmen, was uns die Natur erlaubt."

Auch mit der Qualität der Bohrkerne ist man zufrieden. Sie enthalten Jahresschichten, ähnlich den Jahresringen von Bäumen, und sind nicht mit Schmelzwasser verwässert worden. Die Forscher gehen davon aus, dass sie auch Pollen und Pflanzenpartikel enthalten und Ruß aus der Vulkanasche, die beim Ausbruch des **Krakatau,** in Indonesien, im August 1883 bis an den Rand der Stratosphäre aufgewirbelt wurde.

Am meisten aber interessiert den Forscher die Verbindung zum globalen Klimawandel. Denn der North Wall Firn befindet sich in der Nähe des sogenannten Wärmepools im westlichen Pazifik, wo die Wassertemperatur bis zu 28 Grad beträgt. Kein anderes ozeanisches Gewässer ist so aufgeheizt.

Die Wärme steigt hier wie aus einem riesenhaften Braukessel nach oben und beeinflusst das Klima zwischen den Wendekreisen, die Passatwinde und tropischen Wirbelstürme. Das gefürchtete **Klimaphänomen El Nino** beginnt hier, bei dem sich das Warmwasser von Neuguinea und den indonesischen Hauptinseln in Richtung Südamerika bewegt. Es verursacht dort starke Regenfälle und Überschwemmungen, während im Meer Plankton und Korallen absterben und die großen Makrelen- und Sardinenschwärme in andere Meeresregionen fliehen.

Vor diesem Hintergrund erklärt sich auch die winterliche Bohrexpedition zum Nevado Hualcan, der vom North Wall Firn aus betrachtet am anderen Ende des Pazifiks liegt. Denn nun wird es zum ersten Mal möglich sein, dank der Bohrkerne aus Peru und Papua die Geschichte El Ninos bis weit in die Vergangenheit zu untersuchen. Das aber nur, wenn in den Kältekammern in Columbus nicht der Strom zum Kühlen ausfällt.

Nachfolgend habe ich die geschichtliche und umweltveränderten Phänomene von El Nino und El Nina aufgeführt, um zu zeigen, mit welcher Kraft das teuflische Christkind unsere Umwelt und unser Leben beeinflusst.

El Nino

Die Klimaforscher schlagen Alarm. Eine ungewöhnlich starke Erwärmung des Pazifiks löst in aller Welt Wetterkatastrophen aus, achtzig Jahre alt ist Napa Nambo geworden. Doch eine Dürre wie diese hat der Dorfälteste aus dem Hochland Papua-Neuguineas noch nicht erlebt. Auf den Äckern verdorren die Süßkartoffeln. Die Bauern mussten ihre Schweine, ihren größten Schatz, verkaufen oder schlachten. Viele Hütten stehen bereits leer. Doch wohin sollen die Dorfbewohner fliehen? „Die Trockenheit", sagt Napa Nambo resigniert, „ist überall." 14.000 Kilometer östlich von Papua-Neuguinea, auf der anderen Seite des Pazifiks, sucht Kälte die Menschen heim. Sie kroch auch in das kleine Haus ohne Strom und Heizung der Witwe Agripina Quiruvilca Madueno. Die 58-Jährige lebt mit ihren acht Kindern bei Puno in den peruanischen Anden. Nach zwei Nächten mit furchtbarem Frost fand sie ihre Söhne Julian 2, und Nestor 9, tot im Bett. Die beiden Brüder hielten einander eng umschlungen. Ihre Haut war blau. Im Süden des Kontinents toben heftige Unwetter. Überschwemmungen in Chile töteten 27 Menschen und machten 80.000 obdachlos. Sintflutartiger Regen fiel selbst in der Wüste Atacama, in der die NASA Marsfahrzeuge testet. Die Dürre in Papua-Neuguinea, die Kälte in den Anden und die Fluten an der Küste Chiles haben eine gemeinsame Ursache und sind vermutlich nur der Auftakt zu einer Saison noch größerer Katastrophen: Eine Hitzewallung des Pazifiks wirbelt die Zirkulation der Atmosphäre durcheinander und lässt das Wetter weltweit wilde Kapriolen schlagen.

Vor Südamerika hat sich der Stille Ozean ungewöhnlich stark aufgeheizt. Auf einer Fläche so groß wie Europa sind in den letzten Monaten die Wassertemperaturen stark gestiegen. Sie liegen bis zu fünf Grad über den durchschnittlichen Werten. Und noch hat die Fieberattacke des Meeres ihren Höhepunkt nicht erreicht.

Die Fischer Perus haben dem Phänomen, das in unregelmäßigen Abständen wiederkehrt, schon vor mehr als 100 Jahren einen Namen gegeben. El Nino. Der spanische Begriff steht für „der Knabe" und zugleich „das Christkind". Denn in der Regel ist die Erwärmung des Ostpazifiks in der Weihnachtszeit am stärksten.

In manchen Jahren gebärdet sich der Knabe wie ein Teufel. Zuletzt sorgte er im Winter 1982/83 für gewaltige Turbulenzen. Der bislang verheerendste El Nino brachte mehr als 2.000 Menschen den Tod und richtete weltweit Schäden in Höhe von rund 20 Milliarden Dollar an. Dieses Mal, so fürchten viele Klimaforscher, könnte es das bösartige Kind noch wilder treiben. Experten der Vereinten Nationen sagten in Genf das „Klima-Ereignis des Jahrhunderts" voraus. Wetter-Spezialist James J. O´Brien von der Universität Florida spricht von der „Mutter aller El Ninos", und sein Kollege Tim P. Barnett vom Institut für Ozeanografie an der Universität von San Diego nennt das in Gang gesetzte Drama einen „Super-El-Nino", den alle bisherigen Vorhersagen unterschätzt hätten. Perus ehemaliger Präsident Alberto Fujimori stimmte sein Land daher auf „eine biblische Plage" ein. Böse Bescherung: Die Desaster, die dem aktuellen El Nino zugeschrieben werden, sind schon jetzt Legion. Der Dürre in Papua-Neuguinea fielen 270 Menschen zum Opfer. Das Leben Tausender, so melden die Behörden, sei in Gefahr. Die Waldbrände in Borneo und Sumatra, vom Menschen entfacht, gerieten wegen der anhaltenden Trockenheit außer Kontrolle. Schuld daran: El Nino. Südostasien keucht weiter unter der großen, giftigen Smog-Wolke. Auch in Panama bleibt der Regen aus. Im Kanal, gespeist vor allem vom Gatunsee, fällt der Wasserstand. Bald könnte er nur mehr für kleine Schiffe passierbar sein. Costa Rica, Bolivien und Peru riefen bereits den Notstand aus. Und über die Küste Mexikos brach im September Linda herein, der stärkste Hurrikan, der je über dem Ostpazifik beobachtet wurde. Nun befürchten die US-Amerikaner, mächtige Sturmtiefs aus Hawaii könnten in einem „Ananas-Express" über den erwärmten Pazifik in Richtung Kalifornien jagen.

Die Macht des diabolischen Kindes reicht bis in den Süden Afrikas. In Harare und Johannesburg rechnen die Landwirtschaftsbehörden mit Missernten. Einzig Europa und der Norden Asiens bleiben voraussichtlich von den launischen Attacken des peruanischen Christkinds verschont. In Deutschland, so prognostiziert der

El-Nino-Experte Mojib Latif vom Hamburger Max-Planck-Institut für Meteorologie, werde es in diesem Winter allenfalls eine geringfügige Abkühlung von einigen zehntel Grad geben. In Mitteleuropa dominiere weiterhin das alte Wechselspiel von Islandtief und Azorenhoch.

Der El Nino, der sich zur Jahreswende 1982/83 einstellte, hatte auch die Klimaforscher kalt erwischt. Heute sind sie besser gerüstet. Zwischen Australien und Peru haben sie 70 Bojen in Position gebracht, vollgepackt mit Elektronik. Rund um die Uhr messen die schwimmenden Labore Wassertemperatur, Luftdruck, Wind und Strömungen. Zugleich spüren mehrere Satelliten, Flugzeuge und Schiffe jeder Regung des Meeres nach. Täglich treffen in den Instituten Tausende von Daten ein. Die Wissenschaftler füttern damit ihre Rechner. Denn für sie findet El Nino zunächst einmal im Computer statt.

Dank ihrer mathematischen Modelle können die Klimaforscher mittlerweile zumindest die grundlegende Mechanik der pazifischen Wettermaschine erklären. Von einem „Pas de deux" spricht John Kermond von der amerikanischen Wetterbehörde NOAA, einem gelegentlich aus dem Takt geratenden Tanz zwischen Ozean und Atmosphäre. In den Jahren, in denen El Nino nicht regiert, treiben Passatwinde warmes, von der tropischen Sonne aufgeheiztes Oberflächenwasser von Ost nach West, von Südamerika in Richtung Indonesien. Wie ein Föhn über einer Badewanne. Vor den Küsten Asiens verdunsten große Mengen des warmen Wassers. Wolken türmen sich auf. Ein gewaltiges Tiefdruckgebiet entsteht, und über dem Westpazifik geht heftiger Regen nieder.

Auf der anderen Seite des Ozeans strömt nun aus der Tiefe kaltes, nährstoffreiches Wasser nach. Ein Dorado für Fische und Lebensgrundlage für die peruanischen Fischer. Der Küstenregion beschert der kalte Meeresstrom ein stabiles Hochdruckgebiet.

La Nina – „das Mädchen" heißt der kühle Counterpart zum heißen **El Nino**.

Alle zwei bis sieben Jahre flauen die Passatwinde jedoch ab, das warme Oberflächenwasser strömt vom Westpazifik zurück in Richtung Südamerika. Dort verhindert es das Aufsteigen des kalten Tiefenwassers. Ein Prozess, der sich selbst verstärkt, denn die allmähliche Erwärmung des Meeres vor Peru und Ecuador lässt die Passatwinde gänzlich einschlafen. Die pazifische Wetterküche steht Kopf. Jetzt brauen sich die Unwetter vor Südamerika zusammen und in Asien herrscht Trockenheit.

So gewaltig ist die Umwälzung in der Atmosphäre, dass sie sogar den „Jetstream" aus der Bahn wirft, jenen Luftstrom, der in zehn Kilometer Höhe mit 500 km/h rings um die Nordhalbkugel rast und dem gern Flugzeuge auf ihrer Reise von den USA nach Europa „aufsitzen". Der Jetstream dirigiert die Tiefdruckgebiete über Nordamerika. Von einem starken El Nino abgelenkt, sorgt er für ungewohnte Witterung, Unwetter über Kalifornien, milde Winter in den Rockies.

Mysteriös bleibt, welche Kräfte den bizarren Reigen zwischen El Nino und seiner kühlen Schwester La Nina steuern.

Spielen Tausende Kilometer lange Wellen die entscheidende Rolle, die sich entlang einer Grenzschicht zwischen warmem und kaltem Pazifikwasser ausbreiten und die endlos zwischen Südamerika und Asien hin und her wandern? Oder lösen starke Schneefälle im Himalaja und der Monsun jenes Phänomen aus, das Nicholas Graham von der Universität San Diego das „verrückte Schwappen eines Ozeans" nennt?

Ein weiteres Rätsel beschäftigt die Forscher. Seit Mitte der siebziger Jahre häufen sich die El-Nino-Phasen. Von 1990 bis 1995 hielt sich ein vergleichsweise zahmer Knabe sogar sechs Jahre in

Folge. Der Pazifik hat sich von einem kalten in einen relativ warmen Ozean verwandelt.

Statistisch ist eine solche Häufung von El-Nino Ereignissen nur alle 2.000 Jahre zu erwarten, errechneten die Forscher. Hinter der El-Nino Welle, so vermuten die Klimaexperten, könnte deshalb die ansteigende Konzentration der Treibhausgase stecken. Die Temperatur auf der Erde ist während der letzten 100 Jahre um etwa 0,7 Grad gestiegen. Dieser Trend könnte dem Klimaphänomen El Nino einheizen. Und umgekehrt könnte El Nino die Erwärmung der Erdatmosphäre beschleunigen.

Die ökologischen Auswirkungen steigender Wassertemperaturen im Pazifik lassen sich schon heute beobachten. Auf vielen Inseln haben die Seevögel aufgehört zu brüten. Vor Mexiko, Costa Rica und Panama sterben die Korallen. Meeressäuger finden nicht genügend Nahrung, um ihre Jungen zu ernähren. An einigen Küsten vermehren sich giftige Algenarten. Wissenschaftler des Ozeanischen Instituts von Ecuador fürchten um die seltenen Riesenschildkröten und Leguane der Galapagosinseln, sollten die Temperaturen weiter steigen.

Weltweit werden die wirtschaftlichen Folgen eines starken El Ninos zu spüren sein. Experten der Warenbörse in Chicago warnen vor „möglicherweise extremen Auswirkungen auf die Rohstoffpreise".

Australien korrigierte seine Ernteprognosen nach unten und erwartet bis zu 1,4 Milliarden Dollar weniger Einnahmen aus dem Verkauf von Getreide. In Indonesien droht die Kaffee-Ernte um ein Drittel geringer auszufallen. Thailand sorgt sich um seine Reiserträge. Und peruanische Händler rechnen mit einem Rückgang von 40 Prozent ihrer Fischmehlausfuhren. „Sexy" sei das Thema El Nino geworden, meint der Broker David Horner von Merrill Lynch in Hongkong, wo Optionshändler auf hohe Spekulationsgewinne hoffen. Der Londoner Ökonom David Lubin, Experte für Schwellenländer der Bankengruppe HSBC, gibt sich weniger optimistisch. Sein El-Nino-Szenario: „Preise steigen, die Einkommen sinken, und die Handelsbilanzen verschlechtern sich." Und womöglich fallen die Aktienkurse.

Indes versuchen Menschen in den gefährdeten Ländern, den zu erwartenden Schäden rechtzeitig zu begegnen, jeder auf seine Weise.

Auf den Philippinen tragen Bauern Bildnisse des Jesuskindes auf Felder, die seit Monaten keinen Regen sahen, und hoffen, El Nino so milde stimmen zu können.

In Peru, wo laut einer Studie des amerikanischen Archäologen Michael Moseley ein Super El Nino aus dem Jahr 1100 die kunstvollen Bewässerungskanäle des Chimur-Reiches zerstört und so den Niedergang der alten Hochkultur eingeläutet hatte, ließ der ehemalige Präsident Alberto Fujimori in einer spektakulären Aktion die berühmte, 210 Meter hohe Mondpyramide der Mochica mit einer Plane abdecken. Katastrophenminister Daniel Okama veranlasste aber auch, dass Flussläufe gereinigt wurden und Notunterkünfte, sowie 25.000 Tonnen Lebensmittel bereitstehen. Über zehntausend Familien mussten umziehen, fort aus überschwemmungsgefährdeten Niederungen.

Banges Warten aufs Christkind auch in Kalifornien, wo El-Nino-Forscher inzwischen als moderne Propheten des Unheils zu Medienstars avancierten. Die amerikanische Regierung lädt zum großen „El-Nino-Krisengipfel" nach Los Angeles. Auf lokaler Ebene treffen sich Nachbarn zu „El-Nino-Vorsorge-Partys", auf denen sie sich austauschen über Evakuierungspläne für Haustiere oder die geeignete Bepflanzung rutschgefährdeter Hänge.

„Es hat fast einen Zustand der Panik erreicht", berichtet Larry Snapp von der Dachdeckerfirma A1 Roofing Co. in Los Angeles. Sein Umsatz hat sich in den vergangenen Wochen verdoppelt. Auch andere Baufirmen sind ausgebucht. Das Geschäft mit der Angst boomt. Oft müssen die Kunden bis zu zehn Wochen warten, ehe Handwerker ihr Haus sturmfest machen. Zu den vorsichtigen Auftraggebern zählen freilich auch einige der mittlerweile prominenten El-Nino-Experten selbst.

Der Renner in den Baumärkten von Santa Monica sind Sandsäcke, das Stück zu zwei Dollar und neun Cent. Wurfsendungen in den Briefkästen werben für Flutversicherungen zum Preis von 350 Dollar für die ganze Saison.

Bei der größten Rückversicherung der Welt, der Münchener Rück, ist angesichts des vermutlich größten El Ninos des Jahrhunderts von Krisenstimmung allerdings nicht die Rede. Geologen und Katastrophenexperten sehen die Lage „entspannt". Dank mangelnder Versicherungsdichte sei das „Sachschadenpotenzial nicht hoch", beschwichtigen die Fachleute. Schließlich treffen Dürren und Unwetter zumeist arme Regionen, in denen sich kaum jemand teure Policen leisten kann. Obendrein wirke sich „ein gewisser Ausgleichseffekt positiv auf die Schadenslast aus". Denn in El-Nino-Jahren ziehen nur wenige Hurrikans über den Atlantik in Richtung USA. Ein Hurrikan, der gut trifft, kann für die Versicherer viel gravierender sein als alle Kapriolen eines El-Nino-Jahres zusammengenommen.

Tatsächlich baute sich in diesem Jahr nur ein einziger tropischer Wirbelsturm über dem Atlantik auf. Erika zog über Florida, ohne große Schäden zu hinterlassen. Der Ozeanograf James O´Brien von der Universität Florida nennt El Nino daher einen „feinen Kerl".

Wenn der Pazifik fiebert, El Ninos Macht reicht um die ganze Welt.

Klima-Ereignis des Jahrhunderts oder Super-El-Nino nennen die Wissenschaftler die gewaltige Erwärmung des Stillen Ozeans vor der Küste Südamerikas.

Die Auswirkungen sind höchst unterschiedlich. Den Rocky Mountains beschert El Nino einen milden Winter, andernorts bringt er Dürre oder Fluten.

Im Internet, auf den Seiten der amerikanischen Wetterbehörde, lässt sich die aktuelle Entwicklung des Phänomens verfolgen.

EUROPA – kaum beeinflusst, allenfalls leichte Abkühlung

SÜDLICHES AFRIKA – Dürre, Ernteausfälle bis zu 50 Prozent

INDONESIEN, PAPUA-NEUGUINEA – Dürre, Waldbrände, Smog, Hungersnot

AUSTRALIEN – Trockenheit, Buschbrände, Ernteausfälle

HAWAII – Hurrikangefahr wächst

NÖRDLICHE WESTKUESTE – wärmer und trocken, Fischerei in Gefahr

KALIFORNIEN – Stürme, Regen, Erdrutsche

GOLFSTAATEN – kühl und regnerisch, Überflutungsgefahr

PERU – Regen, Missernten, Fischereikrise, Notstand

CHILE – Überflutungen, bereits 27 Tote

SÜD-BRASILIEN, ARGENTINIEN, PARAGUAY – starke Regenfälle, Überflutungsgefahr

Mehr Hurrikans im Pazifik

Einen Blitzstart legte der diesjährige El Nino hin. Die Pazifiktemperaturen stiegen weitaus schneller als bei den vorangegangenen Wärmeperioden.

Seit Mitte der 70er Jahre dominiert El Nino über La Nina, über jene Phasen, in denen vor Südamerika kühles Tiefenwasser aufsteigt.

Einige Forscher halten es für möglich, dass die erhöhte Konzentration der Treibhausgase in der Atmosphäre ein Grund für die jüngste Häufung der El-Nino-Ereignisse sein könnte.

La Nina und El Nino, die beiden ungleichen Geschwister

Kühle aus der Tiefe.

* La-Nina-Phasen gehen mit stetigen Passatwinden einher.
* Wie ein Föhn blasen die Winde das Pazifikwasser nach Westen.
* Vor Australien und Südostasien entsteht ein gewaltiges Tiefdruckgebiet. Regen fällt.
* Vor Südamerika dringt kaltes, nährstoffreiches Tiefenwasser an die Oberfläche.

Verdrehte Wetterwelt.

* In El-Nino-Phasen flauen die Passatwinde ab.

* Warmes Wasser schwappt zurück in Richtung Südamerika.

* Aus der Tiefe steigt kein kaltes Wasser mehr auf.

* DiePassatwinde schlafen völlig ein.

* Unwetter bilden sich jetzt über Südamerika. In Australien
  und Ozeanien herrscht Trockenheit.

Der bislang verheerendste El Nino traf Opfer und Wissenschaftler
weitgehend unvorbereitet. Im Mai 1982 begann sich der Pazifik zu
erwärmen. Folgen: Überschwemmungen und Dürren. Im Januar
fiel die Wassertemperatur, doch das Christkind kam zurück: Im
März 1983 wurde das Wasser vor Peru wieder um sieben Grad
wärmer. Mehr als 2.000 Menschen starben.

Zweites Kapitel

Im November 1999 hatten wir die Möglichkeit, einen Kurzurlaub in Deutschland zu verbringen. Im Rahmen der vorweihnachtlichen Einkäufe in Asien für unsere Geschäfte hier in Tonga planten wir einen Abstecher in unsere alte Heimat, sowie nach Salzburg ein. Wir wollten die Vorweihnachtszeit in Stil und unserer alten Tradition erleben. Unser Rund-um-die-Welt Ticket hatte uns von Tonga nach Auckland in Neuseeland gebracht.

Nach Erhalt der notwendigen Visa in Wellington für meine Frau flogen wir für einige Tage nach Queenstown. Wir hatten uns vorgenommen, die Gletscherwelt der neuseeländischen Südinsel im Sommer zu besuchen. Bei einer 4-Tages-Tour mit dem Auto erkundeten wir die Gebirgswelt des unbeschreiblich weißen Eises des Mount Cook, Fox und Tasman Gletschers.

Herrlich zu sehen die Spiegelung der Gletscherberge im Lake Matheson. Hier hatten wir unser Quartier aufgeschlagen. Wir wanderten an den auslaufenden Gletscherzungen umher und hierbei fiel mir besonders auf, dass mehrere Tafeln darauf hindeuteten, dass das Eis in den vergangenen Jahren stark zurückgegangen war. Grund hierfür ist das dramatische Abschmelzen der Gletscher. Weltweit verlieren die Eisriesen an Masse, wie aktuelle Messungen zeigen. Einige Gletscher schwinden sogar doppelt so schnell dahin wie noch vor einigen Jahren. Die neuen Daten des World Glacier Monitoring Service (WGMS) an der Universität Zürich verheißen nichts Gutes. Die Gletscher in aller Welt verlieren rapide an Masse. Bei einigen sei die Eisschmelze seit Beginn des neuen Jahrtausends sogar mehr als doppelt so schnell verlaufen wie in der Zeit von 1980 bis 1999.

Die Gletscher der Welt schmelzen, an diesem Trend kommt auch Neuseeland nicht vorbei. Dort ist das Volumen der Eismassen im vergangenen Winter erneut zurückgegangen, wie jetzt eine Studie beweist. Und das nicht zu knapp. In den letzten 30 Jahren hat sich die weiße Pracht halbiert. Die Gletscher in Neuseeland haben im vergangenen Winter mehr Eis und Schnee verloren als gewonnen. Damit setzt sich der Trend schrumpfender Gletscher fort. Die Gletscher haben nach Angaben von Wissenschaftlern in den vergangenen 30 Jahren die Hälfte an Schnee und Eis verloren. Die Schmelze gehe auf höhere Temperaturen im Winter und mehr Sonnenschein sowie weniger Regen im Sommer zurück. Die Schneefallgrenze lag nach Angaben 95 Meter höher als nötig wäre, um die Eismasse der Gletscher konstant zu erhalten.

Die Wissenschaftler hatten 50 Gletscher auf der Südinsel untersucht. Bei der letzten Messung vor einem Jahr wurde der Eisverlust auf 2,2 Milliarden Tonnen innerhalb von zwölf Monaten geschätzt. Die Gletscher waren damit kleiner als je zuvor seit Beginn der Messungen 1977. „Es ist unbestreitbar, dass wir die Atmosphäre verändert haben", so die Forscher.

Nach Angaben der Forscher ist es irreführend, nur die Länge der Gletscher anzugeben. Gletscher könnten zwar länger werden, aber dennoch erheblich an Masse verlieren.

Erst vor Kurzem wurden auch Warnungen aus Grönland vermeldet. Dort könnten die arktischen Festlandgletscher laut einer Studie wesentlich schneller schmelzen als bisher angenommen. Auch eine Modellberechnung aus der Schweiz zeigt, wie schnell weltweit die weiße Pracht schwindet.

Nach Angaben der Forscher haben die 80 untersuchten Gletscher nach vorläufigen Daten im Jahr 2007 durchschnittlich eine Dicke an Schnee oder Eis verloren, die einer 67 Zentimeter hohen Wasserschicht entspricht. In den Alpen seien es bei einzelnen Gletschern sogar bis zu zweieinhalb Meter Wasseräquivalent gewesen, berichtete die Universität.

Das Wasseräquivalent gibt an, welchen Wassergehalt die gemessene Dickenänderungen in Eis und Schnee haben. Ein Meter Eis entspricht dabei ungefähr 0,9 Meter Wasseräquivalent. Der durchschnittliche Eisverlust im Jahr 2007 war nicht so extrem wie im Jahr 2006, trotzdem ist 2007 jetzt das sechste Jahr dieses Jahrhunderts, in dem der durchschnittliche Eisverlust der Gletscher mit langen Messreihen einen halben Meter übersteigt. Besonders deutlich wird die Schmelze in einer Zeitreihe von 30 Gletschern in neun Gebirgsregionen, die bereits seit 1980 beobachtet werden.

Zwischen 1980 und 1999 ist deren Eis nach Angaben der Forscher durchschnittlich um knapp 30 Zentimeter Wasseräquivalent pro Jahr geschmolzen. Seit 2000 hat sich dieser Wert auf rund 70 Zentimeter mehr als verdoppelt. Insgesamt hätten die 30 Gletscher seit 1980 im Schnitt mehr als elf Meter Wasseräquivalent verloren, was mehr als zwölf Metern Eisdicke entspricht.

Es gibt jedoch Unterschiede zwischen den Berggebieten. So habe die Eisdicke von Gletschern in Skandinavien in Meeresnähe sogar um einen Meter zugenommen, schreibt die Universität. Insbesondere in den europäischen Alpen wurden dagegen „dramatische Eisverluste registriert". Den vorläufigen Daten zufolge verloren in Österreich der Hintereisferner 1,80 Meter Wasseräquivalent und der Sonnblickkees 2,20 Meter.

Auch in der Schweiz wurden Verluste von mehr als einem Meter Wasseräquivalent gemeldet, so am Silvretta, -1,30 Meter und am Gries, -1,70 Meter. In Norwegen legten einige küstennahe Gletscher etwas zu, etwa der Nigardsbreen, +1 Meter oder der Alfotbreen, +1,3 Meter, während die Inlandgletscher wie der Hellstugubreen oder Graesubreen weiter schmolzen, beide -0,7 Meter. In Südamerika hatten 2007 alle untersuchten Gletscher einen Eisverlust. Dass die Gletscher schmelzen, hat die Welt bereits wahrgenommen, doch an diesem Trend kommt auch Neuseeland nicht vorbei.

Dort ist das Volumen der Eismassen im vergangenen Winter erneut zurückgegangen, wie jetzt eine Studie beweist. Und das nicht zu knapp. In den letzten 30 Jahren hat sich die weiße Pracht halbiert. Die Gletscher in Neuseeland haben im vergangenen Winter mehr Eis und Schnee verloren als gewonnen.

Damit setzt sich der Trend schrumpfender Gletscher fort. Die Gletscher haben nach Angaben von Wissenschaftlern in den vergangenen 30 Jahren die Hälfte an Schnee und Eis verloren. Die Schmelze geht auf höhere Temperaturen im Winter und mehr Sonnenschein sowie weniger Regen im Sommer zurück. Die Schneefallgrenze lag nach Angaben 95 Meter höher als nötig wäre, um die Eismasse der Gletscher konstant zu erhalten. Wissenschaftler hatten 50 Gletscher auf der Südinsel Neuseelands untersucht. Bei der letzten Messung vor einem Jahr wurde der Eisverlust auf 2,2 Milliarden Tonnen innerhalb von zwölf Monaten geschätzt.

Die Gletscher waren damit kleiner als je zuvor seit Beginn der Messungen 1977. Es ist unbestreitbar, dass wir die Atmosphäre verändert haben. Nach Angaben einiger Wissenschaftler ist es irreführend, nur die Länge der Gletscher anzugeben. Gletscher könnten zwar länger werden, aber dennoch erheblich an Masse verlieren. Erst vor Kurzem hörte ich Warnungen aus Grönland. Dort könnten die arktischen Festlandgletscher laut einer Studie wesentlich schneller schmelzen als bisher angenommen. Auch eine Modellberechnung aus der Schweiz zeigt, wie schnell weltweit die weiße Pracht schwindet. Dies war eine bewusste Begegnung mit abschmelzenden Gletschern.

Die traumhaften Naturbilder täuschen nicht darüber hinweg, dass der Klimawandel auch in Neuseeland stattfindet. Tatsachen konnten nicht verschwiegen werden. Ich hatte, viele Jahre vorher, schon einige Gletscher gesehen, doch niemand sprach in dieser Zeit von Umweltschäden oder Abschmelzen der Gletscher. In den europäisch-französischen Alpen besah ich mir den **Rhonegletscher.** Er entsteht am verhältnismäßig flachen Südwesthang des Winterbergmassivs am Dammastock auf rund 3.600 m über dem Meer. Auf den ersten 2,5 km trägt das Eisfeld den Namen Eggfirn und überwindet eine Höhendifferenz von etwa 600 m. Auf 3.080 m ist der Gletscher durch die firnbedeckte Untere Triftlücke mit dem nördlich angrenzenden Triftgletscher verbunden.

Der Rhonegletscher fließt nun mit leichten Windungen und einem Gefälle von durchschnittlich 14 Prozent nach Süden, flankiert vom Tieralplistock 3.383 m und den Gärstenhörnern 3.189 m im Westen sowie vom Galenstock 3.586 m im Osten. Die Gletscherzunge befindet sich derzeit auf 2.250 m oberhalb eines steilen Felshangs. Hier entspringt die Rhone. Aufgrund des stetigen Rückzugs des Gletschers begann sich in den Jahren 2006/2007 hinter der Schwelle des Steilhangs ein kleiner See zu bilden. Dieser Gletscherzungensee wird sich bei weiterem Abschmelzen des Rhonegletschers noch deutlich vergrößern.

Das Gesehene in Neuseeland regte mich zum Nachdenken an. Ein anderes, sehr großes Gletscherfeld in Norwegen, der Jostedalsbreen, kamen in meine Erinnerungen zurück. Hier besah ich mir staunend das „Kalben" des Gletschers, wobei große Teile Eises abbrachen und zu Tal stürzten. Auch in dieser Zeit sprach man noch nicht von Gletscherschmelze und Klimawandel, oder wir waren zu jung, um zu verstehen. Die naturangepasste Musik von Edward Krieg und dem Finnen Sibelius verzauberten uns beim Durchfahren der norwegischen Fjordwelt. Der **Jostedalsbreen** ist Europas größter Festland- und Plateaugletscher und wird nur von dem **Vatnajökull** auf Island übertroffen. Er liegt nördlich des Sognefjords, südöstlich des Nordfjords und westlich des Jotunheimen-Gebirges. Er besitzt eine Länge von ca 100 km in Nord-Süd-Richtung. Die Eisschicht ist bis 500 m dick. Die Ausdehnung liegt bei etwa 550 qkm und variiert beständig. Einschließlich der umgebenden Firnfelder beträgt sie ca. 1.000 qkm. Insgesamt gibt es in Norwegen ca. 1.700 Gletscher verschiedenster Größen.

Der Jostedalsbreen ist kein Überrest der letzten Eiszeit. Erst um ca. 500 v. Chr. setzte eine Klimaverschlechterung ein, die die Schneegrenze senkte und damit die Voraussetzungen für die Bildung von Gletschern in dieser Region ermöglichte. Um 1750 war diese Schlechtklimaphase am ausgeprägtesten und die Gletscher Norwegens hatten ihre größte Ausdehnung. Seitdem sind sie tendenziell geschrumpft, was besonders im letzten Jahrhundert deutlich zu beobachten ist. Ein gewisses Pulsieren ist typisch. Von 1980 bis 1997 wuchsen die Arme des Jostedalsbreen um mehr als 300 Meter, seitdem ziehen sie sich langsam wieder zurück.

Übersteigt die Dicke eines Gletschers ein bestimmtes Maß, dann wird das Eis in den unteren Schichten durch den hohen Druck plastisch, d. h., es wird zähflüssig und bahnt sich seinen Weg bergabwärts in die Täler, die deutlich wärmer sind. An der Spitze der Gletscherzungen beginnt das Eis zu schmelzen und tritt als sogenannte Gletschermilch aus. Das fließende Eis mit seinem enorm hohen Druck bewirkt eine Erosion des Talbodens. Geröllmassen werden in Form von Moränen vor den Gletscherzungen her geschoben und zum Teil zu feinsten Schwebteilchen zerrieben, die die Gletschermilch charakteristisch Grün färben. Dort wo die Schwebteilchen sich absetzen, entstehen über Jahrhunderte hinweg fruchtbare Zonen.

Durch die gewaltigen Massen der Moränen können in Zeiten vorrückender Gletscher starke Schäden angerichtet werden. Beispielsweise wurde die Siedlung Nigard, nach der heute noch ein Gletscherarm benannt ist, 1743 vom vorstoßenden Gletscher vernichtet. Die Wanderungsgeschwindigkeit des Eises vom Zeitpunkt des Schneefalls auf der Gletscherhöhe bis zum Abschmelzen an der Spitze der Gletscherzunge ist anhand trauriger Ereignisse gut dokumentiert.

Im norwegischen Gletschermuseum in Fjærland wird beispielsweise von einem Touristenehepaar berichtet, welches bei einer
Gletscherwanderung verschollen war und etwa 60 Jahre später in
der Gletscherzunge des Bøyabreen, vom Eis konserviert, wieder
freigegeben wurde.

Seit 1991 gibt es den Jostedalsbreen-Nationalpark mit einer Fläche
von 1.310 qkm. Er soll helfen, den Gletscher naturbelassen zu
bewahren. Da die Gletscherwanderungen in den Nationalpark
führen, müssen menschliche Spuren vermieden und alle Abfälle
wieder mitgebracht werden. Gute Ansätze zum Umweltschutz. Mit
meiner Frau besprach und diskutierte ich das Gesehene und
verwies hierbei auf unseren bevorstehenden Flug über den Him-
malaya und über die Gletscherwelt Grönlands auf dem Flug nach
Amerika. Ein Gefühl für Eisberge und starkes Interesse an dem
Klimawandel und deren Auswirkungen auf unseren Planeten Erde
nahmen in Neuseeland für uns Formen des bewussten Nachden-
kens und Informierens an. Wir besprachen täglich den nicht abzu-
wendenden Klimawandel.

Ein Anschlussflug von Christchurch brachte uns über die Tasman-
see nach Brisbane in Queensland/Australia.
Hier stand der Besuch unserer Familie auf dem Programm. Auch
hier klar erkennbar die Auswirkungen des Klimawandels. Über
Jahre fiel hier kein Regen mehr und die Großfarmen mussten viele
Rinder und Schafe Notschlachten und unter dem Marktpreis ver-
schleudern. Nun nach Jahren fast ohne Regen kommt La Nina, die
Schwester von El Nino in den pazifischen Raum und richtet starken Schaden in Australien an. El Nino heißt im spanischen
Sprachgebrauch **„Christuskind".** Dieses Christuskind ist gefürchtet. Alle Voraussagen deuten darauf hin, dass in diesem Jahr mit
verstärkter Zunahme von starken Winden und erheblichem Regen
gerechnet werden muss.

Vor Indonesien liegt die Wassertemperatur im Pazifik in normalen Jahren um die Weihnachtszeit bei 28 Grad Celsius, vor der Küste Perus normalerweise nur bei 24 Grad Celsius. Durch die Passatwinde kommt es zum Auftrieb von kühlem Wasser aus den Tiefen des Ozeans. Dieser Auftrieb ist Teil des Humboldtstroms vor der Küste Südamerikas. Bei einem El Nino schwächt sich der kalte Humboldtstrom ab und kommt zum Erliegen. Das Oberflächenwasser vor der Küste Perus erwärmt sich so sehr, dass die obere Wasserschicht nicht mehr mit dem kühlen und nährstoffreichen Tiefenwasser durchmischt wird. Deshalb kommt es zum Absterben des Planktons, welches zum Zusammenbruch ganzer Nahrungsketten führt.

Normalerweise strömt warmes Oberflächenwasser aus dem Pazifik von Südamerika in Richtung Westen nach Indonesien. Bei einem El Nino kehrt sich dieser Prozess durch eine Verschiebung der Windzonen um. Innerhalb von ca. drei Monaten strömt die Warmwasserschicht von Südostasien nach Südamerika. Dies geschieht durch die äquatorialen Kelvinwellen. Der Ostpazifik vor Südamerika erwärmt sich, während vor Australien und Indonesien die Wassertemperatur absinkt. Die Walkerzirkulation hat sich nun umgekehrt.

El Nino ist ein natürliches Klimaphänomen; in den letzten Jahren stoppt die warme Meeresschicht weiter vor der Küste, ob dies im Zusammenhang mit dem anthropogenen Treibhauseffekt oder mit längerfristigen natürlichen Schwankungen des Pazifiks steht, der derzeit von einer warmen in eine kalte Phase umschwenkt, ist bisher nicht geklärt.

Auf drei Vierteln der Erde werden die Wettermuster beeinflusst. Auf den Galapagosinseln und an der südamerikanischen Küste kommt es zu starken Regenfällen. Diese führen zu Überschwemmungen entlang der westlichen Küste Südamerikas. Selbst an der nordamerikanischen Westküste kommt es zu Überschwemmungen.

Der Regenwald im Amazonasgebiet leidet dagegen unter Trockenheit. Vor Mexiko können gewaltige Wirbelstürme entstehen, die enorme Schäden anrichten. In Südostasien und Australien kommt es durch den fehlenden Regen zu Buschfeuern und riesigen Waldbränden. Während es in Ostafrika in Ländern wie Kenia und Tansania mehr Regen gibt, ist es in Sambia, Simbabwe, Mosambik und Botsuana deutlich trockener.

Es kommt zu einem Massensterben von Fischen, Seevögeln und Korallen. Durch die Erwärmung des Meereswassers kommt es zum Absterben des Planktons vor der peruanischen Küste. Hier gibt es in normalen Jahren bis zu zehnmal so viel Fisch wie an anderen Küsten. Bei El Nino finden die Fische nichts mehr zu fressen und wandern ab. Die Robbenkolonien finden keine Nahrung mehr und viele Tiere verhungern. Der wirtschaftliche Schaden für die Menschen ist kaum zu beziffern.

Durch die hohen Temperaturen tritt auch in den Gebieten die Korallenbleiche in den Riffen auf, die bisher davon verschont blieben.

Europa bleibt bis auf wenige Ausnahmen, wie etwa dem in Europa ungewöhnlich kalten Winter 1941/1942, von den Fernwirkungen El Ninos verschont. Allerdings wird eine Auswirkung auf den kalten und schneereichen Winter 2010/2011 in Europa und Nordamerika diskutiert.

Bedingungen für das Auftreten von El Nino treten innerhalb der letzten 300 Jahre in Zeitabschnitten von zwei bis sieben Jahren auf. Jedoch sind die meisten Ninos eher schwach ausgeprägt. Es gibt Hinweise auf sehr starke El-Nino-Ereignisse zu Beginn des Holozäns vor etwa 10.000 Jahren.

Größere El-Nino-Ereignisse wurden für die Jahre 1790-1793, 1828, 1876-78, 1891, 1925/26, 1972/73 und 1982/83 notiert. In der jüngsten Vergangenheit kam es in den Jahren 1983/1984 und 1997/1998 zu größeren Ereignissen. Generell lässt sich aufgrund der derzeit warmen Phase eine Verschiebung hin zu einem generell positiveren Zustand erkennen. El Nino beeinträchtigte die vorkolumbianischen Inka und mag sogar zum Untergang der Moche und anderer kolumbianischer und peruanischer Kulturen beigetragen haben. Die erste echte Aufzeichnung stammt aus dem Jahr 1726. Eine weitere frühe Aufzeichnung erwähnt sogar den Ausdruck „El Nino" in Bezug auf Klimaereignisse im Jahr 1892. Sie stammt von Captain Camilo Carrillo aus seinem Bericht auf dem Kongress der geografischen Gesellschaft in Lima, in dem er sagte, dass peruanische Seeleute diese warme nördliche Strömung „El Nino" nannten, da sie in der Zeit um Weihnachten auftrete.

Das Phänomen war von langfristigem Interesse, da es sich auf die Guano-Industrie auswirkte und auch andere Industriezweige, die biologischen Produkte des Meeres nutzten.

Charles Todd beobachtete im Jahr 1893, dass Trockenzeiten in Indien und Australien zeitgleich mit dem Phänomen eintraten. Dasselbe hielt auch Norman Lockyer im Jahr 1904 fest. Eine Verbindung mit Überflutungen wurde 1895 von Pezet und Eguiguren ins Feld geführt. 1924 prägte Gilbert Walker den Begriff „südliche Oszillation".

Generell wird zurückgewiesen, dass das Phänomen Auswirkungen bis nach Europa hat. Jedoch gibt es Jahre, in denen das Klima Europas mit einem ENSO-Ereignis zu korrelieren scheint. Eine neuere Studie will ermittelt haben, dass ein starker El Nino zwischen 1789 und 1793 zu Einbrüchen bei der Ernte in Europa geführt haben könnte, was dazu beitrug, dass die französische Revolution zustande kam. Andere Studien sehen eine Beziehung zwischen dem besonders harten Winter 1941/42 beim deutschen Russland-Feldzug und El Nino. Hierbei sind möglicherweise eher langskalige Zyklen zu berücksichtigen, als El Nino selbst. Das große El-Nino-Ereignis von 1982/83 führte zu einer starken Belebung des Interesses durch die wissenschaftlichen Kreise. Die Zeit von 1990 bis 1994 war sehr auffällig, da El Nino in diesen Jahren in ungewöhnlich schneller Folge auftrat.

In den letzten Jahren hat sich das Klimaphänomen verändert, es tritt nicht mehr zungenförmig, sondern hufeisenförmig auf. Dieser Trend könnte durch den Klimawandel oder durch die natürlich wiederkehrenden Zyklen des Pazifiks verursacht, möglicherweise in den kommenden Jahrzehnten verstärkt eintreten.

Eine aktuelle Studie zeigt, dass El-Nino-Ereignisse, insbesondere große Ereignisse, genauer als bisher angenommen voraussagbar sein könnten. Das El-Nino-Phänomen lässt sich durch charakteristische Luftdruckanomalien im südpazifischen Raum vorhersagen. Hierzu werden Luftdruckmessungen aus Tahiti und Darwin (Australien) ausgewertet. Ergebnis dieser Auswertung ist der Southern Oszillation Index (SOI).

Im Gegensatz zu **El Nino** ist **La Nina** eine außergewöhnlich kalte Strömung im äquatorialen Pazifik, also sozusagen ein Anti-El-Nino, worauf auch die Namensgebung, **kleines Mädchen** beruht. Durch diese kalte Strömung entwickelt sich über Indonesien ein besonders starkes Tiefdruckgebiet. Die Passatwinde wehen stark und lang anhaltend. Dadurch kühlt sich der östliche Pazifik weiter ab und es gibt in Indonesien besonders viel Regen. Dagegen ist es in Peru sehr trocken und es fällt kaum Regen. Nicht nur in Indonesien kommt es zu starken Regenfällen, auch in Australien kommt es nun zu sehr starken Überflutungen. Gerade zurzeit ist ein Ende der Flutkatastrophe noch nicht in Sicht. Gewaltige Wassermassen haben den Nordosten Australiens überschwemmt, 75.000 Menschen brauchen Hilfe.

Jetzt droht neue Gefahr. Durch Giftschlangen, die das Wasser aus ihren Höhlen gespült hat und die in Häusern Zuflucht suchen. Die Hauptstadt Queenlands Brisbane steht vor der schlimmsten Katastrophe seit ihrem Bestehen.

Etwas weiter nördlich in Queensland liegt das größte Korallenriff der Erde. Es heizt sich beständig auf. Die Korallen sterben ab und die Unterwasserwelt verändert sich. Im Januar 2011 suchte der bisher stärkste gemessene Tropensturm Nordqueensland mit Winden bis zu 300 km/h heim. Ganze Orte wurden weggefegt und das

Weltkulturerbe Great Barrier Reef nahm nicht mehr gutzumachenden Schaden. Nur zwei Wochen vorher wurde Queensland von einer der größten Fluten heimgesucht. Satelitenbilder der NASA zeigen nun klar die große Zerstörung des Reefs.

Der Klimawandel ist dafür verantwortlich, dass die **Korallen im Great Barrier Reef**, aber auch in anderen Teilen der Welt, anfangen zu **bleichen**. Aufgrund steigender Wassertemperaturen in den Ozeanen befinden sich die Korallen unter so großem Stress, dass sie ihre Farbe verlieren. Dies ist ein klares Zeichen dafür, dass die Korallen krank sind und der Klimawandel im vollen Gange ist.

Auch wenn der konservative Konkurrent von Australiens Premierministerin, davon überzeugt ist, dass der Klimawandel Blödsinn sei, so sprechen die Ozeane dennoch eine klare Sprache. Etwas stimmt definitiv nicht, denn ansonsten würde das weltweite Korallensterben wegen des stets fortschreitenden Klimawandels ja auch Unsinn sein. Sterben die Korallen weiter und der Klimawandel schreitet in diesem Tempo fort, dann hat dies verheerende Folgen für das gesamte Ökosystem der Ozeane.

Meeresbiologen berichten, dass fast 90 Prozent der Korallen vor Thailand, Sumatra und in der Karibik von der Bleiche betroffen sind. Der Grund dafür ist eine deutlich zu hohe Wassertemperatur, wodurch die Korallen erkranken. Stirbt diese Spezies aus, so werden ihr sogleich unzählige andere Fischarten folgen. Ob Abbott den Klimawandel dann immer noch als Unfug abstempelt, das sei mal dahingestellt. Eines steht jedenfalls fest:

Wird den Menschen nicht bald etwas einfallen, dann dürfte es nicht mehr lange dauern, bis der Klimawandel die Weltmeere völlig unter seinen Fittichen hat. Korallen benötigen bestimmte Algen zum Überleben. Steigt die Wassertemperatur aber an, so werden die Algen giftig und die Korallen erkranken. Im schlimmsten Fall sterben sie nach einer Weile sogar ab. Mit den Korallen sterben natürlich nicht nur die Riffbewohner, sondern auch die Menschen werden sich umschauen, da sich laut der National Oceanic und Atmospheric Administration mehr als eine Milliarde Menschen von Fischen ernähren, die im Riff oder in Riffnähe leben. Wenn der Klimawandel in diesem Tempo fortschreitet, so könnten innerhalb kürzester Zeit 15 Prozent aller Korallen weltweit absterben. Und auch das noch verhältnismäßig intakte Great Barrier Reef befindet sich in der vom Klimawandel betroffenen Gefahrenzone.

Ein weiterer Flug führte uns quer über die Rieseninsel Australiens. Wir überflogen endlose rote Steppen und menschenleeres Land, riesige Farmbetriebe mit nicht zu übersehenden Rinderbeständen. Über die Timor- und Floressee zur Inselgruppe der kleinen Sunda Inseln im Osten Indonesiens, nach Denpasar.

Wir waren auf der göttlichen Insel Bali gelandet. Bali ist ein Touristenparadies. Dies wird jedem Besucher bereits auf dem Ngurah Rai Airport klar. Bali strahlt die Ruhe und Anmut eines wirklichen Paradieses auf Erden aus. Die Ausgeglichenheit der Menschen, gepaart mit ihrer Freundlichkeit, lassen den Touristen eintauchen in eine andere, nie erlebte Gastfreundschaft. In den wunderschönsten Hotelanlagen erwarten den Gast Blumenmeere und fremdartige Dekorationen.

Gerade dies macht den Urlaub zu einem wahren Erlebnis. Denpasar mit seinen auserwählten Handarbeiten und dem pulsierenden Leben auf dem Markt, mit vielen Touristen, doch auch alterworbene Traditionen sind zu bewundern. Leider war unsere Zeit bemessen. Wir konnten nur die schönsten Arbeiten indonesischer Handwerkskunst bewundern, farbenfroh bedruckte Sarongs, sehr schön gemusterte Herrenhemden aus Rayon und erlesene Kinder- und Damenbekleidung aussuchen und die besten Preise aushandeln.

Ein kurzer Inlandsflug über das Vulkangebiet des Mt. Bromo und wir waren in der Mitte der hektischen Stadt von Surabaya, in Ost-Java. Die zweitgrößte Stadt Indonesiens des größten Moslemlandes der Welt.

225 Millionen Einwohner bevölkern dieses wunderbare Land mit seiner endlosen Inselwelt. Auch hier Geschäfte, Geschäfte, besonders ausgesuchte handgeschnitzte Möbelstücke, Keramikfliesen und Wandfarben wurden eingekauft und abends erlebten wir alte indonesische Kochkunst mit unseren Freunden.

Sate sind Spieße mit pikant gewürztem Rindfleisch, Fisch, Schweinefleisch, Hähnchen oder Lamm. Hierzu gehört eine Erdnuss- oder Chilisoße. Für mich gehört auch noch Nasi Goreng hinzu. Der gebratene Reis ist mit verschiedenen Gemüsesorten gemixt, passt sehr gut zu der scharfen Erdnuss- oder Chilisoße.

Noch viel ansprechender als die in Deutschland angebotenen indonesischen Reistafeln ist der indonesische Festschmaus „Campur". So heißt hier das große kulinarische Esserlebnis. Einen Besuch des Naturparks Mt. Bromo ließen wir uns nicht entgehen. Unsere Geschäftsfreunde opferten einen Tag für uns und wir besuchten gemeinsam das Gebiet der Vulkane im Mt. Bromo Gebiet.

Ein besonders beliebter Aussichtspunkt auf dem Bromo ist der Gunung Penanjakan. Der hinter dem Bromo liegende Semeru entsendet mehrfach innerhalb einer Stunde wiederkehrend seine kleinen Dampfwolken und gelegentlich kommt es zu größeren Eruptionen.

Das Bromo-Tenggar-Massiv ist Teil einer Vulkankette, die sich entlang des Sunda-Bogens erstreckt. Es handelt sich dabei um Vulkane einer Subduktionszone, welche durch das Absinken der indoaustralischen Platte unter die eurasische Platte entlang des Sundagrabens entstanden sind. Das bei diesem Prozess aufsteigende Magma speist die Vulkane dieser Vulkankette, welche sich von den Andamanen über Sumatra und Java bis Ost-Timor erstreckt. Nach einer Geschichte hat am Ende des 15. Jahrhunderts die Prinzessin Roro Anteng des Majapahitimperiums zusammen mit ihrem Ehemann Joko Seger ein eigenes Fürstentum gegründet.

Sie nannten es Tengger nach den Endsilben ihrer Namen. Das Fürstentum florierte, aber dem herrschenden Paar war es nicht möglich, Nachkommen zu zeugen. So kletterten sie in ihrer Verzweiflung auf den Bromo und beteten zu den Göttern, sie mögen ihnen beistehen. Diese versprachen ihnen zu helfen, unter der Bedingung, ihr letztgeborenes Kind den Göttern zu opfern. Die beiden hatten 24 Kinder und als das 25. und letzte Kind Kesuma geboren wurde, weigerte sich Roro Anteng, ihr Kind wie versprochen, zu opfern.

Die Götter drohten mit Feuer und Schwefel, bis sie schließlich das Kind doch opferte. Nachdem es in den Krater geworfen wurde, befahl die Stimme des Kindes den Einheimischen, jährlich eine Feier am Vulkan abzuhalten. Dieses Kassada genannte Fest wird auch heute noch abgehalten. Es besteht hauptsächlich aus einer nächtlichen Prozession zum Gipfel, wo dann Tiere, Früchte und Reis geopfert werden.

Zum Abschluss unseres Besuches von Surabaya wohnten wir eine Nacht in dem Traditionshotel „Majapahit". Alter indonesischer Stil und Gastlichkeit umgaben uns, wir fühlten uns Fürsten gleich. So gut war der Service und die Freundlichkeit. Nach dem Packen der Container flogen wir zurück nach Bali. Agung, unser Fahrer, erwartete uns schon am Flugplatz und einem Sonnen durchfluteten Urlaubstag stand nichts mehr im Wege.

Wir hatten acht Stunden Zeit für eine Rundfahrt in die Berge und eine Bootsfahrt auf dem Kratersee des Gunung Batur durchzuführen. Die meisten Berge Balis sind vulkanischen Ursprungs und bedecken etwa drei Viertel der gesamten Inselfläche.

Beim Landeanflug auf Denpasar hat man schöne Ausblicke in die gewaltige Berg- und Vulkanwelt Balis. Der Vulkan Gunung Agung, was wörtlich der große Berg heißt, ist mit 3.142 Meter der höchste Berg der Insel. Für die Balinesen ist er der Sitz der Götter. Außerdem ist er der Pol des balinesischen Koordinatensystemes. Beim letzten Ausbruch von 1963 forderte er 2.000 Menschenleben und verwüstete zahlreiche Dörfer und Felder. Westlich vom Agung schließt sich der riesige, zehn Kilometer breite Vulkankrater des Batur-Massivs an, mit dem Randkegel des Gunung Abang mit 2.153 m als höchste Erhebung. Das Innere des Kraters wird von dem jungen Kegel des im 20. Jahrhundert viermal tätigen Gunung Batur mit 1.717m und vom Kratersee Danau Batur ausgefüllt. Direkt von unserer Tour ging es zum Flugplatz und ein 4-Stunden-Flug brachte uns nach Bangkok, der Hauptstadt Siams.

Thailand verzauberte uns wie immer. Unser Hotel in der Sukumvit begrüßte uns mit alter Gastfreundschaft und persönlicher Wärme. Auch hier war die Zeit fest geplant und so mussten wir wieder in großer Hitze einkaufen, Zollpapiere und Ladedokumente mussten ausgearbeitet werden, doch als Ausgleich durften wir die beste Küche der Welt erleben, scharf und doch so schmackhaft. Am Sonntag bewunderten wir den Wochenendmarkt.

Dieser Markt ist ein „Muss" für jeden Besucher der thailändischen Hauptstadt. Hunderte von Ständen und ein echtes Einkaufs-paradies thailändischer Qualität. Viele kleine Mitbringsel füllten unsere Koffer, um in Deutschland etwas Freude schenken zu können. Echt geschafft von der Schwüle und der starken Son-neneinstrahlung, aber auch von der mit Schadstoffen stark belaste-ten Luft, dann der erlösende Übernachtflug nach Frankfurt.

Kurz nach Mitternacht überflogen wir Teile des riesigen Himma-laya Bergmassives. Der Mond beleuchtete die langen Gletscher-felder, ließ sie in gelb-orange erscheinen. Ein atemberaubender Ausblick über die unendlichen weißen Gletscherfelder. Auch hier hatte der Abschmelzprozess des Eises bereits eingesetzt und löste Geröllawinen und Überschwemmungen in den umliegenden Län-dern aus. So wusste man, dass, obwohl die Gletscher des Himalaja groß und mächtig erscheinen, dieses Ökosystem sehr empfindlich auf Umweltveränderungen reagiert.

Inwiefern der Gletscherrückgang eine Folge des Klimawandels ist, will ich versuchen darzustellen. Dabei versuche ich zunächst einige Grundlagen über den Himalaja zu erklären, bevor ich auf die Frage eingehen kann, warum Gletscher schmelzen. Anschließend will ich erläutern, wie der Rückgang der Gletscher gemessen wird und wie die Folgen des Gletscherrückganges aussehen. Schließlich stellt sich mir die Frage, wie man diese Folgen mindern kann.

Das Gebirgsmassiv erstreckt sich in einem ungefähr 2.700 km langen Bogen und einer Breite von 250 km von Pakistan in östlicher Richtung über Kaschmir in Nordindien, das südliche Tibet, Nepal, das indische Sikkim und das Kingdom of Bhutan. Das Himalaja Gebirge entstand im Miozän, einem Zeitabschnitt im Tertiär, der etwa 24,5 Mio. Jahre zurückliegt. In dem jüngsten Gebirge der Welt liegen die höchsten Berge der Welt, die sogenannten Achttausender.

Der höchste dieser Achttausender ist der Mount Everest mit 8.846 m. Er liegt im sogenannten Hoch-Himalaja, dem die südlich gelegenen Gebirgsketten des Vorderen aktuelle und zukünftige Entwicklung der Gletscher des Himalaja und des Siwalikgebirges vorstehen. Im Norden endet der Himalaja mit dem Transhimalaja, das nahtlos in das tibetische Hochplateau übergeht. Aufgrund seiner Höhe fungiert das Gebirge als Klimascheide. Der Sommermonsun versorgt die Südseite des Gebirges während der Sommermonate Juni bis September mit ausreichend Niederschlag.

Da auch die durchschnittliche Jahrestemperatur recht hoch ist, herrschen am Fuße des Gebirgsmassivs subtropische Klimaverhältnisse vor. In Höhen um 2.100 m wird das Klima gemäßigter, bis ab etwa 3.600 m die alpine Zone beginnt. Bei 4.500 m liegt die Baum-, bei 5.000 m die Schneegrenze. Auf der Nordseite liegt diese etwas höher bei 5.500 bis 6.000 m. Etwa 1/6 des Himalaja ist vergletschert, was einer Gesamtfläche von 112.000 km/2 entspricht. Etwa 50 Prozent der asiatischen Gletscher befinden sich auf chinesischem Territorium. Weltweit machen sie einen Anteil von etwa 15 Prozent aus.

Forschungsarbeiten zur Folge hat es während des Eiszeitalters vor
~1,8 Mio. – 10.000 Jahre v. Chr. vier bis fünf Eiszeiten gegeben.
Als die Vereisung am höchsten war, betrug die vergletscherte
Landmasse 46 Mio. km/2. Heute ist davon **noch 1/3 übrig.**

Man geht davon aus, dass die Gletscher seit ihrer Entstehung von
stets wiederkehrenden Wärmeperioden geprägt wurden und somit
einem stetigem Wandel unterlegen sind. Die Fluktuation der
Gletscher hat aber insbesondere in den letzten Jahrzehnten bzw.
seit dem 19. Jh. stark zugenommen, was folgende Beispiele zeigen
sollen:

In China wurden 46.298 Gletscher entdeckt. Diese haben in den
letzten 30 bis 40 Jahren über 3.000 km/2 ihrer ursprünglichen
Gletscherfläche verloren, was einem Verlust von 5,5 Prozent
entspricht.

In Nepal hat man den Rückgang der Gletscher festgehalten. So
konnte man z. B. bei sämtlichen Gletschern der Khumbu- und
Dhaulagiriregion (Nepal) in den letzten 70 Jahren Rückzüge um 30
bis 60 m feststellen. Auch in Bhutan konnte man in den derzeit
670 datierten Gletschern einen Rückgang von 30 bis 40 m/Jahr
feststellen. Diese Daten bestätigen den allgemeinen Gletscherrückgang.

Es wird jedoch nicht angesprochen, welche Eisdicke die Gletscher
in dieser Region haben. Ist die Eisdicke gering, so bewirken schon
niedrigere Temperaturen einen stärkeren Rückgang, die bei anderen Gletschern kaum Auswirkungen zeigen würden. Während sich
die genannten Gletscherrückgänge auf die letzten Jahrzehnte
beschränken, möchte ich an einem Beispiel zeigen, welches zeigt,
dass der Gletscherrückgang ein seit dem 19. Jh. fortwährender
Prozess ist und nicht erst ein Phänomen der letzten 30 bis 40 Jahre
beschreibt. Die aufgeführten Gletscher des Himalaja entstammen
alle der indischen Region bzw. dem angrenzenden Karokaram-

gebirge. Hier wird sich auf den Rückgang der Gletscher bezogen, nicht auf den Eismassenverlust.

In einer Studie wurden 19 Gletscher der Region Himachal Pradesh im Norden Indiens untersucht und herausgefunden, dass diese 19 Gletscher allein in den Jahren 2001/2002 einen Eismassenverlust von 0,2347 km/3 aufgewiesen haben. Der Grund des Rückgangs ist vor allem im Klimawandel zu sehen, denn die stetig steigende Temperatur begünstigt sowohl die Verdunstung als auch das Abschmelzen des Eises.

Laut Angaben ist die globale Durchschnittstemperatur während des 20. Jahrhunderts um 0,6 r 0,2 Grad Celsius gestiegen. Es wird berichtet, dass die Temperatur im Hoch-Himalaja seit Mitte der 70er Jahre um etwa 1 °C gestiegen sei und demnach weit über dem durchschnittlichen globalen Temperaturanstieg liegt.

Schnee verändert bei Temperaturänderungen seine Kristallstruktur. Bei höheren Temperaturen sind die Eiskristalle kleiner und runder, weshalb diese dann dichter gelagert sind. Der gleiche Fall tritt ein, wenn Schnee akkumuliert wird und der ältere Schnee durch die Auflast zusammengepresst wird. Um zu messen, wie dicht der Schnee gelagert ist, werden Schneeproben mit Hilfe von Schneesonden entnommen und anschließend mit einer Federwaage gewogen. Neben der Schneedichte ist aber auch der Wasseräquivalent ein wichtiger Parameter bei der Untersuchung der Schneeschichten.

Das Wasseräquivalent gibt an, welches Wasserspeicherungsvermögen der jeweilige Gletscher hat und damit die Wassermenge, die beim Abschmelzen der Gletscher den Flüssen zugeführt wird. Es ergibt sich aus dem Produkt von Schneedichte und Schneehöhe. Gletscher bestehen neben Schnee und Eis auch aus Firn, dem Übergangszustand von Schnee zu Eis. Somit sind in einem Gletscher unterschiedliche Dichteverhältnisse gegeben, die durch das

Wasseräquivalent miteinander vergleichbar werden. Um u.a. das Wasseräquivalent für die Eisschichten zu ermitteln, nutzt man Eisbohrer, die gewonnenen Proben nennt man Eisbohrkerne.

Daneben lassen sich weitere Parameter untersuchen, wie z. B. das Alter des Gletschers. Je tiefer man in die Eisdecke bohrt, umso weiter geht man in die Vergangenheit zurück. Dementsprechend gibt die Höhe der Eis- und Schneedecke Auskunft über das Alter des Gletschers. Anhand dieser Eisbohrkerne kann man die unterschiedlichen Schichtfolgen ablesen, die jeweils verschiedene Akkumulationszeiten darstellen und sich in Dicke und Zusammensetzung unterscheiden.

Je nachdem, wie hoch oder niedrig die Temperatur zum Ablagerungszeitraum war, sind in der aktuellen und zukünftigen Entwicklung der Gletscher des Himalaja akkumulierten Eisschicht höhere Staubpartikel oder höhere Gehalte an chemischen Stoffen, wie Sauerstoffisotope, Chloride etc. erkennbar.

Da sich auf Gletschern sämtliche Schadstoffe ablagern, kann man die Schadstoffbelastung der Regionen anhand dieser Eisbohrkerne ermitteln. Für den Himalaja gilt, dass die Akkumulation verstärkt im Sommer auftritt, weswegen die Gletscher auch zu den „summer-accumulated type glaciers" gehören, während z. B. die europäischen oder nordamerikanischen Gletscher dem „winter-accumulated type glaciers" angehören. Der Grund für die stärkere Sommerakkumulation liegt im asiatischen Sommermonsun, da diese durch die starken Westwinde in Südasien feuchte Luft vom Indischen Ozean herbeiführen, welche über dem Himalaja als Niederschlag, meist in Form von Schnee, ausfällt. Der Sommermonsun entsteht dadurch, dass der Kontinent infolge der sommerlichen Erwärmung ein Tiefdruckgebiet bildet und sich die Innerkonvergenzzone bis in den Himalaja hinein verlagert. Nun werden die Südostpassate aus dem südlichen Hochdruckgürtel nach Norden „gesogen" und beim Überqueren des Äquators aufgrund der Corioliskraft abgelenkt und zu Südwestwinden umgepolt.

Doch auch Wassermassen im Himalaja donnern zu Tal, besonders dann, wenn Gletscher bröckeln. Von wenigstens 44 Gletscherseen im Himalaja geht diese Gefahr aus. Zehntausende Menschen sind bedroht, und die globale Erwärmung verschärft die Lage. Forscher warnen. Künftig könnte es alle zwei bis drei Jahre Flutwellen geben.

„Tsunamis from the Sky" werden sie genannt und **„Killers from the Hills".** Flutwellen, die aus dem Himalaja zu Tale donnern. Mindestens 44 Gletscherseen hoch oben im größten Gebirge der Welt sind von brüchigen Gletschern bedroht. Mehrere Millionen Liter Wasser könnten hinabstürzen, Geröll und Trümmer aus Fels und Eis inklusive. Zehntausende Menschen sind in Gefahr, zudem sind Straßen und Kraftwerke bedroht. Und es könnte noch schlimmer kommen.

Forscher schlagen Alarm. Alle 200 bis 300 Jahre habe es in der Region blitzschnelle Fluten mit Katastrophen-Potenzial gegeben, doch nun würden sie alle zwei bis drei Jahre kommen. Der Grund ist der gleiche, der die **Polkappen schmelzen** und den **Meeresspiegel steigen** lässt.

Allein zwischen 1977 und 2000 ist die Temperatur nach ICIMOD-Daten um 0,09 Grad angestiegen, pro Jahr. Das klingt für Laien nach wenig, sei aber vier Mal schneller als die globale Erwärmung im gleichen Zeitraum. Einige kleinere Studien in dieser Region haben gezeigt, dass die Gletscher weiter abschmelzen und die Gletscherseen in Zahl und Größe zunehmen.

Denn weil es im Himalaja auch weiterhin wärmer wird, werden Hunderte Gletscher in immer schnellerem Tempo schmelzen und somit zurückweichen, vor allem die kleineren. Zum Beispiel die

Zunge des Gletschers Kongma Tikpe in Nepal: Erst ging sie um 60 Zentimeter pro Jahr zurück (1976 bis 1978), dann um zweieinhalb Meter pro Jahr (1978 bis 1989), und bei der jüngsten Messung waren es jährlich schon rund zehn Meter (1989 bis 2004). In den Lücken und Becken, die die schmelzenden Gletscherzungen zurücklassen, sammelt sich das Schmelzwasser.

Nur Steine und Geröll, das wallartig zur Endmoräne aufgeschüttet ist, hält den Gletschersee an Ort und Stelle, aber nicht gerade stabil. So droht ständig der Kollaps. Etwa wenn ein dicker Brocken von der brüchig werdenden Eiszunge abbricht und ins Wasser stürzt. Oder wenn ein Erdbeben den Endmoränen-Wall aufreißt. Dann läuft der Gletschersee aus, eine Flutwelle rollt talwärts.

Vor acht Jahren gab es den letzten großen Gletschersee-Ausbruch (Glacier Lake Outburst Floods, kurz GLOF) im nepalesischen Teil des Himalaja: Am 3. September 1998 donnerte vom Tam Pokhari eine Flutwelle hinab, zwei Menschen starben. Seitdem gab es zwei kleine Flutwellen, 2003 im Quellgebiet des Flusses Mardi in Zentralnepal und diesen Sommer im Quellgebiet des Marsayngdi-Flusses weiter westlich.

20 der 2323 Gletscherseen in Nepal hält man für potenziell gefährlich, im benachbarten Buthan 24 von 2674. Das ist allerdings der Stand aus dem Jahre 2001. Für diese Studie hatte ein Team Landkarten, Satellitenbilder und vor Ort aufgenommene Fotos ausgewertet. Studien, die den Status aktualisieren könnten, gibt es bislang jedoch noch nicht. Trotzdem sind sich die Forscher sicher: Heute, fünf Jahre später, könnte von noch mehr Gletscherseen diese Bedrohung ausgehen.

Der Klimawandel macht die Fluten aus der Höhe wahrscheinlicher, gleichzeitig können sie größeren Schaden anrichten. Denn in den Quellgebieten der Himalajaflüsse werden zunehmend Infrastrukturen aufgebaut. Die Fluten kommen also nicht nur zu den

Menschen, die Menschen kommen auch Richtung Flut. Nun müssten die Schwachstellen genau bewertet werden, denn sonst kann man nicht einschätzen, welchen Schaden die Gletscherseeausbrüche anrichten können. Immerhin wurden in Nepal schon einige Menschen und Kraftwerke Opfer der Fluten.

Es müssen dringend Frühwarnsysteme aufgebaut und Maßnahmen ergriffen werden, um die Gefahr zu entschärfen. Das ist aber gar nicht so einfach, weil normalerweise keine Straßen zu den Gletscherseen führen. Weil Schutzmaßnahmen Geld kosten und weil die blitzschnellen Wassermassen keinen Halt vor Landesgrenzen machen.

So entsprangen mehr als die Hälfte der 25 Gletschersee-Fluten, die bislang durch Nepal geschwappt sind, dem weiter nördlich gelegenen Hochland der chinesischen Provinz Tibet. Afghanistan, Bangladesch, Bhutan, Burma, China, Indien, Nepal, Pakistan gehören zu den Ländern, die von Himalajafluten überrascht werden könnten. Deswegen versucht man gerade, ein Abkommen über ein regionales System zu erreichen. Im Notfall sollen alle Länder gleichzeitig gewarnt werden, ähnlich wie die Pazifikanrainer im Tsunami-Fall.

Die Wissenschaftler argumentieren mit Beispielen wie dem vom Februar 2005. Damals brandete eine Flut das Tal des Flusses Sutlej durch den indischen Bundesstaat Himachal Pradesh herab, der an China grenzt. Ein indisch-chinesisches Frühwarnsystem verhinderte eine Katastrophe. Zwar wurden Brücken zerstört, viele Menschen konnten aber vor den aufbrausenden Wassermassen in Sicherheit gebracht werden. Niemand kam ums Leben.

Doch lediglich **einer** der 44 offiziell als gefährlich eingestuften Seen wurde bislang mit Sensoren ausgestattet, die im Notfall stromabwärts Alarmsirenen aufheulen lassen. Der Tsho Rolpa, ist wohl der größte und gefährlichste Gletschersee in Nepal. Für das

Frühwarnsystem und den Abflusskanal, der den Wasserpegel im Tsho Rolpa um bis zu drei Meter senken kann, haben die Weltbank und die niederländische Regierung 3,5 Millionen US-Dollar gezahlt. Den „Tsunamis from the Sky", den „Killers from the Hills" Einhalt zu gebieten, ist alles nur eine Frage des Geldes.

Im Moment kann niemand sagen, welcher der Seen als nächstes überzuschwappen droht, noch wie viele Hochrisikokandidaten es mittlerweile im Schatten der Himalajagipfel gibt.

So müssen die Wissenschaftler auch weiterhin zur Kenntnis nehmen, das auch in den ewigen Eisregionen des Himalaja die Gletscher schneller als erwartet dahinschmelzen. Eigentlich sollten die Auswirkungen der globalen Klimaerwärmung in der dünnen, kalten Luft über 7.000 Metern weniger spürbar sein als anderswo. Doch das Gegenteil ist der Fall, wie Forscher bei der Untersuchung tibetischer Eisproben festgestellt haben. Im Eis des Gletschers Naimona'nyi fanden sie keinerlei radioaktive Spuren der amerikanischen und sowjetischen Atombombentests aus den fünfziger und sechziger Jahren, die üblicherweise zur Datierung herangezogen werden.

Stattdessen stammte die zuoberst liegende Schicht aus dem Jahr 1944. Über die Gründe, warum das Gletschersterben in den höchstgelegenen Regionen der Erde sogar noch schneller vonstattenzugehen scheint als in niedriger liegenden Gebieten, können die Forscher bislang nur spekulieren. Wahrscheinlich hänge es damit zusammen, dass die aufgewärmte Erdatmosphäre mehr Wasserdampf enthält.

Steigt dieser bis in hohe Lagen, kondensiert er und setzt dabei die entstehende Wärme über den bisher für unantastbar gehaltenen Eislandschaften frei. Bis zum Ende des Jahrhunderts könnte man dort, statt des prognostizierten Temperaturanstiegs um drei Grad, eine fast doppelt so starke Erwärmung erleben, so fürchten US-Glaziologen.

Die restliche Flugzeit nach Deutschland wurde mit sieben Stunden fünfundvierzig Minuten angegeben. Meine Frau war in tiefen Schlaf gefallen. Ich konnte nicht richtig einschlafen, zu stark bewegten mich die gesehenen Bilder der riesigen Eisberge. In Bangkok hatte ich mir einige Magazine gekauft und begann darin zu lesen. Ein Bericht erregte sofort meine Aufmerksamkeit.

Er beschrieb das Weltnaturerbe Baikalsee im Süden Sibirien. Gelegen nahe der russisch-mongolischen Grenze. Er ist ein See der Superlative, deshalb nennen ihn die Russen den Brunnen des Planeten. Mit über 25 Millionen Jahren ist er der älteste See und mit einer Tiefe bis zu 1.673 Metern der tiefste Süßwassersee der Welt. Er ist das größte Süßwasserreservoir der Erde, sein Wasserinhalt umfasst zwanzig Prozent der weltweiten Süßwasserreserven. Der See ist mit über 23.000 Quadratkilometern etwa so groß wie die Fläche Belgiens oder 44-mal so groß wie der Bodensee. Sein Inhalt würde ausreichen, um die gesamte Menschheit fünfzig Jahre lang mit Trinkwasser zu versorgen. Und würde man sein Wasser gleichmäßig über die Erde verteilen, wäre sie 20 Zentimeter hoch bedeckt vom Kronjuwel Russlands.

Der Baikalsee ist 635 Kilometer lang. An seiner breitesten Stelle ist er 80 Kilometer, an der schmalsten Stelle 23 Kilometer breit. Er hat 333 Zuflüsse und damit ein Wassereinzugsgebiet von der Größe Frankreichs, aber nur einen einzigen Abfluss, den Angara im Süden des Sees. Im Vergleich zum umliegenden Gebiet ist der Winter am Baikalsee milder und der Sommer kühler.

Die durchschnittlichen Lufttemperaturen in Januar und Februar betragen -19 Grad Celsius und +11 Grad Celsius im August. Die Temperatur an der Wasseroberfläche liegt im eisfreien Teil des Sees im August bei 9 bis 12 Grad Celsius, in Ufernähe gibt es manchmal sogar Badetemperaturen von 20 Grad Celsius. Der Baikalsee friert im November bis Januar zu, das Eis bricht im Mai.

Nicht nur der See selbst, sondern auch die Tier- und Pflanzenwelt in und um den Baikalsee ist einzigartig auf der Welt. Über 2.600 Arten leben im Wasser und an den Uferzonen, davon sind rund zwei Drittel endemisch, d. h., sie kommen nur hier in der Region vor. Zu den am Baikalsee lebenden Tierarten gehören Bären, Wölfe, Luchse und Elche, aber auch Schwarzstörche und Fischadler. Zu den nur im Baikalsee vorkommenden Arten gehört die Baikalrobbe, der lachsähnliche Omul oder der Kleinkrebs Epischura. Eine besondere Bedeutung hat der Baikalsee auch als Rastplatz für viele Millionen von Zugvögeln, allein im Selengadelta sind es über fünf Millionen.

Der Reichtum des Baikalsees ist auch gleichzeitig die Lebensgrundlage der Menschen, sei es für die Ureinwohner Sibiriens, die Burjaten, die Jakuten oder auch die Russen. Seit Jahrtausenden leben Menschen an den Ufern dieses faszinierenden Gewässers. Irkutsk ist heute mit rund 650.000 Einwohnern die größte Industrie- und Handelsstadt und das kulturelle Zentrum am Baikalsee. Die Stadt liegt am Ufer des Angara, des südlichen Abflusses des Sees.

Der Baikalsee kann zweifelsohne als ein Naturwunder bezeichnet werden. Genau dies hat auch Greenpeace Russland dazu bewogen, für den internationalen Schutz dieses Sees zu kämpfen und die Aufnahme in die UNESCO-Liste das Weltnaturerbe der Menschheit voranzutreiben.

Weitere prominente Mitglieder der UNESCO-Liste sind der Everglades National Park und der Gran Canyon in den USA, das Okapi Wildlife Reserve in Zaire in Afrika oder das Belize Barrier Reef Reserve System in Mittelamerika. In ihrer Sitzung im Dezember 1996 erklärte die UNESCO den Baikalsee zum Weltnaturerbe.

In dem Protokoll des Beschlusses heißt es: Der Ausschuss erklärt den Baikalsee als das hervorragendste Beispiel eines Süßwasser-ökosystems auf der Basis von natürlichen Kriterien. Es ist der älteste und tiefste See der Welt, der nahezu 20 Prozent des nicht gefrorenen Süßwassers der Welt beinhaltet.

Der See enthält eine bemerkenswerte Vielfalt endemischer Flora und Fauna, die von außergewöhnlicher Bedeutung ist für die evolutionäre Wissenschaft.

Er ist umgeben von einem System geschützter Gebiete, die einen hohen landschaftlichen und natürlichen Nutzen haben. Der Ausschuss nahm Notiz von der Bestätigung der neu festgelegten Grenzen der Gebiete, die zu den Kernzonen gehören, die im Baikalseegesetz definiert sind, ausgeschlossen sind urbane Gebiete.

Es wird ebenfalls festgehalten, dass sich das spezielle Baikalseegesetz nun in seiner zweiten Lesung in der Duma, dem russischen Parlament, befindet. Das Protokoll äußert aber auch Bedenken über eine Anzahl von ausstehenden Fragen, einschließlich der Verschmutzung, die den russischen Behörden nahe gelegt werden sollten.

Greenpeace Russland hat entschieden dazu beigetragen, dass die UNESCO den Baikalsee zum Weltnaturerbe erklärte und ihn damit unter den Schutz und der Aufmerksamkeit der internationalen Gemeinschaft stellte. Greenpeace arbeitete der russischen Regierungskommission und der Sibirischen Abteilung der Russischen Akademie der Wissenschaften zu.

Die Foto- und Videoaufnahmen von Greenpeace wurden als Illustrationen für die Nominierung verwendet. Greenpeace Russland organisierte für Vertreter der UNESCO einige Besichtigungsreisen an den Baikalsee und vermittelte die Verhandlungen mit Mitgliedern der Russischen Föderation.

An der Entstehung des Gesetzes zum Schutz des Baikalsees war Greenpeace Russland ebenfalls beteiligt. Der erste Gesetzesentwurf wurde 1993 in die Duma eingebracht. Das Gesetz wurde 1999 verabschiedet.

Unglücklicherweise ist das Gesetz in seiner letzten Version nur eine Schutzabsichtserklärung. Damit es als ein rechtsgültiges Gesetz wirksam wird, müssen noch 27 Resolutionen, Anordnungen und Anweisungen, die alle die menschlichen Belange am Baikalsee betreffen, in geltendes Recht umgesetzt werden. Greenpeace fordert daher:

Die Umsetzung des Baikalgesetzes, um den See besser vor den Auswirkungen industrieller Verschmutzung und Wilderei schützen zu können.

Dies zeigte mir sehr klar, welche Möglichkeiten bestehen, wenn Organisationen sich für den Erhalt der Umwelt rückhaltlos einsetzen.
Weltweit sollten nicht nur privat ins Leben gerufene Vereine, sondern die gewählten Vertreter der Regierungen die Bedürfnisse der Natur sehen und in helfende Gesetze fassen, zum Wohle der Umwelt und im Hinblick auf die nächsten Generationen.

Ein warmes Frühstück wurde serviert und bei der zweiten Tasse Kaffee stieg die Erwartung auf meine alte Heimat „Deutschland" spürbar an.

Drittes Kapitel

Der Südwestwind über dem Himalaja brachte unser Flugzeug in Richtung Westen. Auf dem Flug nach Deutschland überflogen wir Tashkent, Baku, das Schwarze Meer, Istanbul, Sofia, Belgrad, Budapest, Passau, Würzburg, Aschaffenburg und direkter Landeanflug auf den Rhein Main Flughafen.

Bei der morgendlichen Landung in Frankfurt, der Feldberg im Taunus war klar zu sehen, Wald- und schneebedeckt, hatten wir bereits Teile des Nordschwarzwaldes überflogen, als die Maschine in eine undurchdringliche Nebelwand eintauchte und wir mussten als heimatliche Begrüßung erst mal einen Kälteschock überwinden. Doch ein herzliches, warmes Willkommen bei unseren Freunden in Heidenrod-Laufenselden ließ uns die Kälte schnell vergessen.

Meine alte Heimatgemeinde liegt in einem der größten geschlossenen Waldgebiete Deutschlands. Schon am ersten Abend hatten wir eine sehr lockere Gesprächsrunde mit unseren Freunden über den Wald im Allgemeinen und den Regenwald in Brasilien im Besonderen. Ein gutes Glas Rheingauer Riesling aus Eltville wurde gereicht und löste etwas die Zunge, sodass eine aktive Gesprächsrunde ihren Anfang nahm, zumal unsere alten Nachbarn sich hinzugesellten.

Aus der Schule wussten wir noch, dass rund ein Drittel der weltweiten Landmassen, etwa 3,9 Milliarden Hektar, von Wäldern bedeckt sind, von den Tropen über die gemäßigten Breiten bis zu den borealen Weiten des Nordens und den „kalten" Regenwäldern des Südens.

All diese Wälder sind Heimat für unzählige Tier- und Pflanzenarten. Von den etwa 1,8 Millionen beschriebenen Tier- und Pflanzenarten auf der Erde leben laut renommiertem World Resources

Institute in Washington etwa zwei Drittel im Wald. Wälder sind damit die artenreichsten Lebensräume überhaupt.

Doch Wälder sind nicht nur außerordentlich wichtig für die biologische Vielfalt. Sie sind zugleich Lebensraum, Lebensgrundlage und Speisekammer für Millionen von Menschen. Mindestens 60 Millionen Menschen leben direkt im und vom Wald. Darüber hinaus produzieren Wälder Sauerstoff und speichern Kohlendioxid. Sie sind Wasserspeicher, schützen vor Überschwemmungen und bewahren den Boden vor Erosion. Wissenschaftlichen Schätzungen zufolge stellen Wälder im globalen Durchschnitt Dienstleistungen und Rohstoffe im Wert von etwa 750 Euro pro Hektar und Jahr zur Verfügung.

Doch die Wälder sind in Gefahr. Weltweit hat der Mensch bereits mehr als die Hälfte der Wälder vernichtet. Die Entwaldungsrate ist nach wie vor ungebremst. Rund um den Globus gehen jedes Jahr 13 Millionen Hektar Wald verloren, so viel wie 36 Fußballfelder pro Minute. Illegaler Holzeinschlag, Brandrodung oder Umwandlung in Agrarland sind die Hauptursachen. Der meiste Wald schwindet in den artenreichen Tropen.

Gleichzeitig nimmt auch die ökologische Qualität der Wälder ab. Nur noch etwa 40 Prozent der verbliebenen Wälder können als intakt und unzerschnitten angesehen werden. Und knapp 40 Prozent davon wiederum gelten als ernsthaft bedroht, durch Abholzungen, Straßenbau, durch von Menschen gelegte Feuer und Umwandlung in landwirtschaftliche Flächen.

Wenn Bäume wachsen, dann nehmen sie über die Fotosynthese Kohlendioxid auf. Je natürlicher die Wälder dabei sprießen, desto mehr CO_2 kann gebunden werden. Den Kohlenstoff speichern die Pflanzen zum Beispiel in ihrem Holz oder in den Wurzeln. Wenn die Bäume absterben und verrotten, oder wenn sie verbrennen, dann wird das CO_2 wieder frei. Die Wälder sind also nur ein CO_2-

Zwischenlager. Wenn sich aber die Waldgebiete auf ehemals landwirtschaftliche Flächen ausdehnen, wie zumindest an einigen Stellen der Nordhalbkugel, dann ergibt sich eine positive Klimawirkung.

Auch Böden binden große Mengen Treibhausgase. Der Permafrost in den arktischen Regionen schließt zum Beispiel seit der Eiszeit große Mengen Kohlenstoff aus nicht vollständig verrotteten Pflanzen ein. Auch in Mooren lagern große Mengen Kohlenstoff. Wenn der Permafrost taut oder die Moore trocken fallen, dann können Kohlenstoffquellen entstehen. Die Weltmeere sind die wichtigste Kohlenstoffsenke des Planeten. Aus der Atmosphäre gelangt das CO_2 in das Meerwasser. Dort löst es sich, weil seine Konzentration im Wasser niedriger ist als in der Luft. Durch Meeresströmungen gelangt ein Teil des CO_2-reicheren Wassers in die Tiefsee, wo es Hunderte von Jahren verbleiben kann. Auch organische Sedimente am Ozeanboden können große Mengen Kohlenstoff speichern. Die zunehmende Aufnahme von CO_2 macht das Ozeanwasser allerdings auch immer saurer, was zum Problem für Schalentiere und Korallen werden kann, denn deren kalkhaltige Schalen werden durch die entstandene Kohlensäure im Wasser aufgelöst.

Tropischer, immergrüner Regenwald umspannt die Erde im Bereich des Äquators. Seine Ausdehnung wurde im Jahr 1980 noch auf elf Millionen Quadratkilometer weltweit geschätzt. Das ist eine Fläche größer als die USA. Sie schrumpft aber ständig infolge von Holzeinschlag und Brandrodung. Der größte zusammenhängende Regenwald der Erde befindet sich im Amazonasgebiet Südamerikas. An der gesamten Waldfläche der Erde hat der tropische Regenwald einen Anteil von über 30 Prozent.

Die tropischen Regenwälder sind Schatzkammern der Natur. In ihnen lebt rund die Hälfte aller bisher bekannten Tier- und Pflanzenarten. Allein in der Amazonasregion könnten es 2,5 Millionen verschiedene Insekten und 40.000 Pflanzenspezies sein. Auf einen Hektar üppigen Tropenwald kommen mitunter bis zu 275 unterschiedliche Baumarten. Viele Mitglieder der Flora und Fauna sind endemisch, das heißt, sie kommen nur im Regenwald vor. Dazu zählen etwa sogenannte Epiphyten wie Bromelien und Orchideen. Sie wurzeln nicht im Waldboden, sondern wachsen in luftiger Höhe im Geäst der Urwaldriesen. Jedes Jahr werden vermutlich über 100.000 Quadratkilometer des tropischen Regenwalds für die Holzgewinnung gerodet oder abgebrannt, um Acker- und Weideland zu schaffen. Das ist eine Fläche so groß wie Österreich. Im Amazonasgebiet sind bis heute fast 20 Prozent des ursprünglichen Regenwaldes verschwunden. Jede Minute gehen noch immer mehr als drei Hektar verloren, wie der World Wide Fund for Nature überschlägt. Durch die Klimaerwärmung geraten die Wald-Öko-Systeme am Äquator zusätzlich in Gefahr. Doch nicht nur im tropischen Regenwald versuchen Umweltschützer zu kämpfen. Wir erzählten meinen Freunden unsere Geschichte vom Besuch des Clayoquot Sound in Kanada, gelegen vor Vancouver Island. Hier unternahmen wir einen Tagesausflug, geführt und geleitet von der Indianerin Giselle Martin.

„Alles klar?", fragte Giselle Martin uns, die Bleichgesichter. Sie hatte uns soeben im traditionellen Einbaum von Tofino aus übers Meer gepaddelt. Alles klar, erwiderten wir, ihre deutschen und niederländischen Gäste, tapfer und zogen, platsch, rülps, unsere Stiefel aus dem knietiefen Matsch des Uferschlicks. Die Tla-o-qui-aht-Indianerin wischte sich den Regen aus dem Gesicht. „Willkommen auf Meares Island", sagte sie und stapfte los, über die kleine Insel im Clayoquot Sound vor Vancouver Island.

Zwei Sekunden später hatte der Regenwald Giselle verschluckt. Wir waren auf dem Strand zurückgebliebenen, doch wir Greenhorns schafften es selbst drei Meter vom Waldrand entfernt nicht, den Beginn des Rainforest Trail auszumachen.

„Hier entlang!", ruft sie, und dankbar folgten wir alle dem Klang ihrer Stimme. Wir kraxelten über eine umgekippte Zeder und einen garagengroßen Findling, bis der Plankenpfad erreicht wurde. Dort wartete Giselle schon, inmitten eines feucht dampfenden Stilllebens aus hüfthohem Farn und kolossalen Baumstämmen.

„Dies ist einer der ältesten Regenwälder an der Küste", sagte sie. Doch unser Grüpplein war ohnehin ergriffen. Noch nie hatte man so dicke Bäume gesehen, solch überbordende Vegetation. Giselles Stamm, der zu den Nu-cha-nulth First Nations gehört, wohnt seit Jahrtausenden hier.

Leise, als wollte sie den Wald nicht unnötig wecken, erzählte sie Geschichten vom Leben und vom Tod, von Krankheit und von Heilung. So wurde die Rotzeder zum Baum des Lebens, weil sie die Indianer einst mit Holz für Kanus, Krippen und Särge versorgten. Die Sitkafichte wiederum mutierte zum Feuerbaum, weil ihr Saft beim Feuermachen Verwendung fand.

„Ich lernte das, als ich mit 13 Jahren einen Sommer allein auf einer kleinen Insel verbrachte", erklärte Giselle uns, ihrem staunenden Publikum. Flechten gegen Rheuma und Migräne, getrocknete Farnspitzen als Pizzabelag, Schmarotzerpilze als Behälter, in denen Feuer transportiert wurde. Für die Tla-o-qui-aht war der Wald Supermarkt, Apotheke, Baustoffgroßhandlung. Geschichten über Geschichten, vor allem vom **Einssein der Vorfahren mit ihrer Umwelt.** „Damals waren wir verbunden", sagte sie.

Giselle Martin betreibt den Tourenanbieter Tla-ook Cultural Adventures. Das kleine Unternehmen mit Sitz in Tofino, versucht mit Kanutouren in handgeschnitzten Einbäumen und Wanderungen durch den Regenwald indianische Kultur zu vermitteln und damit zugleich die Verbindung zu uralten Traditionen zu halten. Einfach ist das nicht.

Die Lage der Indianer an dieser Küste ist heute zugleich besser und schlechter als noch vor 50, ja 20 Jahren. Besser, weil sie heute wieder ausüben dürfen, was von ihrer Kultur übrig geblieben ist, und beim Zusammenfügen der Bruchstücke von offizieller Seite ermutigt und großzügig unterstützt werden.

Und schlechter, weil sie trotz aller Entschuldigungen und Kompensationen noch immer an den Auswirkungen der drei großen Es, **Enteignung, Entrechtung und Entwurzelung** laborieren. Zudem ist Tofino an der Westküste von Vancouver Island mehr als nur Kanadas Hippys Surferhauptstadt. Es ist auch die Frontlinie der verschiedensten Auffassungen von Natur- und Umweltschutz, seit grüne Aktivisten aus aller Welt hier vor über 20 Jahren den Regenwald des Clayoquot Sound vor der Abholzung zu schützen versuchten.

Inzwischen ist der Regenwald weiter geschrumpft, Presse und Weltöffentlichkeit haben längst das Interesse verloren, doch die Konflikte vor Ort dauern an. Viele Sägewerke mussten schließen, die kommerzielle Lachsfischerei ging zugrunde, und viele Stämme, darunter auch die Tla-o-qui-aht, politisierten sich. „1984 drohte Meares Island der Kahlschlag", erzählt Giselle, „daraufhin besetzten wir die Insel und zogen vor Gericht." Der Kampf ist noch nicht beendet.

Inzwischen haben die Tla-o-qui-aht die Insel einseitig zum Tribal Park erklärt und verfolgen nach schlechten Erfahrungen die Regierungspolitik mit größtem Misstrauen. Zugleich aber ging der Stamm, einst ein treuer Weggefährte der Umweltschutzorganisationen, auch eine Partnerschaft mit dem Erzfeind ein. Gemeinsam mit dem amerikanischen Holzfällerkonzern Weyerhaeuser gründete er die Iisaak Natural Resources Ltd., die den Wald im Clayoquot Sound offiziell nachhaltig bewirtschaften soll. Seitdem haben sich die Fronten verlagert, stehen nunmehr auch Umweltgruppen und Indianer sich unversöhnlich einander gegenüber.

Am Ufer gegenüber, am Südwestende von Meares Island, war, undeutlich, aber lang genug, um als Stadt durchzugehen, ein Häuserstreifen am Ufer erkennbar. Opitsaht, ein Hauptort der Tla-o-quiaht. Kein Licht brannte dort, nichts bewegte sich. Weiße brauchen eine Einladung, um Opitsaht besuchen zu dürfen. Auch Giselle bringt ihre Gäste nicht dorthin. Die Bewohner, sagt sie, wollten sich nicht wie Tiere im Zoo fühlen.

Dieser erste Tag vor Vancouver Island berauschte uns mit seiner Natur, sodass wir für den nächsten Tag einen Bärenbeobachtungstrip buchten. An Bord der „Browning Passage", einer altgedienten Zwölfmetermotorjacht unter Skipper Mike White, schipperten wir durch den Morgennebel in das Insellabyrinth im Clayoquot Sound. Mike ist Anfang 60, in Tofino geboren und von der Seebär-Sorte, der man sich sofort anvertraut. Früher war er Fischer, dann sattelte er um und zeigt nun Touristen Wale und Bären. Dass er die Gegend rund um Tofino wie seine Westentasche kennt, schlägt sich später im Trinkgeld nieder.

Dreimal konnte er uns an diesem Morgen Schwarzbären am Ufer zeigen, die sich die Bäuche mit Krabben vollschlugen. Jedes Mal ist er der Erste vor Ort, und während nach und nach die Boote der Konkurrenz eintrudeln, dreht er das Boot so in die Strömung, dass es mit abgestelltem Motor dichter als die anderen an den Bären vorbeidriftet.

Zurück in Tofino, lädt er zum Kaffee in der Kombüse. Mikes Kumpel Pete und Colin, ehemalige Fischer auch sie, gesellen sich dazu, und schon bald reflektiert das muntere Trio die Konflikte in Tofino aus seiner Sicht, mit der Entspanntheit von Alteingesessenen, für die Kontroversen zum Alltag gehören, wie der Regen über Vancouver Island. Deshalb kann Mike die Eins-mit-der-Natur-sein-Philosophie seiner indianischen Nachbarn spontan als Unfug bezeichnen. Er behauptet, dass es den Indianern nur deshalb um die Rückgabe ihres Land ginge, weil sie die profitable Abholzung des Regenwaldes selbst übernehmen wollten.

„Schau mal", sagt er, während Pete und Colin Kaffee nachgießen, „wir sind alle hier geboren, kennen einander, arbeiten miteinander. Unsere Kinder gehen zusammen zur Schule." Zwar hätte die letzte der staatlichen Schulen, die die Zwangsassimilierung der Indianerkinder betrieben, vor fast 30 Jahren geschlossen, doch das größte Problem der Indianer sei, dass sie drauf bestünden, diese für alle Probleme im Reservat, vor allem überdurchschnittlich hohe Arbeitslosigkeit, häusliche Gewalt und Drogenmissbrauch, verantwortlich zu machen.

Joe Martins Schuppen steht am Strand, zwischen uralten Zedern und nur wenige Minuten vom luxuriösen Wickanninish Inn entfernt. Hier schnitzt der angesehene Tla-o-qui-ath-Künstler seine bei Sammlern in aller Welt begehrten Totempfähle und Einbäume. Mike hat gesagt, Joe sei anders. Wolle vieles verändern in seinem Stamm. Vor der Unterhaltung besteht Joe, ein gut aussehender End-Fünfziger, zunächst auf einer offiziellen Vorstellung. Dann setzt er sich auf die Bank vor seinem Schuppen und blickt schweigend aufs Meer hinaus. Erst nach einer Weile ergreift er das Wort. „Jetzt können wir uns unterhalten."

Dann spricht er über das, was das Trio auf dem Boot vielen seiner Stammesbrüder nicht mehr abnimmt. Vom Respekt vor der Natur nämlich, vor allem aber vom Respekt vor sich selbst und anderen. Wie dieses erste und wichtigste Gesetz des Stammes von Generation zu Generation weitergegeben wurde, und wie man die Totempfähle lesen müsse, um sie als Stammesverfassung zu verstehen. Joes Sprache, blumig und poetisch, entführt in eine andere, bessere Zeit. „Damals waren wir mit der Natur verbunden", sagt auch er und schaut den Wellen zu, wie sie sich am Strand brechen.

Ob einer seiner Vorfahren einer dieser Wetterfrösche war, die das Wetter anhand des Wellenrhythmus an einem bestimmten Strand vorhersagen konnten? Joe schaut einem Hochzeitspaar zu, dass vor den Wellen Hochzeitsbilder von sich machen lässt, und versucht ein Lächeln. „Die beiden wissen nichts von unserem Strand. Heute sind wir ja nur noch mit iPods verbunden." Wenigstens das würde Mike sofort unterschreiben.

Wir waren von Kanada so beeindruckt, dass wir unseren Aufenthalt um drei Tage verlängerten und so buchten wir eine Tour, die uns mit Ureinwohnern und einem Häuptling zusammenbrachten. Auf Vancouver Island bieten einige Indianerstämme Gletscher-Wandertouren und Kanufahrten zu Orca-Walen an. Ganz nebenbei lernen Touristen eine Menge über deren Kultur und Rituale und können fürs Handgepäck einen Totempfahl kaufen.

Alert Bay, endlose Wälder, steile Felswände, Flüsse voller Fische. So kennt jeder, der Karl May gelesen hat, den Wilden Westen. Und genau so lässt sich das Land der „Rothäute" von Urlaubern auch heute noch erleben. Im äußersten Südwesten Kanadas.

Vancouver Island ist die Heimat von Indianerstämmen wie den Salish, den Kwagiulth und den Namgis. Hier sind Urvölker mit zungenbrecherischen Namen wie Kwakwaka'wakw und Tla-o-qui-aht seit Menschengedenken zu Hause –„since time immemorial", wie sie selbst dazu sagen. Von der Olympiastadt Vancouver aus geht es über die glitzende Strait of Georgia, vorbei an den ersten Orcas auf dieser Reise. Die Fähre legt in Swartz Bay an. Dort beginnt das Abenteuer auf der Pazifikinsel, die mit gut 32.000 Quadratkilometern etwa so groß ist, wie die Niederlande. Vancouver Island ist an Naturschönheiten kaum zu übertreffen. Über den dichten Regenwäldern erheben sich Berge, die trotz des milden Seeklimas im Winter zum Skilauf einladen.

Der Strathcona Park in der Mitte der Insel weist mehr als 150 Kletterpfade aus. Zwei seiner Gipfel ragen 2.200 Meter hoch. Ein 16 Kilometer langer Weg über Hängebrücken, an Seen und Bächen entlang, führt zu den Della Falls. Sie sind mit 440 Metern mehr als achtmal so hoch wie die 52 Meter hohen Niagarafälle im Osten Kanadas und damit die höchsten Wasserfälle Nordamerikas. Östlich des Strathcona Parks, in der Nähe von Courtenay, liegen gleich drei Gletscher, auf die Komoks-Indianer in einer Viertagetour führen.

Gletscher haben auch die Küste der Insel zerfurcht. In ihren Fjorden tummeln sich Wale, Delfine, Seelöwen, Robben und Seeotter. Im Frühjahr und Herbst ziehen etwa 22.000 Grauwale auf dem Weg von Mexiko in die Arktis und wieder zurück, vorbei in Sichtweite zu den Ufern. Einige der Kolosse bleiben auch das ganze Jahr in den Gewässern von Vancouver Island und springen mit den schwarz-weißen Schwertwalen, den Orcas, um die Wette. Weißköpfige Seeadler kreisen in der Luft, immer auf der Suche nach einem Bissen, während Schwarzbären und Grizzlys landeinwärts an den Flüssen auf heimkehrende Lachse warten.

Lachs gibt es auch bei Roy Cranmer am Strand von Alert Bay auf der kleinen Insel Cormorant, einen Katzensprung von Port McNeill im Nordosten Vancouver Islands entfernt. Cranmer, ein Mitglied des Namgis-Stammes, präpariert den Lachs so, wie die Vorfahren es „seit Hunderten von Generationen" getan haben. Im Handumdrehen, mit einem beängstigend scharfen Messer, ist der Fisch gehäutet und zerlegt.

Bevor Cranmer die Filets an Stäben befestigt, tränkt er das Zedernholz mit Fischblut, „so kann es nicht brennen". Dann stellt er die Stöcke, die den Lachs wie eine Zange umklammern, am Feuer auf.

Roy hat Liegestühle aufgestellt, entspannt hören seine Gäste ihm zu, während das Feuer knistert und die Wellen wenige Meter weiter sanft auf den Sand schwappen. „Früher gehörte uns das Land bis hinauf nach Port Hardy", sagt er. „Jetzt holzen fremde Logger unsere Wälder ab und trüben mit den Spänen den Nimpkish River". Auch unter den fremden Fischfarmen in ihrem Fluss leidet sein Stamm. Sie ziehen Wasserläuse an, die die jungen Lachse auf dem Weg ins Meer befallen können. Immer weniger von ihnen kommen zurück zum Laichen, klagt Roy.

Dabei leben die Ureinwohner von Vancouver Island „since time immemorial" vom Fischfang. Wilder Lachs unterscheidet sich durch seine Farbe, ein dunkles Orange und das magere Fleisch von Zuchtlachs. Sein Geschmack ist sehr viel kräftiger als das, was von den Farmen kommt und in den Supermärkten zum Kauf angeboten wird.

Roys Lachs-Barbecue ist Teil eines Familienprogramms, das die Cranmers „Culture Shock Interactive Gallery" nennen. Seine Frau erzählt die Legenden der Namgis, von einer Welt mythischer Figuren mit übernatürlichen Kräften, die sich vom Mensch in Tiere verwandeln oder umgekehrt. Roys Töchter fertigen Schmuck und bringen Besuchern bei, aus Zedernrinde Armreifen zu flechten. Derweil laden Cranmers Schwiegersöhne zur Walbesichtigung mit einem traditionellen Kanu ein.

Solche Fahrten werden rund um die Insel angeboten. Wenn die Touristen Glück haben, wie bei der „Tseycum Tour" in Swartz Bay, greift sogar der Häuptling zum Paddel, spricht über die heile Welt von gestern und singt melancholische Melodien.

Nur ein paar Fußminuten von den Cranmers entfernt liegt das U'mista-Kulturzentrum mit seiner berühmten Potlatch-Sammlung. Potlatch heißen die Feste, zu der die Kwakwaka'wakws und andere First Nations, wie die Urvölker genannt werden, ihre Familie einladen, oft bis zu 1.000 Personen. Wichtig ist, dass die Gäste keine Gaben mitbringen, sondern am Ende vom Gastgeber beschenkt werden.

Zum Potlatch-Fest wird alles angelegt, was die Kultur eines Indianervolkes ausmacht. Geschnitzte Tier- und Ahnenmasken zum Beispiel, manche so schwer, dass sie kaum zu tragen sind. Andere tragen Umhänge mit Knöpfen und Symbolen, dazu Federschmuck und Schminke. Fremde sind bei den Zusammenkünften nicht zugelassen. Dafür werden sie von den Kwakwaka'wakws zu Aufführungen ins „Big House" eingeladen, einen Bau von der Größe einer Turnhalle, mit Sandfußboden und einer Feuerstelle in der Mitte. Dort lassen sich die Tänzer vom hypnotisierenden Klang der Trommeln treiben und stellen Geschichten dar, die Eltern ihren Kindern „since time immemorial" beibringen.

Lange Zeit war ein solches Spektakel nicht möglich. Gewänder, Masken, Trommeln und Rasseln waren vor 100 Jahre von der Regierung beschlagnahmt und unter anderem an Museen gegeben worden. Das Potlatch-Verbot sollte die Indianervölker ins neue Kanada integrieren. Erst seit 1980 haben die Kwakwaka'wakws von Alert Bay die meisten ihrer Kultobjekte wieder zurück. Ein Teil der Sammlung wird im Sommer 2010 im Japanischen Palais von Dresden ausgestellt.

Die K'omoks führen Stammestänze auf ihrem Reservat in der Stadt Comox auf. In der I-HOS-Galerie nebenan wird Silberschmuck verkauft und vieles andere, was auf den ersten Blick als Indianerkunst zu erkennen ist, selbst Totempfähle. Zwischen Comox und Port McNeill liegt die Stadt Campbell River. Ihr ist die Insel Quadra vorgelagert. Hier haben sich Maler, Dichter und Gesundheitsgurus angesiedelt. Quadra Island hat kilometerlange, leere Strände und einen Leuchtturm an seiner Südspitze Cape Mudge. Hier liegt die „Tsa-Kwa-Luten Lodge", ein von Wald umgebenes Hotel, gebaut im Stil der Kwagiulth-Indianer.

Bei einer Schnorcheltour im Campbell River schwimmen die Urlauber zwischen den heimkehrenden Lachsen flussaufwärts zu den Laichgründen, allerdings nur ein Stück. Denn wo es flacher wird, stehen Grizzlys und Schwarzbären im Wasser, um die fetten Lachse mit gekonntem Tatzenschlag aus dem Wasser zu holen. Im nahen Orford River Valley können Besucher dieses Schauspiel von Aussichtsplattformen ganz nah, aber doch aus sicherer Entfernung miterleben. Von Campbell River ist es nicht weit zur Northern Johnstone Strait, wo ein Camp direkt neben dem Orca-Schutzgebiet Seekajak-Fahrern hautnahen Kontakt mit den Walen ermöglicht. Das Gebiet ist auch als Tauchgrund bekannt.

Von der Stadt Qualicum Beach, knapp zwei Autostunden die Ostküste hinab, führt eine Straße über Port Alberni an die zerklüftete und sturmgepeitschte Westküste von Vancouver Island. Ucluelet und Tofino sind hier beliebte Surferziele. Wer allein sein will, kann sich von Indianern zu den unzähligen unbewohnten Inselchen im Pazifik übersetzen lassen, auf einigen von ihnen ist Campen erlaubt. Diese unbeschreibliche Kultur erlebten wir bei einem Besuch von Vancouver im Jahre 1998. Der Bericht zeigt den Kampf der Indianer für ihre Natur und ihre Tradition.

Mein echter Lebensfreund Walter führt uns wieder zurück in unsere Heimat. Er erinnert uns alle an einen gemeinsam verbrachten Wochendurlaub im Bayerischen Wald. Wir übernachteten für drei Tage am Dreiburgensee und besuchten Passau und das Museumsdorf Bayerischer Wald. Hier im Museumsdorf findet jeden Sonntagmorgen ein zünftiger Frühschoppen mit original bayerischer Musik statt, echte Schmankerl runden den Morgen kulinarisch ab. Ein lustiges Wochenende hatten wir hier mit wandern, besichtigen und feiern verbracht.

Im Nordosten Bayerns liegt zwischen den Flüssen Donau und Regen an der tschechischen und österreichischen Grenze der Bayerische Wald. Mit einer Fläche von 5.200 Quadratkilometern gehört er zu Mitteleuropas größtem Waldgebiet. Murmelnde Bäche, stille Waldseen, Baumskelette und uralte Riesenfichten, eine wilde Landschaft mit unbändiger Natur, die immer wieder Stoff für Sagen und Erzählungen liefert. In prähistorischen Zeiten, vor 750 Millionen Jahren begann die Entstehung des Bayerischen Waldes. Er zählt somit zu den ältesten Gebirgen der Erde. Bis heute gehört er mit seinen dunklen Wäldern und tiefen Schluchten zu den rauesten Deutschlands. Ursprünglich war er ein nahezu undurchdringlicher Urwald, ungenutzt und unbeeinflusst vom Menschen. Kiefern, Fichten und Birken überzogen das Gebirge. Mit der Klimaerwärmung vor 2.800 Jahren entwickelte sich ein Mischwald, der im 19. Jahrhundert zur Brennholzgewinnung groß-flächig abgeholzt wurde. Neupflanzungen mit schnellwüchsigen Fichten folgten, doch auch davon ist man heute wieder abge-kommen, da sich die Nutzung des Waldes stark verändert hat. Der Landkreis Regen ist übrigens der waldreichste Landkreis der Bun-desrepublik mit 60 Prozent Waldanteil.

Bis zum Jahr 1000 wurde der Bayerische Wald nicht besiedelt. Die Römer gingen bis zur Donau, doch der Wald war ihnen zu un-wirtschaftlich und er versprach weder Gold noch Erz und war somit wenig ertragreich. Auch im Mittelalter galt er noch als Wildnis, als ein Ort ohne Recht und Gesetz, das zog Menschen an, die anderswo verfolgt wurden, wie Wilderer, Fischfrevler oder Schuldner, die im tiefen Wald ihr Versteck fanden.

Zu den ersten Siedlern gehörten auch Mönche von den Klöstern an der Donau. Zusammen mit Bauern gründeten sie befestigte Siedlungen. Einer der ersten war wohl der hl. Gunther vom Klos-ter Niederalteich, der im Jahr 1019 im Wald das erste Kloster Rinchnach nahe der Stadt Regen gründete. Heute rührt noch der Spruch „ein Waldler hat in der einen Hosentasche den Rosenkranz und in der anderen ein Messer" aus dieser wilden Vergangenheit. Anreiz zur Besiedlung wurde durch Steuerfreiheit für die Siedler geschaffen. So kam es zu Beginn des 12. Jahrhunderts zu Rodungen der Wälder und zur Urbarmachung. Davon zeugen noch viele Ortsnamen, die auf -reut enden wie Feichtenreut oder Perlesreut und andere.

Einen wichtigen Anteil an der Besiedlung hatten auch die Säumerpfade durch den Bayerischen Wald. Außer Jagdwäldern in besiedelten Gebieten wollten die bayerischen Herzöge aus Landshut und Straubing außerdem Handelswege; sie bauten hier deshalb kleinere Burgen und Schlösser und setzten Landpfleger ein. Die Wege führten die Säumer, wie die ersten Transporteure der Händler genannt wurden, und ihre Lasttiere nach Böhmen, beladen mit Gütern wie Salz. Retour brachten sie Getreide mit in den landwirtschaftlich kargen Bayerischen Wald. Bekanntester Säumerpfad ist der Goldene Steig, der von Passau nach Prachatice führte. Heute kann man diese alten Pfade als Rad- und Wanderwege nutzen und manche Schönheit am Wegesrand entdecken.

Den Bewohnern wurde durch das raue Klima und den vielen Wald ein hartes und entbehrungsreiches Leben abverlangt. Ackerbau konnte sich nicht etablieren, sind die Sand- und Lehmböden doch nährstoffarm und zudem meist in Hanglage und daher schwer zu bewirtschaften. Die nicht weit entfernten Agrargebiete der Talebenen von Donau, Rott und Vils hatten weit günstigere Bedingungen. Viele Waldler verließen deshalb auch saisonal ihre Heimat und suchten Lohnarbeit in den landwirtschaftlich reichen Gegenden. Der Ackerbau und die Viehzucht im Bayerischen Wald reichten allenfalls für eine karge Selbstversorgung. Die bestand meist aus einer Kuh, ein paar Hühnern, Enten und Hasen.

Das typische Bayerwaldhaus hatte vor dem Haus einen Zugbrunnen fürs Wasser, einen Misthaufen und ein Plumpsklo. Im Haus gab's einen Holzofen, geschlafen wurde auf Strohsack-Betten. So hieß der Bayerische Wald auch lange Zeit „Armenhaus Deutschlands" oder „Bayrisch Sibirien". Aufgrund dieser Armut entstanden einfache Essen wie z. B. das Kartoffelgericht „Guargelmorterer". Heute hat es der Bayerische Wald längst schon geschafft, vom Notstandsgebiet zur Urlaubsregion mit naturnahem Tourismus. Maßgeblich verantwortlich ist Deutschlands erster Nationalpark, der ein Besuchermagnet für die ganze Region ist. Mit saurem Regen hätten wir ihn fast dahin gerafft, den deutschen Wald. Oder war alles nur Schwarzmalerei? Schließlich stehen die meisten Bäume immer noch, allen Unkenrufen zum Trotz. Viel hat sich in den letzten Jahrzehnten getan in Sachen Luftreinhaltung und Umweltbewusstsein, dennoch können wir uns nicht auf diesen Lorbeeren ausruhen. Den sauren Regen mögen wir im Griff haben, aber schon fordern neue Übeltäter den Wald heraus. Ganz oben auf der Liste: Trockenheit!

„Der Wald stirbt."

Anfang der 1980er Jahre beherrschten solche Schlagzeilen die Medien. Horrorszenarien wurden gezeichnet von kahlen Stadtparks und waldlosen Mittelgebirgen auf denen nur noch vereinzelte Baumskelette mahnend ihre nackten Zweige in den Himmel recken würden. Zu lange hatten Industrie, Privathaushalte und Verkehr sorglos Schwefelwasserstoffe und andere Gifte in die Luft gepumpt. Vor allem die Emissionen von Braunkohlekraftwerken setzten dem Wald schwer zu. Dieses Verhalten sollte sich nun rächen.

Binnen 20 Jahren würde es kaum noch einen gesunden Baum geben, wenn nicht sofort gehandelt würde. Es wurde gehandelt: Filteranlagen für die Industrie, Katalysatoren und bleifreies Benzin für die Autos. Der saure Regen war nicht mehr ganz so sauer. Die Katastrophe schien abgewendet, der Wald gerettet. Aber ist er das wirklich? Oder war von Anfang an alles nur übertriebene Panikmache und der Wald hätte sich sowieso erholt?

In der Diskussion ums Waldsterben stehen sich heute zwei sehr gegensätzliche Lager gegenüber. Die einen sagen, dass der Wald nie wirklich kurz vor dem Aus stand, dass die Gesundheit der

Bäume natürlichen Schwankungen unterliegt und dass kranke, angeschlagene Bäume nicht zwangsläufig sterben müssen, sondern sich durchaus auch wieder erholen können. Das andere Lager geht davon aus, dass das Waldsterben noch lange nicht vorbei ist, dass die Wälder zwar nicht großflächig abgestorben sind, aber heute sogar mehr Bäume Anzeichen von Schädigungen aufweisen als noch vor 20 Jahren, dass sich nur die Öffentlichkeit nicht mehr um das Thema schert und die Medien es nicht länger beachten.

Unbestritten ist, dass es im Wald immer noch Probleme gibt. Aber die Probleme haben sich verlagert. Wurden dem Boden durch den sauren Regen noch bis vor Kurzem die Nährstoffe entzogen, so ist es inzwischen die Überdüngung, die Probleme bereitet. Stickstoffverbindungen aus Viehhaltung und industriellen Abgasen verbreiten sich über die Luft und gelangen mit dem Regen in den Waldboden. Die betroffenen Bäume wachsen schneller als normal. Leider zu schnell, die Gesundheit des Baumes leidet darunter und er wird anfälliger für Krankheiten und Schädlinge.

Von den Waldbesitzern mit am meisten gefürchtet ist die Trockenheit. Der Jahrhundertsommer 2003 war zum Beispiel ungewöhnlich trocken. Laubbäume werfen dann verfrüht ihr Laub ab, um die Verdunstung zu reduzieren. So verringert sich aber auch das Wachstum der Bäume, und sie können weniger Nährstoffreserven anlegen. Bei längerer Trockenheit fangen die Wurzelhärchen an abzusterben. Der Baum kann nun noch weniger Wasser und Nährstoffe aufnehmen und leidet an Mangelerscheinungen. Die Harzproduktion, mit der sich die Bäume gegen bohrende Schädlinge wie Borkenkäfer verteidigen, kommt zum Erliegen. Die Bäume sind nun den Borkenkäfern hilflos ausgeliefert, die in warmen, trockenen Sommern wiederum prächtig gedeihen und sich stellenweise massenhaft vermehren. Unter solchen Bedingungen pflanzt sich nämlich nicht nur eine Käfergeneration fort, sondern zwei bis drei.

Mit diesen Herausforderungen haben die Förster schwer zu kämpfen. Ein Forstbetrieb ist nicht zuletzt ein Wirtschaftsunternehmen, das einen Profit erarbeiten muss. Außerdem müssen dabei stets Kompromisse zwischen den Anliegen von Jägern, Naturschützern, Erholungsuchenden, Holzindustrie und Waldbesitzern geschlossen werden. Eine großflächige Borkenkäferplage könnte einen Forstbetrieb in den Ruin treiben. Besonders wichtig ist daher das schnelle Erkennen, Abholzen und Entrinden von befallenen Bäumen, damit die Käfer sich nicht weiter ausbreiten. Das Holz solcher Bäume kann zwar meist noch verwertet werden, bringt aber keine profitablen Preise. Auch für hochwertiges Holz sind die Preise gesunken, was es den Forstbetrieben erschwert, Gewinne zu erwirtschaften. Alternative Konzepte, mit denen Einnahmen etwa aus Tourismus gewonnen werden können, werden zunehmend an Bedeutung gewinnen.

Fazit: Der Wald steht nicht kurz vor dem Aus. Der Gesündeste ist er aber auch nicht. Er ist ein Patient, den man genau im Auge behalten sollte, denn wenn nun noch weitere Krankheiten auf ihn zukommen, kann es sehr schnell bergab gehen.

Am 26.12.1999 liegt ein Tiefdruckgebiet über der Bretagne. Nichts Ungewöhnliches, doch dann sinkt sein Druck rapide weiter ab. Ein Sturmtief entsteht und nimmt Kurs nach Osten. Auf dem Weg durch die Mitte Frankreichs liegen die Windgeschwindigkeiten noch bei 90 Kilometern pro Stunde. Doch als der Sturm Lothringen und das Elsass erreicht, wütet er bereits mit zerstörerischen Windböen von über 170 Stundenkilometer. Wir erfuhren von dieser Sturmkatastrophe direkt nach Weihnachten 1999. Noch Tage zuvor waren wir in Deutschland. Der Schock saß tief.

Im Schwarzwald schließlich werden noch nie dort zuvor gemessene Windgeschwindigkeiten von deutlich über 200 km/h registriert, bevor die Instrumente ausfallen. Hausdächer, Autos, Stromleitungen sind Spielball der Naturgewalten. Jahrhundertealte Bäume knicken ab wie Streichhölzer. Der Orkan, von den Meteorologen „Lothar" getauft, zieht weiter nach Bayern, bevor er über Sachsen allmählich an Kraft verliert. Zurück lässt er 60 Tote und Sachschäden in Milliardenhöhe.

Noch Jahre nach „Lothar" war die Schneise der Verwüstung deutlich in den Wäldern zu sehen. Allein in Baden-Württemberg wurden 25 Millionen Festmeter Holz flach gelegt. Auf über 60.000 Hektar hatte ein Kahlschlag stattgefunden. Dabei sind die Schäden nicht unbedingt weiträumig und großflächig.

Manchmal schieben sich kahle Schneisen wie Finger über die Bergrücken, wobei rechts und links davon weiterhin die Bäume, ohne gravierende Auswirkungen stehen. Im Mai des Jahres 2002, bei meinem Besuch des Schwarzwaldes stand ich an den Hängen, um das Gebiet des Ruhesteins, kurz vor Freudenstadt und Tränen liefen über mein Gesicht. Die Auswirkungen des Sturmes Lothar schockierten mich tief. Wo geschlossene Wälder standen, sah man nun auf kahle Bergrücken.

Die Auswirkungen von „Lothar" waren gravierend, die Aufräumarbeiten langwierig und gefährlich. Einige Waldarbeiter verloren bei der Bergung des Sturmholzes ihr Leben. Die Holzwirtschaft hatte mit dem Überangebot zu kämpfen. Manche Waldbesitzer standen vor dem finanziellen Ruin. Die Bergungsarbeiten mit schwerem Gerät verdichteten den Waldboden, Wasser konnte nicht mehr einsickern, sondern floss oberflächlich ab und entfaltete so seine zerstörerische Wirkung. Besonders erosionsgefährdet waren natürlich die kahlen Flächen.

Doch die Katastrophe barg auch Chancen in sich. Ganz bewusst wurde auf manchen der Sturmholzflächen überhaupt nicht von Menschenhand eingegriffen. Man überließ die Natur sich selbst, da solche Flächen eine Vielzahl unterschiedlicher ökologischer Nischen bieten. Überraschend schnell wuchsen verschiedenste Kräuter und Bäume nach, seltene Tierarten fanden neuen Lebensraum. Allerdings bergen solch große Totholzflächen auch das Risiko, dass sich der schädliche Borkenkäfer auf ihnen stark vermehrt.

Dort wo wieder aufgeforstet wurde, sollten keine Holzplantagen als Monokulturen entstehen, sondern artenreiche Mischwälder. Die Anpflanzung nicht standortgemäßer, schnell wachsender Baumarten, überwiegend Fichten, war mit ein Grund für das große Ausmaß der Zerstörung. Doch ganz nüchtern betrachtet muss man eingestehen, dass selbst dicke Eichen die stärksten Sturmböen wohl kaum überstanden hätten. Bestätigt wurde dies rund sieben Jahre später, als wieder ein schwerer Orkan über Deutschland hinwegfegte.

Am 18. Januar 2007, ich besuchte mit meiner Tochter für einige Tage Deutschland, sorgte Orkan „Kyrill" dafür, dass das öffentliche Leben in Deutschland kurzzeitig zum Erliegen kam.

Wegen der Windböen von über 200 Kilometern in der Stunde entschied sich die Deutsche Bahn dazu, für rund zehn Stunden ihren gesamten Fernverkehr einzustellen. Sowohl während des Sturms als auch bei den anschließenden Aufräumarbeiten kamen mehrere Menschen ums Leben. Der materielle Schaden wurde allein in Deutschland auf etwa zwei Milliarden Euro geschätzt.

Diese Windgeschwindigkeiten erleben wir selbst bei einem Hurrikan in der Südsee sehr selten und wir waren mehr als erstaunt, dies in dieser Jahreszeit in Deutschland erleben zu müssen. In Tonga ist in der Zeit von Dezember bis März die Zeit der Winde.

Besonders in den Wäldern hatte „Kyrill" verheerende Auswirkungen. In Deutschland warf der Sturm rund 20 Millionen Kubikmeter Holz um, zwölf Millionen davon in Nordrhein-Westfalen. Auch diesmal waren wieder vor allem Monokulturen, darunter besonders Fichten und Kiefern, betroffen. Ob allerdings viele Waldbesitzer die erneute Katastrophe als Chance begreifen, nun auf widerstandsfähige Mischwälder umzusatteln, wird sich erst in den nächsten Jahren zeigen.

Die Diskussion verlief zur vollen Zufriedenheit, denn wir unterhielten uns auch über den Regenwald Südamerikas.

Unser Pfarrer aus Laufenselden war für zwei Jahre in Brasilien und hatte bereits einen Vortrag in der Gemeindehalle über das Amazonasgebiet gehalten. Doch erst wurde eine Flasche 1983er Winkeler Hasensprung, Riesling geöffnet und ein Willkommen in unserer alten Heimat ausgesprochen.

Rund um den Globus erstrecken sich in den immerfeuchten, warmen Regionen beiderseits des Äquators die bedeutendsten Urwälder der Erde, die tropischen Regenwälder. Erst das hier herrschende Klima ermöglicht das Wachstum des grünen Dschungels.

Die Niederschlagsmenge liegt meist über 2.000 Millimeter, teilweise sogar bei 10.000 Millimetern im Jahr, und mit Durchschnittstemperaturen um 25 Grad Celsius ist es das ganze Jahr über gleichbleibend warm. Der tropische Regenwald wird in verschiedene Typen gegliedert. Man unterscheidet je nach Höhenlage die Mangrovenwälder in Küstennähe, die Tieflandregenwälder und die Bergregenwälder.

Charakteristisch ist die Gliederung der Vegetation in mehrere „Stockwerke". Die oberste Etage besteht aus vereinzelt stehenden sehr großen Bäumen, die eine Höhe von 60 Metern erreichen können. Darunter liegt die Kronenregion mit 15 bis 45 Metern hohen Bäumen. Das dichte Blätterdach lässt nur sehr wenig Sonnenlicht, etwa ein Prozent, zum Boden durch. Am Waldboden gedeihen daher vor allem schattentolerante Arten. Viele Pflanzen harren als Samen oder als kleine Sämlinge, bis sich ihnen eine Chance bietet, etwa wenn ein altersschwacher Urwaldriese stürzt und dabei ein Loch in die dichte Kronendecke reißt.

Manche Regenwälder, wie etwa in Amazonien, existieren bereits seit Jahrmillionen. Entsprechend lange unterliegen die Böden einer intensiven Verwitterung, wobei die chemische Verwitterung aufgrund des ganzjährig warmen und feuchten Klimas eine große Rolle spielt.

Die Folge:

Die Böden sind sehr nährstoffarm und eigentlich unfruchtbar. Dass die tropischen Regenwälder dennoch zu den produktivsten Ökosystemen der Welt zählen, verdanken sie einem perfekten Nährstoff-Recycling: Abgestorbene Pflanzen oder tote Tiere werden von zahlreichen Organismen sofort zersetzt und damit dem Nährstoff-Kreislauf wieder zugeführt.

Die tropischen Regenwälder beherbergen den von allen terrestrischen Ökosystemen größten Reichtum an Tier- und Pflanzenarten. Gründe für diese Vielfalt sind das hohe Alter dieser Lebensräume, das gleichmäßige Klima und die „Stockwerke" der Wälder. In den vielen verschiedenen ökologischen Nischen finden entsprechend viele unterschiedliche Tier- und Pflanzenarten Platz. Während die Zahl der Arten sehr groß ist, ist die Zahl der Individuen einer Art eher klein.

Alle Bewohner des Regenwaldes müssen sich spezialisieren, um nicht im grünen Dickicht unterzugehen. Vor allem Licht und Nährstoffe sind hier Mangelware. Daher gibt es unter den Pflanzen viele Kletterkünstler, wie Lianen und Winden. Auch viele Blumen und Farne wachsen auf großen Bäumen, um ans Licht zu gelangen. Die Nährstoffe nehmen sie meist aus dem Regenwasser auf.

Solche Aufsitzerpflanzen werden als Epiphyten bezeichnet. Viele Urwaldbäume verfügen über sogenannte Stützwurzeln. Sie wurzeln an oder dicht unter der Oberfläche, um so besser an die wenigen Nährstoffe zu gelangen. Halt geben ihnen die zum Stamm hin

109

brettartig verbreiterten Wurzeln. Die Würgerfeigen haben sich etwas Besonderes einfallen lassen. Ihre Samen keimen auf den Ästen großer Bäume. Von dort aus wachsen die langen Wurzeln am Stamm entlang abwärts, bis sie sich im Boden verankern können. Nach und nach wird der Wirtsbaum immer enger umschlossen, quasi erwürgt, bis er schließlich abstirbt.

Tropische Wälder haben es in sich. Abgesehen von ihrem Artenreichtum und der Schönheit erfüllen sie mannigfaltige Funktionen, die nicht nur für die Bewohner des Regenwaldes wichtig sind. Sie sind Speisekammer, Apotheke, Wasserspeicher und Klimaregulator in einem.

So sind etwa über 80 Prozent aller weltweiten Nutzpflanzen tropischen Ursprungs, wie beispielsweise Banane, Kakao oder Gummi. Viele der Tier- und Pflanzenarten sind jedoch noch überhaupt nicht entdeckt und nur etwa ein Prozent ist bislang wissenschaftlich erforscht. Trotzdem entstammt diesem kleinen Anteil untersuchter Arten bereits ein Viertel unserer rezeptpflichtigen Medikamente. Andere Arten wiederum gelten, dank ihrer Inhaltsstoffe als nützliche Schädlingsbekämpfungsmittel. Regenwälder funktionieren wie Riesenschwämme, die Regenwasser aufsaugen und es über die Blätter wieder ausschwitzen. Sie produzieren ihre eigenen Wolken und der Verdunstungszyklus sorgt auch in weit entfernten Trockengebieten für lebensnotwendige Niederschläge. Außerdem spielen Tropenwälder eine wichtige Rolle als „grüne Lunge". Sie speichern große Mengen des Treibhausgases Kohlendioxid und mindern so die vom Menschen verursachte globale Erwärmung.

Beschreibungen des Amazonasgebietes strotzen vor Superlativen. Hier fließt der mächtigste Fluss der Erde, der rund zwei Drittel allen Wassers, welches auf der Erde in Flüssen fließt, dem Atlantik zuträgt. Hier wächst der weltweit größte zusammenhängende tropische Regenwald mit einer unermesslichen Artenvielfalt an Tieren und Pflanzen, von denen die meisten noch gar nicht entdeckt sind.

Und Amazonien hat auch eine geheimnisvolle Seite. Spuren deuten darauf hin, dass hier vor Jahrtausenden eine bevölkerungsreiche und hoch entwickelte Kultur lebte.

Der Begriff „Amazonien" ist nicht wirklich eindeutig und wird etwas verwaschen verwendet. So wird mit „Amazonien" unter anderem der tropische Regenwald als Lebensraum am Amazonas bezeichnet. Aber auch das ganze Amazonasbecken, eine riesige Ebene, in der der eigentliche Regenwald am Amazonas wächst, wird häufig Amazonien genannt. Manchmal wird der Begriff auch für das gesamte Einzugsgebiet des Amazonas gebraucht. Also für die Fläche, von der auftreffender Niederschlag früher oder später in den Amazonas fließt. Das Einzugsgebiet des Amazonas hat eine Fläche von über sieben Millionen Quadratkilometern und ist damit ungefähr so groß wie Australien.

Es erstreckt sich über neun südamerikanische Staaten, wobei die größte Fläche zu Brasilien gehört. Aber auch Französisch-Guayana, Suriname, Guyana, Venezuela, Kolumbien, Ecuador, Peru und Bolivien sind am Einzugsgebiet „beteiligt".

Der Regenwald am Amazonas ist ein uralter Lebensraum, der hier bereits seit Jahrmillionen gedeiht und sich entwickelt. Dabei ist der tropische Regenwald durch den Wechsel von Warm- und Eiszeiten immer wieder großen klimatischen Schwankungen unterworfen gewesen.

In den kühlen Phasen der Eiszeit schrumpfte der Regenwald auf kleine, klimatisch bevorzugte Gebiete zusammen, die sich mosaikartig über das Amazonasbecken verteilten. Aus diesen Rückzugsgebieten, den sogenannten Refugien, breitete sich der Wald dann bei Beginn der Warmzeiten wieder aus. Eigentlich befindet sich der Amazonaswald gerade in solch einer Phase der Ausdehnung. Die letzte Eiszeit endete vor 21.000 Jahren. Wäre da nicht der Mensch!

Bis Anfang des 20. Jahrhunderts erstreckte sich der Regenwald über die unvorstellbare Fläche von rund sechs Millionen Quadratkilometern. Schätzungen gehen davon aus, dass in den letzten 50 Jahren jedoch rund 40 Prozent des Waldes zerstört wurden. Bis heute konnte die Zerstörung des Regenwaldes nicht gestoppt werden.

Der Amazonas ist der Hauptstrom des größten Fließgewässersystems der Erde. Einen weiteren Superlativ kennen nur wenige Menschen. Der Amazonas ist der längste Fluss der Erde. Bei einer Messung aus den 80er Jahren kam er auf eine Länge von 6.788 Kilometern. Damit ist er immerhin 117 Kilometer länger als der Nil. Über 10.000 Zuflüsse speisen ihn insgesamt, von denen rund 1.000 durchaus bedeutende Nebenflüsse sind. 17 seiner Nebenflüsse sind selbst über 1.600 Kilometer lang.

Das Flussbett des Amazonas ist so tief, dass Überseeschiffe 3.700 Kilometer flussaufwärts bis ins peruanische Iquitos fahren können. Und selbst in der Trockenzeit erreicht der Amazonas stellenweise eine Breite von zehn bis 20 Kilometern. Zum Vergleich: Der Bodensee ist an seiner breitesten Stelle 14 Kilometer breit! In der Regenzeit kann der anschwellende Fluss dann aber noch viele Kilometer weiter in den Regenwald beidseitig der Ufer vordringen. An seiner Mündung ist er über 250 Kilometer breit, wobei bis zu 160.000 Kubikmeter Süßwasser pro Sekunde in den Atlantik fließen. Noch 40 Kilometer von der Mündung entfernt kann man hier mitten im Ozean in Süßwasser baden.

Doch auch das Meer und mit ihm die Gezeiten wirken sich spürbar auf den Amazonas aus. So macht sich der Einfluss der Gezeiten noch bis zum Städtchen Obitos bemerkbar, das 700 Kilometer landeinwärts liegt. Und während des Wasserhochstandes rollt zweimal im Monat, nämlich bei Voll- und Neumond, eine bis zu fünf Metern hohe Wasserwelle mit beachtlicher Geschwindigkeit den Fluss hinauf. Sie entsteht durch die in die Mündung eindringende Flut, die hier das abfließende Flusswasser aufstaut.

112

Die Welle ist mit einem donnernden Lärm verbunden, den die Waldindianer „Pororocá" nennen, was so viel wie „donnerndes Wasser" bedeutet.

Amazonien liegt in einer riesigen Tiefebene, die im Norden an die Guyanaländer grenzt, im Westen an die Kordilleren und im Süden an das brasilianische Bergland. Zwar ist der größte Teil Amazoniens mit geologisch recht jungen Sedimentgesteinen bedeckt, doch es handelt sich nur um eine dünne „Decke". Bei Bohrungen stößt man im Untergrund recht schnell auf magmatisches Gestein, das ein Alter von über 500 Millionen Jahren aufweist. Kein Wunder also, dass die Erosion in diesem Zeitraum alle Erhebungen abgetragen hat. Der Amazonas und seine Nebenflüsse sind vor über 150 Millionen Jahren Teil eines noch weitaus größeren Flusssystems, das zum Urkontinent Gondwana gehört. Als dieser in die uns heute bekannten Kontinente Südamerika und Afrika zerbricht, wird auch der Uramazonas, wie er heute genannt wird, halbiert. Mir der Entstehung der Anden wird die ursprüngliche Mündung in den Pazifik blockiert und es staut sich über lange Zeit ein gigantischer See in der Tiefebene auf, bis schließlich die Wassermassen im Osten einen neuen Abfluss finden. Der Amazonas, wie wir ihn kennen, ist entstanden.

Während der Eiszeiten sinkt der Meeresspiegel so stark, dass der Amazonas an seiner Mündung über einen gigantischen Wasserfall in den Atlantik stürzt. Das Wasser fließt folglich mit hoher Geschwindigkeit und gräbt so tiefe Canyons in das Gestein. Diesem Umstand verdankt der Amazonas sein tiefes Flussbett, sodass er heute selbst von Hochseeschiffen bis weit ins Landesinnere befahren werden kann. Mit dem Ende der Eiszeit steigt dann der Meeresspiegel gewaltig an, sodass der Amazonas heute mit einem Gefälle von nur 38 Metern auf 1.000 Kilometer äußerst gemütlich dem Atlantik zufließt.

Man geht heute davon aus, dass die Besiedlung des amerikanischen Kontinents durch den Menschen vom asiatischen Festland aus erfolgt ist. Während der Eiszeiten bildet sich in den letzten 100.000 Jahren zweimal eine Landbrücke zwischen den beiden Kontinenten. Vom Norden aus besiedeln diese Menschen im Laufe von nur wenigen Jahrtausenden schließlich den ganzen amerikanischen Kontinent.

Europäer betreten den amerikanischen Kontinent nachweislich erst am Ende des 15. Jahrhunderts. Mit den Eroberern, den „Konquistadoren" aus Spanien und Portugal beginnt eine Zeit der Kolonialisierung und Ausbeutung Südamerikas, von der sich die Ureinwohner bis heute noch nicht erholt haben.

Die ersten Europäer berichten in ihren Aufzeichnungen von großen Kulturen und zahlreichen Städten an den Ufern des Amazonas. Städte von zum Teil beeindruckenden Ausmaßen und mit einer großen Bevölkerungszahl. Doch diese verschwinden so schnell, dass man die Berichte schon bald für Übertreibungen und Fantastereien hält. Wie viele Indios den Konquistadoren zum Opfer fallen, lässt sich nur schwer schätzen, insgesamt müssen es aber mehrere Millionen gewesen sein.

Inzwischen entdecken Wissenschaftler immer mehr Spuren dieser vergangenen großen Zivilisationen, die einst am Amazonas gelebt haben. Und ein Teil ihres Erbes, nämlich die fruchtbaren Indianerschwarzerden, die „Terra Preta", die sich kleinräumig überall im Dschungel finden lassen, sind bis heute erhalten und zeugen von den erstaunlichen Fähigkeiten dieser Menschen.

Die Probleme und die Bedrohung Amazoniens sind vielfältig und recht unterschiedlicher Natur. Die weitreichendsten Folgen hat aber ohne Zweifel die Zerstörung des Regenwaldes. Daran beteiligt sind die rein profitorientierten internationalen Holzkonzerne, die für die relativ wenigen Nutzhölzer, die im Wald geschlagen werden, riesige Flächen des Regenwaldes schwer schädigen. Zusätzlich öffnen sie durch den Bau von Holzabfuhrstraßen den Wald für die großflächige Besiedlung.

Die brasilianische Regierung lockte sogar mit dem Bau einer Straße, der Transamazonica, Siedler in den Urwald. Sie wollte damit der stark wachsenden Bevölkerung neue landwirtschaftliche Flächen erschließen. Doch nur vier Prozent der Böden in Amazonien sind für die Landwirtschaft geeignet. Die restlichen Böden sind innerhalb von wenigen Jahren so ausgelaugt, dass trotz Düngung kaum noch Erträge erwirtschaftet werden können. Die Folge: Die Siedler ziehen nach kurzer Zeit weiter und brandroden ein neues Stück Land, oder wandern frustriert in die Slums der Großstädte, wie etwa Manaus, ab.

Neben den meist völlig mittellosen Siedlern sind es auch Großgrundbesitzer, die mithilfe staatlicher Subventionen riesige Rinderweiden oder beispielsweise Sojaplantagen im Regenwald errichten. Ein großer Teil der von ihnen erzeugten Lebensmittel wird schließlich exportiert und landet etwa als Viehfutter auch bei uns in Deutschland.

Auch Großprojekte, wie der Bau von Wasserkraftwerken sowie der Abbau vorhandener Bodenschätze, wie etwa Gold oder Bauxit, führen zur Zerstörung großer Regenwaldgebiete. Eine ganz andere Bedrohung ergibt sich aus der genetischen Vielfalt im Regenwald, in der ein ungeheures Potenzial für neue Medikamente oder Nutzpflanzen steckt. Internationale Saatgut- und Pharmakonzerne betreiben hier derzeit eine beispiellose Aneignung von Natur, unterstützt durch fragwürdige Patentverfahren. Dass sie ihr Wissen meist der indigenen Bevölkerung verdanken, wird dabei nicht einmal ansatzweise berücksichtigt.

Was für eine Nacht.

Wir waren in der Vorweihnachtszeit in Deutschland angekommen und hatten nie daran gedacht, dass wir, wie in unseren Jugendjahren, eine lange Nacht über die verschiedensten Arten von Wäldern und deren Einwirkungen auf unser Leben sprechen würden. Doch ich fühlte mich mehr als wohl im Kreise meiner alten Freunde. Diese Diskussionsrunde mit meinen Freunden zeigte mir, dass wir noch nicht abgeschaltet hatten, wie es heute so oft zu beobachten ist. Sentimentales Rückbesinnen überfiel mich. Hatten wir in jungen Jahren fast jedes Wochenende mit dem Diskutieren über die Probleme unserer Welt verbracht. So konnten wir auch hier die Parallelen des Klimawandels und den damit verbundenen Problemen mit der Natur sehen.

Nach drei Tagen ging es bereits weiter nach Österreich. Als Seittrip hatten wir in unser Ticket einen Flug nach Salzburg eingefügt, um die schöne barocke Stadt in der Vorweihnachtszeit erleben zu können.

Schon der Anflug war sehenswert – Berge, Schnee und strahlender Sonnenschein. Blauer Himmel gab uns den ersten Eindruck von dieser unbeschreiblich schönen Gegend, mit den verschneiten Berggipfeln und kleinen Seen im Hintergrund, wieder. Wir wollten wieder einmal alte Tradition und Geschichte hautnah erleben, deshalb besuchten wir die romantische Stadt Mozarts.

In Tonga feiert man auf unterschiedliche Weise Weihnachten. Obwohl die Tonganer sehr fromm sind, fehlt es doch an der schönen Ausstattung der Kirchen.

Die Bevölkerung sieht die Geburt Jesus als ein Freudenfest an und tanzen mit Partys sind angesagt. Mir fehlte oft unser deutsches Weihnachtsfest, deshalb genossen wir die Zeit in Salzburg doppelt. Die Weihnachtszeit ist in der Stadt und im Land Salzburg eine besondere Zeit. Die barocke Stadt verwandelt sich in die Bühne eines

Märchenspiels. Verschneite Fassaden werden mit Fichtengirlanden und roten Bändern festlich geschmückt, Christbäumchen säumen die Plätze. Hinter den Fenstern brennen Kerzen, wenn sich die Dämmerung früh über die Stadt legt. Es ist eine stille Zeit, eine Zeit der Besinnung, der Familie, des Atemholens. In den Gebirgstälern freut sich jetzt jeder, der genug Holz für die gemütlichen Kachelöfen eingelagert hat. Man findet Zeit für die einfachen Vergnügungen des Advents. Die Familie sitzt zusammen, man liest Geschichten vor und freut sich an gerösteten Kastanien und Bratäpfeln. Heimlich werden kleine Geschenke für Weihnachten gebastelt und ein selbst gekelterter Most stillt den Durst. Die langen Abende laden zu Spaziergängen in der Stadt ein, vielleicht hinauf auf den Mönchsberg, von wo man die festlich erleuchtete Stadt überblicken kann, oder auf den St. Petersfriedhof. Ein Genuss für alle Sinne war für uns der Salzburger Christkindlmarkt. Groß und Klein finden hier Geschenke, Salzburger Spezialitäten, Naschereien und Christbaumschmuck.

Schon fünf Wochen vor Weihnachten öffnet der Markt auf dem Platz vor der atemberaubenden Fassade des Doms seine Pforten. In speziell entworfenen hölzernen Marktständen boten Kunsthandwerker, Zuckerbäcker und andere Händler ihre Waren feil. Hier findet jeder etwas. Handgestrickte Strümpfe aus Salzburger Schafwolle, Bienenwachskerzen, hölzernes Kinderspielzeug oder feines, mundgeblasenes Glas. Nach dem gemütlichen Flanieren durch die Marktreihen wärmte uns ein Becher Glühwein nicht nur die kalten Hände.

Auch für das körperliche Wohl war gesorgt. Wir wollten uns nicht schon jetzt den Appetit auf das weihnachtliche Zuckerzeug rauben, so probierten wir die gebackenen Ofenkartoffeln und geröstete Kastanien.
Leider kamen wir erst am 6. Dezember in Salzburg an und so versäumten wir am 4. Dezember den St. Barbaratag. Dieser Tag ist im Volksglauben ein Lostag, ein Tag, an dem man das zukünftige

Geschick der Hausbewohner voraussagen kann. Am Barbaratag schneidet man Zweige von Kirsch- oder Apfelbäumen und stellt sie an einem warmen Ort ins Wasser. Treiben die Zweige Knospen, die bis zum Heiligen Abend aufblühen, steht im neuen Jahr der Familie eine Hochzeit ins Haus. Auch den Adventkranz besorgen sich die Salzburger auf dem Christkindlmarkt. In allen Größen und Formen, schlicht mit Kerzen und Bändern oder kunstvoll verziert, sieht man ihn in den Adventwochen in jedem Wohnzimmer, aber auch in jedem Geschäftslokal. Mit jeder Kerze rückt der Weihnachtsabend näher und nicht nur in den Kinderaugen steht frohe Erwartung auf das Fest der Feste. Am Vorabend des ersten Adventsonntags findet das Turmblasen statt, das sich Woche für Woche bis zum Weihnachtsabend wiederholt. Auf den hohen Türmen des Doms, auf den Kirchtürmen der kleinen Dörfer stehen Bläsergruppen, die auf Waldhorn und Posaune weihnachtliche Weisen blasen.

Lange vor dem Brauch, das Christkindlein die Geschenke bringen zu lassen, war der Nikolaus die Hauptfigur des Advents. Und für die Kinder ist er heute noch weit beeindruckender als das Jesuskind, das doch unbemerkt ins Haus kommt und die Geschenke unter den Baum legt. Der Nikolaus hingegen zieht am Abend des 6. Dezembers durch alle Dörfer und durch die Gassen der Stadt. Er trägt die Bischofsmütze, den Hirtenstab und ein prächtiges Gewand. Sein langer weißer Bart und die buschigen Augenbrauen verbergen fast das Gesicht. Mit tiefer Stimme befragt er Kinder und Erwachsene nach ihren guten und bösen Taten.

Er ermahnt und lobt. Seine Gehilfen sind ein Engel, der das dicke Buch hält, in dem der Nikolaus die Taten aller Menschen verzeichnet hat, und der sogenannte „Guatseltrager". Der „Guatseltrager" ist ein knorriger alter Mann mit einem Buckelkorb voller kleiner Geschenke. Allerdings trägt er auch ein Rutenbündel mit sich. Eigentlich sieht er aber sehr nett aus, verglichen mit den dunklen Gesellen, die ihm folgen. Das sind die Krampusse. Nicht

118

nur die kleinen Kinder sind sprachlos, wenn sie unvermutet einem Krampus gegenüberstehen. Auch Erwachsenen verschlägt es leicht die Sprache.

So ein Krampus gehört der Familie der „Schiachperchten" an. Die holzgeschnitzte Maske zeigt ein verzerrtes, böses Gesicht. Spitze Zähne, eine knorrige Nase und nach allen Seiten gedrehte Hörner vervollständigen den Schrecken. Durch die Maske und die Hörner überragt er alle um Haupteslänge. In ein zottiges Fell gehüllt, mit schweren dröhnenden Kuhglocken am Gürtel, ähnelt der Krampus einem Furcht einflößendem Untier. Mit jedem Nikolaus laufen sechs bis acht Krampusse, eine sogenannte „Pass".

Während der Nikolaus die braven Kinder belohnt und ihnen aus dem Korb des Guatseltragers Äpfel und Kekse schenkt, bestraft der Krampus die Unartigen. Das Strafausmaß rangiert von einem leichten Backstreich bis zu ordentlichen Rutenschlägen. Begegnet man einem Krampus im Freien, z. B. beim Anifer oder Gnigler Perchtenlauf, findet man sich auch schon einmal kopfüber im Schnee wieder. Nur der Nikolaus kann mit seinem Hirtenstab den Krampussen Einhalt gebieten. Ihm gehorchen sie aufs Wort.

Besonders schöne und eindrucksvolle Krampusse sind jene aus Gastein, die meistens am 3. oder 4. Dezember auch in der Stadt Salzburg unterwegs sind. Meine Erinnerungen brachten mich zurück in die Zeit, als ich selbst in Laufenselden über Jahre den Nikolaus für unsere Gemeindekinder spielte und vielen Kinderherzen Freude schenkte. Leider kamen wir erst nach dem 4. Dezember in Salzburg an, so konnten wir uns den alten Brauch nur erzählen lassen.

Als Höhepunkt des Salzburger Brauchtums durften wir ein Adventsingen besuchen. Das alljährlich im Festspielhaus aufgeführte „Adventsingen" bezaubert nicht nur wegen der Eindringlichkeit der volkstümlich theatralischen Form, sondern auch durch den heiteren Ernst der Laiendarsteller. Gegründet vom Dichter

Karl Heinrich Waggerl und dem Volkskundler Tobias Reiser dem älteren, bringt es jedes Jahr eine Mischung aus traditionellen Hirtenspielen und volkstümlicher Hausmusik mit Hackbrett, Gitarre und Flöte.

Seit Karl Heinrich Waggerls Tod liest ein Schauspieler Waggerls äußerst populäre Erinnerungen an seine Kindheit in Badgastein und die damaligen Weihnachtsbräuche vor. Die Erzählung vom „Floh und dem Christkind" gehört zu den liebsten Weihnachtsgeschichten vieler Salzburger Kinder und auch Erwachsenen.

Der christliche Glaube vereinte dann das Gedenken an die Geburt Jesu mit dem alten Brauch der Wintersonnenwende zu dem, was wir heute „Weihnachten" nennen. Mit Weihrauch und verbrannten geweihten Osterzweigen werden Stall und Stube, Familie und Tiere „beräuchert". Das soll die bösen Geister vertreiben und Glück für das nächste Jahr bringen.

Das weltweit meistverbreitete Weihnachtslied entstand im österreichischem Bundesland Salzburg. 1818 wurde es in Oberndorf zum ersten Mal aufgeführt. Der Legende nach war die Orgel der kleinen Kirche ausgerechnet vor der Christmette kaputt gegangen. Um die Weihnachtsmesse nicht ganz sang- und klanglos vorübergehen zu lassen, bat der Pfarrer von Arnsdorf, Joseph Mohr, seinen Freund, den Lehrer Franz Xaver Gruber, ein Weihnachtsgedicht aus seiner Feder zu vertonen.

Das Lied „Stille Nacht, Heilige Nacht" wurde zweistimmig und von Mohr auf der Gitarre begleitet, zur Aufführung gebracht. Daran erinnert heute die „Stille Nacht"-Kapelle in Oberndorf. 1837 wurde Joseph Mohr nach Wagrain versetzt, wo er bis zu seinem Tode 1848 wirkte. Zu jedem Weihnachtsfest ehrt man ihn dort noch heute mit einem kleinen Christbäumchen auf dem Grab.

Franz Xaver Gruber war von 1833-63 Chorregent und Organist an der Stadtpfarrkirche Hallein. Er schrieb Kirchenmusik, Messen und Motetten. Zur Förderung und Erforschung seines Werkes wurde die Stille-Nacht-Gesellschaft in Salzburg gegründet. Sein bekanntestes Lied aber, das schlichte „Stille Nacht", wurde von Tiroler Sängern weiterverbreitet.

Ab 1835 fand es Aufnahme in verschiedene Liederbücher und wird heute in den verschiedensten Sprachen in aller Welt zu Weihnachten gesungen.

Aber auch die Krippe ist ein Schaubild des Adventgeschehens, ein Abbild der Lebenssituation in den Gebirgstälern. Jede Kirche, die auf sich hält, stellt in der Weihnachtszeit ihre Krippe zur Schau. Hier kann man oft jahrhundertealte, feinst geschnitzte Figuren bewundern, ganze Städte und Landschaften, eine kleine Welt aus Holz und Pappmaschee.

Es lohnte sich für uns, von Kirche zu Kirche zu wandern, und die verschiedenen Ausstellungen zu vergleichen. Die schönste Ausstellung verschiedenster Weihnachtskrippen konnten wir im Salzburger Museum Carolino Augusteum bewundern.

Bis eine Woche nach dem Dreikönigsfest bleibt die Krippe stehen, und beinahe jeden Tag kommen neue Figuren dazu.

Ist dann das Szenario aus Heiligen, Tieren, Hirten und Königen komplett, verschwindet es wieder für ein Jahr im Depot.

Aber auch beinahe jede Familie besitzt ihre eigene Weihnachtskrippe, so auch zu sehen bei unseren Gastgebern, die ihr Haus vom Dachstuhl bis zum Eingang festlich schmückten. Das Jahr über liegen die Figuren wohlverpackt in einer Schachtel, aber in der ersten Adventwoche werden Schafe, Ochs und Esel, Hirten und Heilige Familie ausgepackt. Kleinen Bauernhöfen gleichen die Hauskrippen, und alles, was ein Bauernhof braucht, gibt es auch hier. Aber eben klitzeklein! Winzige Rechen und Sensen stehen im Hof, kleine Leintücher, sogar Wäscheleinen und Klammern im Zwergenformat kann man sehen.

Pferd und Wagen warten, daneben ein Hackstock mit winzigen Holzscheiten und einer passenden Axt. Und inmitten des Stalles steht die leere Futterkrippe, denn das Jesuskind wird traditionell erst am Heiligen Abend in sein Bett aus Stroh gelegt. Der Hl. Abend ist ein Fasttag. Streng genommen sollte bis Sonnenuntergang nicht gegessen werden! Dieser Brauch ist einer schwer arbeitenden bäuerlichen Bevölkerung natürlich nicht zuzumuten. Ist der Heilige Abend auch beinahe schon ein Feiertag, an dem sich die Arbeit auf häusliche Dinge konzentriert, so wollen die Kühe doch gefüttert werden.

Eine der traditionellen Arbeiten an diesem Tag ist das Messerschleifen. Alle Küchengeräte sollen vor den Weihnachtsfeiertagen in bestem Zustand sein, schon deshalb, weil in früheren Zeiten um Weihnachten meist geschlachtet wurde. Damals wurden sämtliche Messer eines Haushaltes geschärft, meist am Ufer eines Gebirgsbaches, der das Schleifrad antrieb. Kam dann der Schleifer durchgefroren ins Haus, wurde ihm das Bachlkoch, ein reichhaltiges Gericht aus Mehl, Eiern, Milch und viel Honig serviert. Heute ist das Bachlkoch vor allem eine Leckerei für Kinder.

Für die Erwachsenen besteht die Mittagsmahlzeit meist aus Kletzenbrot und einer Spezialität des Pinzgaus und Pongaus, dem „Blaukas". „Blaukas" ist ein Magerkäse, der mit Edelpilzkulturen geimpft, in langen Wochen zu seiner von Kennern geschätzten Konsistenz und Farbe reift.

Jeder Salzburger Feinschmecker, der auf sich hält, hat seinen eigenen „Blaukas"-Lieferanten. In Lebensmittelgeschäften wird man ihn kaum finden. Wer also zu „Kas und Kletzenbrot" eingeladen wird, sollte eine Kostprobe auf keinen Fall ablehnen!

Das reichhaltige Früchtebrot hat seinen Namen vom Hauptbestandteil, den Kletzen, dies sind getrocknete Birnen. Fein geschnitten und mit kochendem Wasser überbrüht, werden sie mit getrockneten Feigen, Rosinen und Nüssen mit Brotteig vermischt und gebacken. Jede Hausfrau hat ihr eigenes, von der Mutter oder Großmutter geerbtes Rezept, oder kauft ihr Kletzenbrot nur beim Bäcker ihres Vertrauens.

Kletzenbrot bleibt lange frisch und passt vortrefflich zu Butter und Käse. Leider war unser Aufenthalt nicht lange genug, um die Köstlichkeiten des Weihnachtsfestes alle auszuprobieren. Das Kletzenbrot war mir aus dem bayerischen Allgäu her bekannt. Hier nennt man es Seltenbrot und wird auch hier meist mit Butter oder Käse gegessen.

Einen großen, wunderbar geschmückten Weihnachtsbaum entdeckten wir in der Stadt. Der Christbaum kam erst relativ spät aus Deutschland nach Salzburg. Aber der Brauch, grüne Zweige als Symbol des Lebens in die Stube zu hängen, ist sehr viel älter als die christliche Tradition. Inzwischen ist natürlich auch den Salzburgern der Christbaum ans Herz gewachsen. Festlich geschmückt ist er der Mittelpunkt des weihnachtlichen Geschehens. Unter seinen Zweigen werden die Geschenke versteckt, seinen Wipfel krönt ein goldener Stern oder ein Weihnachtsengel. Viele Stücke des Christbaumschmucks werden von Generation zu Generation weitervererbt.

Der traditionelle Salzburger Christbaum ist aber zugleich festlich und schlicht. Rote Bänder, rote kleine Äpfel, Strohsterne und Kerzen leuchten im dunklen Grün der Fichten- oder Tannenbäumchen. Der Baum bleibt bis zum Dreikönigsfest in den Stuben. Dann dürfen die Süßigkeiten „gepflückt" werden und der Schmuck wird wieder sorgfältig verwahrt. Nach dem Auspacken der Geschenke läuten die Glocken zur Christmette. Warm eingemummt sieht man die Familien zur hell erleuchteten Kirche ziehen. Hier feiert man mit Weihnachtsliedern im Schein unzähliger Kerzen die Geburt des Jesuskindes, das nun auch als kleine Holzfigur in der Kirchenkrippe liegt. Auch das wohl berühmteste Weihnachtslied der Welt „Stille Nacht, Heilige Nacht" wurde das erste Mal während einer solchen Christmette gesungen.

Ein besonderes Erlebnis stellt die Mitternachtsmette im Salzburger Dom oder im Stille-Nacht-Kirchlein in Oberndorf dar. Diese konnten wir leider nicht besuchen, da wir bereits zu dieser Zeit in Tonga waren. Die traditionelle Salzburger Mettensuppe ist als wärmende Mahlzeit nach dem Heimweg von der Christmette gerade richtig. Aber natürlich eignet sie sich auch vortrefflich für jeden anderen kalten Wintertag, zum Beispiel nach dem Skifahren.

Hier ein Rezept für vier Personen:

Man setzt 250 Gramm Rindfleisch, Rindsknochen und Suppengrün, Petersilienwurzel, Karotten, Lauch und Zwiebeln in 5 Liter kaltem Wasser auf. Nach dem ersten Aufwallen lässt man die Suppe auf mittlerer Flamme etwa zwei Stunden kochen. Dann Fleisch, Knochen und Suppengrün entfernen und die Suppe erkalten lassen. Sorgfältig entfetten. In die heiße Suppe gibt man gekochte feine Fadennudeln, das gekochte Gemüse und in Scheiben geschnittene Frankfurter und Weißwürste. Kurz ziehen lassen und vor dem Servieren mit Schnittlauch bestreuen.

Guten Appetit!

Ein angenehm kurzer Flug brachte uns zurück zu unseren Freunden nach unserer waldreichen Gemeinde Heidenrod. Bei einem zünftigen Fondue Essen mit unseren echten, alten Freunden saßen wir vor dem alten, aus handgeformten Kacheln gebauten Kachelofen. Ein Stück Wohlgefühl, der mit Bruchholz aus dem nahen Wald befeuerte Kachelofen. Er strahlte die Gemütlichkeit eines schönen Abschluss unseres kurzen Aufenthaltes in Deutschland aus.

Bei einem Glas Assmanshäuser Hollenberg, Spätburgunder Rotwein mussten wir uns aus der alten Heimat verabschieden und am nächsten Morgen flogen wir über London nach Los Angeles. In nordöstlicher Richtung, dem Norden entgegen, überquerten wir Teile von Island. Man sagt auch, **wir überflogen den Rand der Erde.**

Viertes Kapitel

Über 100 Jahre nach dem Tod von Jules Verne spuken in Island die Geister der Wikinger und Professor Lidenbrock um die Wette. Es waren raue Zeiten, als 1596 der Tourismus in Islands Wildem Westen begann. Auf seinem Hof Oexl am Ende der Halbinsel Snaefellsnes hatte der Bauer Axlar Björn ein paar Betten für Reisende eingerichtet, und tatsächlich fühlten sich schon im ersten Sommer 18 Fremde angezogen von der weithin sichtbaren, glitzernden Gletscherhaube des Vulkans Snaefellsjoekull. Doch als so gar keiner der Reisenden mehr zurückkehren wollte, schöpfte man im fernen Reykjavik Verdacht und entsandte einen Inspektor. Der machte eine grausige Entdeckung. Alle seine Gäste hatte Axlar Björn erschlagen, um ihnen ihre Habe zu rauben.

Mag sein, dass Jules Verne die Geschichte vom Axlar Björn kannte, als er 1864 im fernen Frankreich seine „Reise zum Mittelpunkt der Erde" schrieb. Sicher ist, dass der Mörder von Oexl ein Mosaiksteinchen beigetragen hatte zum Mythos des Snaefellsjoekull und zum Mythos über die Bewohner:

Als finstre, wortkarge Gesellen galten die Nachfahren der Wikinger, als leicht zu reizen, wenn es um ihre Ehre ging. Der Hamburger Kaufmann Johann Anderson hatte 1747 nach einer Islandreise beklagt, die Insulaner im Nordatlantik seien „höchst liederlich und dem Gesöffe des Branntweins ohne alle Masse und Scham ergeben", die Jugend biete ein „wüstes und heilloses" Bild. Und 1861, drei Jahre, bevor Jules Verne mit der Arbeit an seinem Roman begann, schrieb der Engländer Frederick Metcalfe, in Island sei es „ohne Weiteres möglich, bei lebendigem Leib gekocht oder zumindest von Rheumatismus niedergestreckt zu werden".

Ohne derlei Mythen wäre nicht zu erklären, weshalb die Abenteuer ausgerechnet in Island begannen. An vielen Stellen dieser Welt hätten sich Jules Verne weitaus mächtigere Vulkankegel geboten, um seine Romanfiguren ins Innere des Planeten zu entsenden. Doch Verne fühlte sich vom Nordmeer angezogen.

So nah wähnte er das Eis der Polkappe, dass ein Professor Liden-brock allen Ernstes erklärte, im Frühjahr kämen die Eisbären auf treibenden Eisblöcken bis nach Island. Und so fern ist ihm die Glut im Erdinneren, dass sich sein Roman fast bis zur Mitte mit Island befasst, ehe die Herrschaften Forscher endlich in den Krater steigen.

Die Mythen vom Snaefellsjoekull. Keine kennt sie besser als Sigridur Gisladottir. Vor ein paar Monaten erst hat sie sich ein paar Axtwürfe von Oexl entfernt auf dem verfallenen Hof Osakot verschanzt. Hinter den morschen Mauern gammeln Maschinenteile und Werkzeug, es riecht nach altem Öl, von der Decke baumeln geräucherte Lammkeulen. Doch dann tut sich eine Holztür auf, und Sigridur Gisladottir, die Kunstlehrerin von Snaefellsnes, steht in ihrem Atelier. Zwanzig Bilder hat sie ausgestellt, mit immer demselben Motiv:

Der **Gletscher** weiß und mächtig, davor Frauen. Frauen, die wie Sigridur zerzaustes schwarzes Haar tragen. Frauen, in deren Gesichtern sich Ahnungen spiegeln, so wie im Gesicht der Künstlerin.

Auch auf Osakot hat einmal ein Krimineller gelebt, ein beliebter Schwarzbrenner, der zeitlebens die Polizei narrte. Ein Loch im Küchenboden führte in einen geheimen Keller, und sobald am Horizont die Reiter auftauchten, waren Destille und Flaschen verschwunden. Den größten Teil seiner Produktion aber trug der Schwarzbrenner von Osakot in die Lava hinaus, in die durchlöcherte, von Moos überwucherte Schwärze, in die tausend Höhlen und Tunnel und geheimen Gänge zwischen Gletscher und Meer. Nie haben sie ihn erwischt, er starb als freier Mann. „Und nun", sagt die Künstlerin Sigridur Gisladottir lächelnd, „ist er froh, dass ich hier bin."

Über 11 Prozent der gesamten Fläche Islands werden von Gletschern bedeckt, nämlich 11.800 km². Der größte Gletscher, der

Vatnajökull ist mit etwa 8.400 km² größer als alle Gletscher der Alpen zusammen. Der Fläche nach folgen dem Vatnajökull der Langjoekull (950 km²), der Hofsjoekull (920 km²), der Myrdalsjoekull (700 km²), der Drangajoekull (200 km²), der Eyjafjallajoekull (100 km²) und der Tungnafellsjoekull (70 km²).

Die Flächenangaben können nur ca.-Angaben sein, da die Größe der Gletscher Veränderungen unterworfen ist und auch die isländischen Gletscher derzeit langsam abschmelzen. Die Temperatur der isländischen Gletscher liegt in den Sommermonaten knapp unterhalb des Gefrierpunktes. Nur im Winter sinken die Eistemperaturen ab. Es ist bekannt, dass nach der letzten Eiszeit eine Warmperiode einsetzte, die das Abschmelzen fast der gesamten Gletscher auf Island zur Folge hatte. Nur einige Reste blieben auf den Bergen übrig.

Birkenwälder bedeckten die Insel. Erst vor etwa 2.500 Jahren sanken die Temperaturen auf der Insel langsam wieder ab und die Gletscher breiteten sich erneut aus. Die größte Ausdehnung in der Neuzeit erreichten die Gletscher im 19. Jahrhundert. Seit dieser Zeit ziehen sie sich wieder langsam zurück. Die sich durch den Rückzug bildenden Gletscherflüsse führen große Mengen Geröll und Erde mit sich. In den Randbereichen sind die Gletscher stark zerklüftet und verschmutzt. Wegen der vulkanischen Ascheablagerungen wirken sie zum Teil sogar regelrecht schwarz. Das führt bei vielen Besuchern, die nur bis zum Gletscherrand gehen, oft zu einem enttäuschenden Eindruck. Ein großes Erlebnis sind dagegen geführte Gletscherwanderungen, die sich vom Gletscherrand fortbewegen. Auf einigen Gletschern, so z. B. auf dem Vatnajökull, bieten Veranstalter organisierte Touren an.

Der Flug brachte uns weiter nordöstlich und große Abschnitte von Grönland waren zu sehen. Die Grönlandgletscher hatte ich schon des Öfteren bewundern können. Bei jedem Überflug war mehr Land und weniger Eis zu sehen. Im Moment können wir das rasante Schmelzen der Gletscher beobachten. In den vergangenen 150 Jahren haben die Gletscher der Alpen die Hälfte ihrer Fläche verloren. Nur eine unerwartete Eiszeit könnte die einst gigantischen Eismassen retten. Über Grönland kann ich wirklich nur sagen, es wird grün. Wiesen und Weiden statt Eis und Schnee. Grönland taut auf. Nirgendwo zeigt sich die Erderwärmung so deutlich wie auf der Insel im Polarmeer. In diesem Sommer hat sich die Meereisfläche zum vierten Mal in Folge verkleinert. Der Klimawandel verändert das Leben auf Grönland.

Grönlands Gletscher schmelzen – nur wie schnell?

Forscher haben das Abtauen des Eisschilds nun genau untersucht. **Das Ergebnis, der Meeresspiegel wird doppelt so schnell steigen wie bisher gedacht.** Auf Grönland liegen gewaltige Wassermengen, zu Eis gefroren. Im Schnitt zwei Kilometer dick ist der Eisschild, der die Insel fast vollständig bedeckt. Würde Grönlands Eis vollständig abschmelzen, und das Wasser in die Meere fließen, stiege der Meeresspiegel um sieben Meter an.

Die Frage lautet nicht mehr ob, sondern nur noch:

Wie schnell wird Grönlands Eis schmelzen, werden die Meeresspiegel steigen?

Der Weltklimarat der UNO (IPCC) hat berechnet, dass es bis zum Ende des 21. Jahrhunderts bis zu 59 Zentimeter sein werden. Andere Forscher glauben, dass diese Prognose viel zu niedrig ist. Grönlands Eisschild ist die große Unbekannte in allen bisherigen Klimamodellen zur Berechnung des Meeresspiegelanstiegs.

Wie schnell und wie stark er schmelzen wird, wird maßgeblich über Geschwindigkeit und Ausmaß des Meeresspiegel-Anstiegs entscheiden. Eine US-amerikanische Forschergruppe hat nun das

Schmelzverhalten und die Dynamik der Grönlandgletscher erstmals genau untersucht.

Ihre Ergebnisse sind alarmierend: Der Meeresspiegel, so schreiben sie, wird bis zum Ende des Jahrhunderts um 36 bis 118 Zentimeter ansteigen. Das ist doppelt so viel wie bislang vom IPCC vorhergesagt. Und das ist nur der Wert für das globale Mittel. Je nach Veränderung von Meeresströmungen und Kontinental-Plattenbewegungen kann es lokal auch zu Absenkungen oder zu Anstiegen um mehrere Meter kommen. Das Verhalten der Grönlandgletscher ist sehr schwer im Computer zu simulieren, und die IPCC-Zahlen haben eine gravierende Schwäche. Sie beruhen auf veralteten Forschungsergebnissen. Der letzte IPCC-Bericht von 2007 gibt im besten Falle den Wissensstand des Jahres 2004 wieder.

Die Forscher bestätigen damit Ergebnisse zweier Forschergruppen, die bereits 2006 und 2007 einen ebenso starken Meeresspiegelanstieg abgeschätzt hatten. Zu diesem Ergebnis waren die Wissenschaftler über Vergleiche mit historischen Meeresspiegel- und Temperaturänderungen gekommen, die sie aus Sedimentablagerungen und Eisbohrkernen rekonstruiert hatten. Die Forscher stützten sich auf alte, digital analysierte Fotografien von Grönlands größtem Gletscher, dem Ilulissat. Der grönländische Eisschild besteht aus einer Unmenge von Gletschern.

Seine Bewegung erinnert vereinfacht an einen großen Klecks Kuchenteig. Gibt man ihn auf das Backblech, zerfließt er langsam zu seinen Rändern hin. Wenn man das Backblech zuvor einölt, geschieht das schneller, so auch, wenn der Gletscher auf dem Meer schwimmt oder unter ihm Schmelzwasser abfließt.

Schmelzwasser kann durch Erdwärme und Reibung direkt am Gletscherboden entstehen, oder es stammt von seiner sonnenerhitzten Oberfläche und gräbt sich in Höhlen durch den Gletscher, was seine Fließeigenschaften wieder ein Stück unberechenbarer macht. Beim Zerfließen wird der Gletscher flacher, solange in seiner Mitte kein Eis nachkommt. Aber im Zentrum Grönlands fällt, durch den Klimawandel bedingt, vermehrt Schnee, der, Schicht für Schicht aufeinandergepresst, neues Eis bildet. Das hält den Gletscherfluss aufrecht. In der Gesamtbilanz findet jedoch ein Ansteigen des Meeresspiegels statt, da mehr Eis und Schnee schmilzt als neues Wasser gefriert.

Der Ilulissat-Gletscher ist der größte Stöpsel in der Badewanne Grönlands und somit für sieben Prozent des Eisabflusses verantwortlich. Gleichzeitig bewegt er sich am schnellsten und hat seine Geschwindigkeit zwischen 1997 und 2003 verdoppelt, was einen Verlust von 13 Kilometer Länge und 10 Meter Dicke pro Jahr bedeutet. Man kann regelrecht zuschauen wie laufend Eisberge krachend von seiner kilometerdicken Zunge abbrechen. Einer davon soll 1912 der verhängnisvolle Eisberg gewesen sein, den die „Titanic" rammte.

Bald fallen die Kolosse jedoch nicht einmal mehr direkt ins Wasser. Denn der ehemals schwimmende Teil des Gletschers ist bereits fast vollständig in Eisberge zerbrochen, die den Ilulissat-Eisfjord entlang treiben, bis sie im Atlantik angekommen und Schiffe gefährden.

Die Position der Gletscherabbruchkante aber sagt nur etwas über kurzfristige Klimaschwankungen aus. Um eine Reaktion des Gletschers auf einen langfristigen Klimatrend nachzuweisen, muss seine Gesamtmasse betrachtet werden. Man wertet historische Aufnahmen aus Flugzeugen, Landschaftsfotos und Messdaten von dem Ende der Kleinen Eiszeit um 1850 aus und stellt fest: Die Veränderungen des Gletschers, die wir heute sehen, sind größer, als dass sie von normalen jährlichen Klimastörungen verursacht werden könnten, so schreiben die Forscher.

Für die ab 1940 verfügbaren Fotos wandten die Forscher einen Analysetrick an, um den komplexen Bewegungsapparat des Gletschers noch besser zu erfassen. Sie kombinierten jeweils zwei ähnliche Fotografien des Gletschers aus zwei leicht unterschiedlichen Blickwinkeln. Richtig übereinandergelegt und mit Höheninformationen kombiniert kann der Computer daraus eine dreidimensionale Ansicht der Gletscheroberfläche erzeugen. Genauso erzeugt das menschliche Gehirn aus den zwei etwas unterschiedlichen Blickwinkeln der beiden Augen ein räumliches Bild.

So gelang es den Forschern auch, detaillierte Informationen über den Eisfluss abzulesen. Was in Zukunft noch genauere Computermodelle ermöglichen wird. Bisher wurden in den Modellen die dynamischen Prozesse nur unzureichend berücksichtigt.

2013 wird der nächste IPCC-Bericht erwartet. Die IPCC-Zahlen sind entscheidend, denn sie haben Einfluss auf das Ausmaß des internationalen Klimaschutzes und darauf, wie die Länder sich an eine verändernde Welt anpassen, vor allen Dingen die Staaten, deren Küsten direkt vom Meeresspiegelanstieg betroffen sein werden. Die Prognosen für den Meeresspiegelanstieg werden im nächsten Weltklimabericht weitaus drastischer ausfallen, glauben die Forscher. Wenn die Klimamodelle des IPCC die Daten der Eisbewegung Grönlands enthielten, könnte der vorausgesagte Meeresspiegelanstieg zum Ende des Jahrhunderts doppelt so hoch sein.

Grönland ist sechsmal so groß wie Deutschland, hat aber nur 56.000 Einwohner. Lange interessierte sich der Rest der Welt nur wenig für die Rieseninsel in der Arktis. Wegen des Klimawandels erhält sie jetzt deutlich mehr Aufmerksamkeit. Denn nirgendwo steigen die Temperaturen schneller als auf Grönland: Seit Ende der 1980er Jahre hat sich die Luft durchschnittlich um drei Grad Celsius erwärmt. Das ist doppelt so stark wie in anderen Regionen der

Welt. Die Folge, im vierten Jahr in Folge ist das Meereis rund um den Nordpol geschrumpft.

Diese Entwicklung ist menschengemacht.

Vor 70 Jahren war das arktische Meereis noch so dick, dass es im Sommer nicht abschmelzen konnte. Im 20. Jahrhundert ist das Eis pro Jahr um durchschnittlich 110 Kubikkilometer dünner geworden, sagt Professor Rüdiger Gerdes vom Alfred-Wegener-Institut in Bremerhaven: „Diese Entwicklung ist vor allem menschengemacht – hier sieht man wirklich den Klimawandel."

Ein wichtiger Faktor für das weltweite Klima ist der bis zu drei Kilometer dicke Eispanzer, der 85 Prozent der Insel bedeckt. Doch der Eispanzer wird immer kleiner und dünner. Wenn weiße Flächen wie Gletscher schmelzen, wird weniger Sonnenlicht reflektiert. Die Insel erwärmt sich deshalb weiter und mehr Eisberge schwimmen immer schneller zum Meer. Forscher sagen voraus, dass infolge der globalen Klimaerwärmung bis zum Jahr 2020 das Eis im Sommer völlig verschwinden könnte. Wie sehr Grönland betroffen ist, veranschaulicht der Gletscher Sermeq Kujalleq.

An der Westküste Grönlands, mehr als 300 Kilometer jenseits des Polarkreises, liegt am Ende des Ilulissat-Eisfjords der Gletscher Sermeq Kujalleq. Seit 2004 zählt er zum Weltnaturerbe der UNESCO. Kein Gletscher der Welt ist produktiver: Unzählige Eisberge brechen von ihm ab und schwimmen Richtung Meer. Die sogenannten Kalbungen des Sermeq Kujalleq bringen jedes Jahr zwanzig Millionen Tonnen Wasser ins Meer. Doch der Riesengletscher schrumpft: Seit 2001 hat sich die Gletscherzunge um **rund zehn Kilometer** zurückgezogen.

Für die Bewohner bringt die Erwärmung Grönlands Vor- und Nachteile. Bei manchen Häusern versinken die Fundamente im Boden, denn sie stehen auf Permafrostboden und der taut auf.

Auch das Meer erwärmt sich und das verschlechtert die Qualität der Garnelen, die die Fischer fangen. Dafür können sie jetzt oft das ganze Jahr fischen, denn die Häfen frieren seltener oder gar nicht mehr zu. Und es tun sich auch ganz neue Landwirtschaftszweige auf: Es können hier mittlerweile Kartoffeln und Freiland-Erdbeeren herangezogen werden.

Heute nehmen die meisten Wissenschaftler die Erwärmung Grönlands sehr ernst, doch lange hielten sie diese für eine Laune der Natur. Dabei beriefen sie sich auf die wechselvolle Klimageschichte der Insel. Eiskernbohrungen hatten gezeigt, dass es vor 450.000 Jahren so mild war, dass Schmetterlinge durch saftige Tannenwälder flatterten. Auch im Mittelalter war es vergleichsweise warm. Die Wikinger fanden damals im Süden der Insel weitgehend eisfreie Wiesen vor. Von ihnen stammt auch der Name **Grönland** für **„grünes Land"**.

Der vom Menschen angestoßene Prozess könnte sich sehr schnell selbst verstärken. Denn in Sibirien tauen die Permafrostböden allmählich auf. Und aus dem gefrorenen Boden entweicht Methan – ein Treibhausgas.

In Los Angeles hatte ich Gelegenheit zwei Geophysiker kennenzulernen und wir führten einen Gedankenaustausch über Grönland. Sie berichteten mir von ihren Besuchen und wissenschaftlichen Reisen nach hier und so möchte ich einiges von dem gelernt und Gehörtem wiedergeben.

Auf dem ersten Blick ist Grönland eine riesige, weiße Fläche. Als der Hubschrauber tiefer ging, konnte man die Farben sehen. Kilometerweit zogen sich blaue Schmelzwasserstreifen über die Eiskappe. Weiße Felder waren von Flüssen unterbrochen, von Schluchten gefurcht, von Seen gesprenkelt. An manchen Stellen war das Eis braun oder sogar schwarz. Das kam vom Kryokonit.

Dieses schmutzig aussehende Zeug war ein wichtiges Untersuchungsobjekt. Der Fotograf James Balog und sein Assistent Adam

LeWinter Balog fotografierten Eis und Stellen, wo es fehlte. Balog hat 2006 das Projekt Extreme Ice Survey gegründet, **um Erinnerungen an Dinge festzuhalten, die verschwinden.**

Balog hat mehr als 35 solarbetriebene, sturmsichere Zeitrafferkameras auf Gletschern in Alaska, Montana, Island und Grönland platziert. Bei allen klicken die Verschlüsse Tag und Nacht. Sie nehmen 4.000 bis 12.000 Bilder pro Jahr auf. Kontinuierlich beobachten sie wie kleine Ersatzaugen in unserem Auftrag die Welt. So benutzten wir zur Fortbewegung das unbemannte Forschungsfahrzeug, weil die Schmelzwasserseen auf Grönland manchmal schnell und unerwartet leerlaufen. Balog sah einmal zu, wie ein See innerhalb einer Nacht trocken fiel.

In seinem Boden hatte sich ein senkrechter Spalt geöffnet, eine Gletschermühle und den See verschwinden lassen. Im Jahr 2006 dokumentierte ein Team von amerikanischen Gletscherforschern, wie ein fünf Quadratkilometer großer Gletschersee auslief. 40 Millionen Kubikmeter Wasser verschwanden innerhalb von 84 Minuten, schneller, als wenn das Wasser über die Niagarafälle gestürzt wäre. Auch der Schmelzwassersee, den man hier untersuchte, hat einen Abfluss. Die Forscher waren fest entschlossen, die Gletschermühle zu finden.

Mit Eispickeln, Eisschrauben und Seilen ausgerüstet, machten sie sich auf den Weg. Sie waren noch keine 500 Meter gegangen, da hielten sie Löcher im Eis auf. Anfangs fanden sie zwischen ihnen noch einen Weg, aber bald mussten sie über die Tümpel springen, von einer messerscharfen Kante zur Nächsten. Es war wie Bockspringen auf Rasierklingen. Keine Chance. Sie probierten es auf einem anderen Weg und folgten der Eiskante parallel zum Fluss aus Schmelzwasser.

Dieses Mal kamen sie gut voran. Zu Fuß fanden sie die Gletschermühle zwar nicht, aber sie machten eine erstaunliche Beobachtung.

Auf dem Hinweg waren die Löcher, über die sie gesprungen waren, noch isolierte Tümpel; jetzt, einen halben Tag später, auf dem Rückweg, war das Eis so stark geschmolzen, dass reißende Bäche die Löcher verbanden.

Abends im Lager erzählten sie sich, was es mit diesen Tümpeln auf sich hat. Ihr Boden ist mit Kryokonit bedeckt. Kryokonit ist ein Sediment, den der Wind über das Eis weht. Es besteht aus Mineralstaub, der um die halbe Welt herantransportiert wird, sogar aus asiatischen Wüsten, aber auch aus Teilchen von Vulkanausbrüchen. Und aus Ruß. Quelle dieser Rußpartikel sind natürliche Feuer und von Menschen verursachte Brände, sind Dieselmotoren und Kohlekraftwerke. Der Arktisforscher Nils A. E. Nordenskjoeld entdeckte und benannte den braunen Schlick, als er 1870 die Eiskappe Grönlands bereiste. Seit jener Zeit hat der Anteil an schwarzem Ruß im Kryokonit durch die Industrialisierung stark zugenommen, und die globale Erwärmung hat ihm eine ganz neue Bedeutung gegeben.

Sie schlugen ihr Lager an der Westküste auf, unweit der Ortschaft Ilulissat. Hier gaben die abtauenden obersten Eisschichten das sogenannte blaue Eis frei. Es ist uralt und so stark verdichtet, dass die Luftbläschen, die sonst das Licht brechen und das Eis weiß aussehen lassen, zum größten Teil herausgepresst wurden. Dieses bläschenarme Eis absorbiert Licht vom roten Ende des Spektrums, sodass nur die blauen Anteile reflektiert werden.

Das Lager lag an einem riesigen Schmelzwassersee. Sie maßen seine Tiefe. Wollten sie die Ergebnisse mit Satellitendaten über grönländische Gletscherseen vergleichen. Jeden Morgen ließen sie dafür ein kleines Boot zu Wasser, ein Modellboot, das mit Fernsteuerung, Sonar, einem Spektrometer, GPS, einem Thermometer und einer Unterwasserkamera ausgerüstet worden war.

Ein Mann, der sich darauf spezialisiert hat, ist Carl Egede Boggild. Der Geophysiker ist in Grönland geboren und erforscht die Eiskappe seit 28 Jahren. „Kryokonit besteht noch nicht einmal zu fünf Prozent aus Ruß", sagt er, „aber der Ruß ist der Grund, warum das Zeug schwarz ist." Die dunkle Farbe bewirkt, dass das Eis weniger Sonnenlicht reflektiert. Es nimmt mehr Wärme auf und das Eis schmilzt schneller. Mit dem Schnee fällt jedes Jahr auch Kryokonitstaub auf die Eiskappe. Wenn die Sommer, wie zuletzt, überdurchschnittlich warm waren, tauen gleich mehrere Eisschichten ab und setzen das Kryokonit darin frei. „Es ist, als würde man einen schwarzen Vorhang über das Eis ziehen", sagt Boggild.

Die Auswirkungen sahen die Forscher schon auf ihrer kurzen Expedition. In nur einer Woche hatte das schmelzende Eis ihr Lager in matschigen Morast verwandelt. Zugleich war der Schmelzwassersee in die Gletschermühle abgeflossen, nach der sie vergebens gesucht hatten. Es war, als würde man zusehen, wie ein eisiger Zwilling des Grand Canyon in Utah entsteht, allerdings im Zeitraffertempo.

Balogs Kameras hatten alles festgehalten. Ehe sie die Zelte abbrachen, wollte Balog in eine andere Gletschermühle absteigen. Sie ist eine der größten, die das EIS-Team bisher in Grönland entdeckt hatte. Und so ausladend, dass ein Güterzug hineinfahren könnte. Es schauderte sie, aber dennoch konnten sie der Versuchung nicht widerstehen, sich in diesen Schlund abzuseilen. Balog hat ihn the beast getauft, „die Bestie".

An reifbedeckten Seilen ließ man sich herab. In 30 Meter Tiefe war man von blauen Eiswänden umgeben. Kalte Gischt durchweichte uns und über uns war der blaue Arktishimmel von zehn Meter hohen Eiszapfen umrahmt. Unter uns verschwand der Wasserfall, der diesen Schacht gegraben hat, tosend im Abgrund. Um herauszufinden, wo das Schmelzwasser an den Küsten Grönlands wieder herauskommt, haben Wissenschaftler schon Gummienten sowie mit Sensoren ausgestattete Kugeln und riesige Mengen Farbstoff in Gletschermühlen fallen lassen. Einige Kugeln und einen Teil der Farbstoffe hat man später wieder gesehen, aber die Gummienten blieben ausnahmslos verschwunden.

Wir waren versucht, uns tiefer abzuseilen, um mehr zu sehen, aber dann überlegten wir es uns doch noch mal. Nach 20 Minuten am Seil kletterten wir wieder zum Licht empor. Diesen interessanten Bericht hörte ich in LA von einem der Geophysiker, der seine Studien schon einige Male in Grönland durchgeführt hatte.

Die Einheimischen sind in Grönland meistens noch mit der Jagd beschäftigt. Doch mit der Zeit des Klimawandels schwindet ihre Zahl sehr stark und einige sprechen von den letzten Eisjägern.

Dies ist nicht unser Wetter, dieses Wetter gehört eigentlich woandershin, so der auf seinem Hundeschlitten kniende Eisjäger, der über die glitzernden Zacken des zugefrorenen Meeres holpert. „Harru, harru, nach links, nach links!", schreit er. Dann: „Atsuk, atsuk, nach rechts, nach rechts!" Seine Stimme klingt angespannt. Vorsichtig suchen sich die 15 Hunde seines Gespanns einen Weg zwischen offenen Wasserrinnen und aufgetürmten Eisschollen. Trotz der bitteren Märzkälte ist die Eisfläche schon zersprungen und macht das Vorankommen gefährlich. In einem normalen Winter erreicht das Eis den Nordwesten Grönlands im September und hält sich bis in den Juni hinein.

Doch in den vergangenen paar Jahren gab es nur drei oder vier Wochen, in denen das Meereis fest war und die Grönländer gut jagen konnten. „Früher war es immer fast einen Meter dick", sagt der Jäger. „Heute sind es gerade mal zehn Zentimeter." Jens, einer der letzten Eisjäger, ist 45 Jahre alt und groß wie ein Bär. Ein kluger Kopf mit einem freundlichen, jungenhaften Gesicht.

Er lebt in Qaanaaq, einem Dorf mit ungefähr 650 Einwohnern auf dem 77. nördlichen Breitengrad. Bunt gestrichene Häuser schmiegen sich dort an einen Hang mit Blick über den Fjord. Zusammen mit seinen Schwägern Olaf Kristiansen, Ralf Kristiansen und Tobias Nielsen, von denen jeder ein eigenes Schlittengespann hat, ist er jetzt unterwegs zum Eisrand am Smith Sound. Dort wollen sie Walrosse jagen. So, wie es die Menschen hier seit vielen Generationen machen. Jens hat 57 Hunde und eine Großfamilie zu ernähren und wird mehrere der mächtigen Meerestiere erlegen müssen, um überhaupt Fleisch mit nach Hause zu bringen.

Vor dem Aufbruch hat er eine aktuelle Eiskarte studiert, die ihm das dänische Meteorologische Institut zugefaxt hatte. Auf ihr waren riesige offene Wasserflächen bis hinauf nach Siorapaluk, der nördlichsten Siedlung dieser Ureinwohner, zu erkennen. Schlechte Nachrichten für die Jäger und ein nicht minder schlechtes Zeichen für das Ökosystem. Die Karte macht die Folgen der Erderwärmung sichtbar.

In den vergangenen Jahrzehnten ist die Temperatur auf Grönland doppelt so stark angestiegen wie im weltweiten Durchschnitt. Die an manchen Stellen mehr als drei Kilometer dicke Eisschicht der Insel schwindet so schnell wie nie zuvor in den vergangenen 50 Jahren. Wenn die Decke aus Schnee und Eis schmilzt, nimmt die Erde mehr Wärme auf, der Meeresspiegel steigt. Biologen zufolge befindet sich das gesamte Ökosystem der Arktis im Zusammenbruch. Ohne Meereis haben die Robben keine Bänke mehr, auf denen sie rasten, fressen und ihre Jungen zur Welt bringen können. Walrosse finden keinen Platz auf dem Treibeis, wo sie sich ausruhen und ihre Muschelmahlzeiten verdauen können. Eisbären können keine Robben fangen, und Jäger wie Jens und seine Verwandten können nicht mehr auf die Jagd gehen.

Dieser stattfindende Klimawandel treibt zum Teil seltsame Blüten. So leuchtet an einem steilen Abhang ein sauber geschnittener Rasen. Hinter einem Rhabarberbeet recken sich Fichten, Tannen, Pappeln und Weiden. Nichts Besonderes? Hier schon. Der Garten liegt über einem von Eisbergen verstopften Fjord.

Wir sind in Qaqortoq, einem Ort auf 60° 43' nördlicher Breite, nur rund 650 Kilometer südlich des Polarkreises.

Letzte Nacht herrschte Frost, als Larsen an einem warmen Vormittag im Juli 2008 durch seinen Garten geht. Er inspiziert die Pflanzen, und die Stechmücken inspizieren ihn. Unterhalb glitzert der Hafen von Qaqortoq saphirblau in der Sonne. An der Kaimauer ist ein kleiner Eisberg angetrieben. Bunt gestrichene Häuser aus importierten Holzschindeln sprenkeln die Granithänge, die den Hafen wie ein Amphitheater ringsum überragen. Unser Gärtner könnte als Wikinger gut durchgehen. Ein kräftig gebauter Mann mit rötlich blonden Haaren und sauber gestutztem Bart. Larsen ist Landwirtschaftsexperte und war früher Berater des grönländischen Landwirtschaftsministeriums. Seine Familie lebt seit mehr als 200 Jahren in Qaqortoq. Am Rand des Gartens bleibt er stehen und schaut unter eine weiße Plastikplane. Sie schützt ein Beet mit Rübsen, einer Öl- und Futterpflanze, die er einen Monat zuvor hier gesät hat. „Unglaublich!", strahlt Larsen. Die Blätter der Pflanzen strotzen in einem gesunden Grün. „Zuletzt habe ich vor drei oder vier Wochen nach ihnen gesehen. Gewässert habe ich den Garten das ganze Jahr noch nicht. Er hat nur Regen und Schmelzwasser bekommen. Das ist wirklich erstaunlich. Wir können schon ernten, so sagt Larsen."

Ein Sommermorgen mit reifen Rübsen wäre anderswo keine große Sache. Doch in einem Land, das zu 80 Prozent unter einer zum Teil dreieinhalb Kilometer dicken Eisschicht liegt und in dem manche Menschen noch nie einen Baum angefasst haben, ist das ungewöhnlich. Grönland erwärmt sich doppelt so schnell wie die meisten anderen Teile der Welt. Satellitenmessungen haben ergeben, dass die Eisdecke der Insel, in der fast sieben Prozent der weltweiten Süßwasservorräte gebunden sind, jedes Jahr um rund 200 Kubikkilometer schrumpft.

Die Eisschmelze beschleunigt die Erwärmung sogar noch, denn die freigelegten Wasser- und Landflächen absorbieren Sonnenlicht, das früher vom Eis in den Weltraum reflektiert wurde. Sollte das Grönlandeis in den kommenden Jahrhunderten völlig abtauen, wird der Meeresspiegel um sieben Meter ansteigen, und weltweit würden die heutigen Küsten überschwemmt.

Doch in Grönland, so können wir nun des Öfteren in den Nachrichten hören, brechen Stücke von Gletscherzungen ab. Ein Koloss, etwa viermal so groß wie Manhattan und knapp 200 Meter dick, treibt jetzt auf eine Meerenge zu, die er zu verstopfen droht.

Als die kanadische Eisforscherin Trudy Wohlleben auf die Aufnahme des NASA-Satelliten „Aqua" vom 5. August blickte, entdeckte sie etwas Außergewöhnliches. An der Spitze der Zunge des Petermann-Gletschers, einer der beiden letzten großen Gletscher Grönlands, zeigte sich ein großer Riss. Kurz darauf analysierten Forscher der University of Delaware die Bilder und Daten aus der Arktis eingehend.

Das Stück, das vom Gletscher abgebrochen war, hat eine Fläche von mindestens 260 Quadratkilometer und ist etwa 200 Meter dick. Jetzt treibe der Eiskoloss, der in etwa viermal so groß sei wie der New Yorker Stadtteil Manhattan und halb so hoch wie das Empire State Building, in die Nares Straße zwischen Grönland und Kanada, berichten die Wissenschaftler.

Der Petermann-Gletscher liegt etwa tausend Kilometer südlich des Nordpols im Norden Grönlands. Er verbindet den grönländischen Eisschild direkt mit dem Ozean: Dabei schiebt er sein Eis aus dem Landesinneren in einer lang gestreckten Zunge ins Meer hinaus. Wenn Teile davon abbrechen, sprechen Experten vom „Kalben" des Gletschers. Durch den jetzigen Abbruch der Zunge habe der Gletscher etwa ein Viertel seiner Fläche verloren, die auf dem Meer treibt.

„Das Frischwasser, das in dieser Eisinsel gespeichert ist, könnte den privaten Wasserverbrauch der USA 120 Tage lang stillen", sagte einer der Eisforscher. Sobald der Koloss in die Nares-Straße getrieben ist, werde er auf kleinere Inseln treffen und vermutlich in kleinere Stücke zerbrechen.

Er könnte aber auch entlang der Küsten festfrieren und den Kanal so verstopfen. Wenn sie nicht stecken bleibt, so der Wissenschaftler, würde die Eisinsel innerhalb der nächsten zwei Jahre entlang der Küste von Baffin Island und Labrador treiben und schließlich den Atlantik erreichen. Permanent rutschen große Eismassen vom Festland Grönlands und der Antarktis ins Meer. Gewaltige Eisberge brechen ab und treiben auf den Ozean hinaus. Vor zwei Jahren hatten Forscher berechnet, wie schnell die Gletscher Eis verlieren.

Zum letzten Mal entstand ein derart massiver Eisbrocken im Jahr 1962. Damals kalbte das Ward Hunt Ice Shelf, das größte Eisschelf in der Arktis. Damals brach ein knapp 560 Quadratkilometer großer Eisbrocken ab, und kleinere Stücke klemmten zwischen den Inseln in der Nares-Straße fest.

Auf Grönland selbst wird die Angst vor dem Klimawandel häufig von großen Erwartungen in den Schatten gestellt. Bisher ist die selbstverwaltete, aber zu Dänemark gehörende Insel noch stark auf den ehemaligen Kolonialherrn angewiesen. Dänemark pumpt jedes Jahr umgerechnet rund 450 Millionen Euro in die grönländische Wirtschaft, mehr als 8.000 Euro pro Kopf der dortigen Bevölkerung. Doch die arktische Eisschmelze ermöglicht allmählich den Zugang zu Öl, Gas und anderen Bodenschätzen, mit denen Grönland die sehnlich erwünschte finanzielle und politische Unabhängigkeit erlangen könnte.

Vor den Küsten soll etwa halb so viel Öl im Boden lagern, wie die Ölfelder der Nordsee liefern. Höhere Temperaturen würden den bisher rund 50 Bauernhöfen eine längere Wachstumssaison bescheren und die Abhängigkeit von Lebensmittelimporten verringern. Manchmal ist es, als würde die ganze Insel nur darauf warten, dass „Grönland wirklich wieder Grün wird", wie Zeitungen mit schöner Regelmäßigkeit ankündigen.

Für Geschichtsschreiber interessant war Grönland das erste Mal vor etwa tausend Jahren. 982 landete der Isländer Erik der Rote mit einer kleinen Mannschaft von Nordmännern, auch Wikinger genannt, in einem Fjord, nicht weit vom heutigen Qaqortoq. In seiner Heimat berichtete er später von dem Land, das er entdeckt hatte. Der Sage nach nannte er es Grünland, weil er glaubte, die Menschen würden es dann anziehender finden.

Eriks plumpe Reklame zeigte Wirkung. Bald hatten sich rund 4.000 Wikinger auf Grönland niedergelassen. Heute erinnert man sich an sie meist als ein kriegerisches Volk, doch eigentlich waren sie Bauern, die nur nebenbei noch ein wenig plünderten, brandschatzten und Amerika entdeckten.

An den geschützten Fjorden im Süden und Westen Grönlands züchteten sie Schafe und ein paar Rinder, was die Bauern bis heute entlang genau derselben Fjorde tun. Die Wikinger bauten Kirchen und Bauernhöfe. Dafür tauschten sie Robbenfelle und Walrosselfenbein gegen Bauholz und Eisen aus Europa. Die Siedlungen der Nordmänner auf Grönland bestanden länger als 400 Jahre. Dann wurden sie mehr oder weniger über Nacht aufgegeben.

Ihr Verschwinden verdeutlicht auf beunruhigende Weise, welche Gefahr der Klimawandel selbst für gefestigte Kulturen mit sich bringen kann. Die Wikinger besiedelten Grönland in einer ungewöhnlich warmen Phase. In Europa blühte die Landwirtschaft auf, und es war die Zeit, in der große Kathedralen erbaut wurden. Von 1300 an wurde es aber wieder kälter und das Leben auf Grönland immer schwieriger.

56.000 Menschen leben heute auf den felsigen Streifen zwischen Eis und Meer, die meisten an der Westküste. Gletscher und tief eingeschnittene Fjorde machen den Bau von Straßen zwischen den Ortschaften sinnlos, hier nimmt man das Boot, den Hubschrauber, das Flugzeug und im Winter, den Hundeschlitten. Rund 15.500 Menschen, ein Viertel der Bevölkerung, sind in Nuuk zu Hause, der Hauptstadt Grönlands, etwa 500 Kilometer nördlich von Qaqortoq.

Wer sich eine Vorstellung von Nuuk machen will, der denke an eine nordische Kleinstadt mit Fjord und großartiger Gebirgskulisse. Dazu triste Wohnhäuser im Ostblockstil. Er nehme zwei Verkehrsampeln und einen Neunlochgolfplatz dazu. Fertig ist die Hauptstadt. Die heruntergekommenen Apartmentblocks sind die Hinterlassenschaften eines Zwangsmodernisierungsprogramms der dänischen Regierung in den fünfziger und sechziger Jahren des vorigen Jahrhunderts.

Dahinter stand die Absicht, die Grönländer aus kleinen verstreuten Dorfgemeinschaften in einige wenige, größere Städte umzusiedeln, ihnen bessere Schulen und medizinische Versorgung zu verschaffen und Arbeiter für die Fabriken der damals prosperierenden Kabeljauindustrie anzulocken. Welchen Nutzen auch immer diese Politik hatte, sie war die Ursache einer Fülle gesellschaftlicher Probleme, unter denen Grönland bis heute leidet. Alkoholismus, zerrissene Familien, Selbstmorde.

Doch ist Island und Grönland nach wie vor das Reich unserer Gletscherwelt.

Gletscher haben mit ihrer Kraft die Landschaften unseres Planeten bedeutend mitgestaltet. Die eisigen Riesen sind für viele Täler, Seen und Hügel verantwortlich. Heute sind sie nicht nur für Wintersportler ein beliebtes Ziel, sondern dienen auch als Süßwasserspeicher. Dennoch geht der Mensch mit diesen Zeugen der Eiszeit nicht besondere pfleglich um. Die zunehmende Erwärmung des Erdklimas sorgt dafür, dass viele Gletscher immer kleiner werden oder sogar ganz verschwinden. Immer wieder gab es Phasen der Erdgeschichte, in denen das Weltklima für eine gewisse Dauer verhältnismäßig kalt oder warm war. Die sogenannten Eiszeiten, in denen die Vergletscherung ein wesentlich größeres Ausmaß einnahm als heute, sind im Vergleich zu den Warmzeiten kurz. Wissenschaftler gehen von mindestens drei Eiszeiten aus, die das Bild der Erde geprägt haben.

Eine sehr starke Vergletscherung der Erde entstand vor circa 250 Millionen Jahren gegen Ende des Paläozoikums, das auch Erdaltertum genannt wird. Eine weitere, noch viel weiter in der Vergangenheit liegende Eiszeit beherrschte die Erde vor rund 2,3 Milliarden Jahren, im Proterozoikum. Die letzte Eiszeit, das Pleistozän, liegt dagegen in der verhältnismäßig jungen Vergangenheit der Erde, denn das Pleistozän begann „erst" vor rund 1,7 Millionen Jahren und endete vor 10.000 bis 15.000 Jahren. Charakteristisch für diese letzte Eiszeit ist, dass sie insgesamt gesehen als Kaltzeit bezeichnet wird, aber dennoch klimatischen Schwankungen unterworfen war.

Es gab sowohl kalte Perioden, die sogenannten Glazialen als auch relativ warme Zeiten, die Interglazialen. Die heftigen Niederschläge während der Glazialen waren mit Ursache dafür, dass sich zu dieser Zeit riesige Gletscher bildeten. Über die genaue Ursache von Eiszeiten wird noch immer spekuliert. Sicher erscheint jedoch, dass dabei die Position und die Entfernung der Erde auf ihrer Umlaufbahn um die Sonne eine große Rolle spielen.

Gletscher entstehen dann, wenn in einer bestimmten Region mehr Schnee fällt, als wieder verdunsten oder abtauen kann. Fallen auf den bereits vorhandenen Schnee weitere Niederschläge, werden die unteren Kristalle immer weiter zusammengedrückt. Es entsteht das sogenannte Firneis. Dieses wird durch weitere Schneeschichten noch mehr verdichtet und wird schließlich zu Gletschereis. Ab einer bestimmten Dicke beginnt der Gletscher durch die Schwerkraft ins Tal zu wandern.

Täglich hören wir, dass das Eis dünner wird, viel schneller, als wir gedacht haben.

Die Pole sind massiv vom Klimawandel betroffen. Das einst ewige Eis schmilzt, die Gletscher schrumpfen und Permafrostböden tauen auf. Das bedroht nicht nur Eisbär & Co., sondern die ganze Welt.

Das Wasser steigt und steht uns schon bis an den Hals. Es muss nicht erst ein Eisberg am Nordseestrand vorbeidriften, oder wie gesehen in Christchurch, auf der Südinsel Neuseelands, bis wir merken, wie eng unser Verhältnis zu Arktis und Antarktis ist. Die Polarregion spürt sie längst, die Gegenwart des Menschen. Der Klimawandel lässt sie buchstäblich verschwinden.

Seit Jahren melden Forscher Rekordwerte bei der Eisschmelze am Nordpol. Und mit jeder neuen Studie werden die Zahlen schockierender: So hat der Rückgang des Eises in den Sommern 2007 und 2008 nie da gewesene Ausmaße angenommen. Die Gletscher in Grönland schmelzen ab und der Lebensraum vieler Arten ist massiv bedroht.

Die Gletscher der Antarktis wandern immer schneller zum Meer und verlieren in jedem Jahr über 100 Milliarden Tonnen Eismasse. Das entspricht 100 Billionen Liter Wasser.

Schon jetzt steigt der Meeresspiegel jährlich um drei Millimeter. Doch wenn die Eisschmelze im bisherigen Ausmaß fortschreitet, könnte sich der Meerespegel bis zum Jahr 2100 um bis zu achtzig Zentimeter heben. In Tonga können wir an einigen Teilen der Inseln den Anstieg des Meeresspiegels klar erkennen.
Die australische Regierung ist dabei, Gesetze zu formen, die sicherstellen sollen, dass einige pazifische Inselstaaten im Falle eines Anstiegs des Meerwassers in Australien aufgenommen werden können. Man plant bereits den Exodus der Inseln. Wenn diese zwei großen Süßwasserreservoirs der Erde schmelzen, drohen weltweit Flutkatastrophen. Tief liegende Regionen wie Bangladesch könnten komplett überflutet werden.

Aber auch die flachen Küstenregionen Polens sind gefährdet. Und die deutsche Insel Sylt muss schon jetzt jedes Jahr frischen Sand heranbaggern, weil die Fluten die Insel buchstäblich abtragen. Dazu wird das Ökosystem Ozean aus dem Gleichgewicht gebracht, weil etwa der Salzgehalt des Wassers abnimmt.

Nach weiteren fünf Stunden Flug über Teile Kanadas landeten wir an der amerikanischen Westküste. Die Riesenstadt L. A. nahm uns für einen kurzen Stopp, bei schönem Wetter und angenehmer Wärme, freundlich auf. In zwei Tagen ist nicht sehr viel zu unternehmen, doch wollte ich wenigstens wieder einmal an der Promenade in Santa Monica sitzen und den Pazifik bewundern. Leider musste ich an diesem Tag zur Kenntnis nehmen, das Erdbeben auch in LA an der Tagesordnung seien können.

Ein kräftiger Erdstoß rüttelte uns auf der Parkbank, an der Promenade oberhalb des Strandes von Santa Monica, unliebsam auf.

Ein Erdbeben der Stärke 3,8 auf der Richterscala löste Schrecken und zum Teil Panik bei den Menschen aus.

Los Angeles trägt von den amerikanischen Städten das höchste Erdbebenrisiko, weil die Andreasspalte durch die Stadt verläuft und sich in viele andere Spalten verzweigt. Rund um Los Angeles werden jährlich etwa 15.000 Erdbeben registriert. Die meisten von ihnen sind zu klein, als das man sie spüren könnte.

Aber etwa 100 Erdbeben im Jahr haben eine Stärke von drei oder mehr auf der Richterskala und sind spürbar. Alle diese Erdbeben liegen nicht direkt auf der Andreasspalte. Die Andreasspalte selbst löst nur größere Erdbeben aus. Alle 100 bis 200 Jahre gibt es dieses Erdbeben der Andreasspalte mit der Stärke von 7 bis 8 auf der Richterskala mit mehreren Nachbeben.

Da es ja kurz vor Weihnachten war, besuchten wir in der Nacht die reich geschmückten Häuser der internationalen Filmgrößen in Beverley Hills. Eine weihnachtliche Traumwelt tat sich auf. Alle Häuser waren festlich für das bevorstehende Weihnachtsfest geschmückt. Lichter und Figuren, eben alles, was man an seinem Haus anbringen und beleuchten kann, waren zu sehen.

Dieses Schauspiel ließ uns das erlebte Erdbeben vergessen und am nächsten Tag flogen wir, mit Stopp in Samoa, in unsere Heimat Tonga. Kurz vor Weihnachten waren wir von unserer „Rundum die Welt Reise" zurück.

Die Vorbereitungen für das Weihnachtsgeschäft liefen auf Hochtouren und oft kamen wir völlig geschafft am Abend nach Hause.

Die Kinder begannen unser Haus weihnachtlich herzurichten und die Erwartung auf die Weihnachtsgeschenke beflügelte sie, uns im Geschäft zu helfen. Abends mussten wir ihnen von unserem Erlebtem berichten. Echtes Interesse ließ ihre Köpfe rot werden.

Mit vielen Fragen überhäuften sie uns unaufhörlich. Sie lebten in ihren Erinnerungen, hatten sie doch schon mit uns eine fast gleiche „Rund um die Welt Reise" unternommen.

Fünftes Kapitel

24.12.1999 Weihnachten, Tongatapu-Tonga.

Wir saßen im Wohnzimmer unseres Hauses in Tonga. Unser „Rund um die Welt Trip" war hervorragend verlaufen. Nach 48.000 km waren wir wieder in unseren vertrauten vier Wänden. Die Palmen im Garten waren weihnachtlich beleuchtet, um das Haus hingen Lichterketten.

Verschiedene Farben leuchteten im Rhythmus blinkend jeden Winkel des Gartens aus. Die Hunde waren nervös und sprangen an den Bäumen hoch, um die Lichter zu erhaschen. An den Fenstern waren Girlanden aus künstlichen Tannenzweigen angebracht. Auf der Terrasse stand ein 2,60 Meter großer, künstlicher, doch fast echt aussehender, Weihnachtsbaum. Geschmückt mit allerlei chinesischen Figuren aus Gold und Silber, nur der deutsche Winter fehlte, mit Schnee und Kälte.

An diesem Heiligabend betrug die Temperatur 32 Grad Celsius. Die Katzen versuchten die herumbaumelnden Glocken und Engelchen zu fassen, um mit ihnen unter dem Baum spielen zu können. Einiges hatten unsere Haustiere schon erwischt und mit großer Freude begann der Zerstörungsprozess.

Die Kinder waren stark mit den Geschenken aus Europa beschäftigt. Taumaia erhielt ein Buch über die Eroberung und Erforschung des Nordpols, der Arctica und Marian ein Buch über die geschichtliche Entwicklung und Entdeckung des Südpols, der Antarctica.. Christopher, noch sehr klein zu dieser Zeit, begnügte sich mit einem Fotoalbum, der die Lebewesen der Tiefsee zeigte.

Natürlich gehörten auch deutsche Schokolade und Haribo, sowie Spekulatius und weihnachtlicher Stollen dazu. Ein Stück Früchtebrot aus Salzburg gehörte auch zu unserem Mitbringsel. Leider war der Geschmack meinen Kindern sehr fremd und sie verzogen

ihr Gesicht, so wie ich es getan hatte, als ich das erste Mal „Sippi",
die heiß geliebten Lammrippen, in Tonga gegessen hatte.

Taumaia zog sich in eine Ecke zurück und durchblätterte das neue
Buch. Marian, gut in der Schule, begann direkt mit der Fragerei
über den Südpol.
Der Südpol ist ja eigentlich unser Nachbar, zwar sehr viele Kilo-
meter entfernt von uns, doch er schickt uns als Geschenk jährlich
die Walfische, welche hier in Tonga zuhauf zu finden sind und
nicht nur das Herz der Touristen höher schlagen lassen. Meine
Frau, Solaite A'Nova, war tief ins Gespräch mit Marian vertieft. Sie
hatte auf dieser Reise erstmals bewusst etwas von Umweltschäden,
Gletscherschmelze und Klimawandel gehört.
Sie versuchte nun, gemischt mit alten Schulkenntnissen, ihrer
Tochter das Gesehene zu erklären und ihr Interesse zu wecken.

Ich hatte direkt am beginnenden Abend ein Gefühl, dass die Mit-
ternachtsmesse an diesem Weihnachtstag für uns ausfallen würde.
Während Nova ein kleines tonganisches Festmahl auftrug und wir
alle am Tisch begierig auf den Beginn des Schmauses warteten,
holte ich mir Marians Buch über den Südpol und anstatt Weih-
nachtsgeschichte gab es heute Geschichtsunterricht über den Südpol.

Nachdem Taumaia das Tischgebet vorgetragen hatte, fielen wir
erst einmal über die lang entbehrten tonganischen Spezialitäten her
und langten kräftig zu. Mit einem Glas Rotwein wurde die Stimme
geölt und wir unterhielten uns über Roald Amundsen und Robert
Falcon Scott.

Die Südpolexpeditionen von Scott und Amundsen gehören wohl
zu den dramatischsten Expeditionen, die es je gab. Der Wettlauf
zwischen dem erfahrenden Norweger Roald Engelbrecht Gravning
Amundsen, geboren am 16.07.1872, verschollen seit dem
18.06.1928 und dem recht unerfahrenen impulsiven Briten Cpt.

Robert Falcon Scott, geboren am 06.06.1868, gestorben Ende März 1912, ähnelte in sportlicher wie auch politischer Hinsicht einem eisernen Kampf.

Erstens war der geografische Südpol noch nicht erreicht worden. Nur ein Engländer namens Iren Ernest Shackelton näherte sich 1908 dem Südpol auf 155 km, musste aber wegen Nahrungsmangel und dem einbrechenden arktischen Winter aufgeben.

Andererseits hat sich Norwegen kurz vor der Expedition als unabhängig erklärt, und so wäre eine Erstbegehung des Südpols ein großer Beitrag zum neu erworbenen Nationalstolz.

Wie schon gesagt, war Amundsen ein sehr erfahrener Abenteurer, 1906 entdeckte er als Erster die Nordwestpassage. Im 16. Jahrhundert suchten die Seemächte fieberhaft nach einem kurzen Seeweg zum Orient, um sich lange und ertragsarme Karawanen zu ersparen. Die dramatische Expedition von Cpt. Sir John Franklin im Jahre 1845 war jedem Polarforscher als abschreckendes Beispiel bekannt.

Der sehr vaterlandstreue Admiral der britischen Flotte plante die Nordwestpassage zu entdecken, dafür ließ er sich ein Bombardierschiff namens Erebus, speziell für seine Zwecke umrüsten. Erebus ist ein Begriff aus der griechischen Mythologie und bedeutet so viel wie die Dunkelheit der Unterwelt. Das Schwesterschiff mit dem eindrucksvollem Namen Terror, das schon vorher bei einer Polarexpedition seine Tauglichkeit bewiesen hatte, nahm er als Zweitschiff mit. In die Erebus ließ er sogar eine 15 Tonnen schwere Lokomotive als zusätzlichen Motor einbauen, und er nahm Nahrung für drei Jahre mit. Er brach am 19. Mai. 1845 auf.

Als Franklin 1847 nicht zurückkehrte, beschloss das britische Empire drei Rettungsexpeditionen loszuschicken, die zuerst keinen Erfolg verbuchten. Im Jahre 1848 fanden die Suchmannschaften die ersten Toten, Franklin hatte anscheinend seinen Leuten befohlen zu versuchen, sich bis zum Land durchzuschlagen, ohne Erfolg.

Amundsen war der Erste, der diese Passage fand, schon damals wurde er bejubelt. Auf einer seiner späteren Expeditionen, auf der er den magnetischen Nordpol erforschte, traf er das erste Mal auf seinen künftigen Erzrivalen Captain Robert Falcon Scott. Die beiden betrieben gezwungenermaßen ein Laboratorium gemeinsam, um den magnetischen Nordpol zu erforschen. Das Haus, in dem diese Forschungen betrieben wurden, durfte nur aus nichtmagnetischen Materialien bestehen.

Zwei solcher Häuser wären sehr teuer gewesen und der Transport wäre extrem schwierig, also arbeiteten sie zusammen, jedoch ohne sich gegenseitig zu helfen. Während seiner Nordwestpassagenexpedition fotografierte er sehr viel, denn nach der Expedition hatte er vor, durch die Universitäten zu ziehen und seine Fotos vorzuführen. Auf diese Weise finanzierte er seine neuen Expeditionen zu einem kleinen Teil.

Sein nächstes Ziel war der geografische Nordpol. Da er ja schon den magnetischen Nordpol erforscht hatte, dachte er, es wäre nicht schwierig, auch den geografischen Nordpol zu erreichen, also schmiedete er Pläne, besorgte Gelder und Ausrüstung, verhandelte mit den zuständigen Regierungen und lieh sich ein speziell gefertigtes Schiff. Die Fram, so hieß das Schiff, war stabil gebaut und sehr gut dafür geeignet im Packeis eingeschlossen zu treiben.

Die Fram wurde schon erfolgreich von dem ebenfalls berühmten Norweger Friedrich Nansen bei einer Polarexpedition benutzt. Amundsen hatte vor, sich im Packeis, nahe des Nordpoles einfrieren zu lassen und mit dem Packeis mitzutreiben. Dies würde eine lange und sehr gefährliche Reise durch die Treibeisfelder ersparen.

Als er fast mit der Planung fertig war, behaupteten die beiden englischen Abenteurer, Peary und Cook, in der ersten Septemberwoche 1909 am Nordpol gewesen zu sein. Bis heute ist es sehr umstritten, ob die beiden den Nordpol wirklich erreicht hatten. Doch das britische Empire erklärte stolz und ohne Prüfung der Beweise, Engländer hätten den Nordpol heldenmütig erobert. Diese Nachricht zerstörte natürlich seine Pläne und die ersten Geldgeber wollten schon abspringen, da schmiedete er einen bis zuletzt geheimen Plan für eine Südpolexpedition.

Er versuchte, die meisten Geldgeber ohne Nennung des Zieles von seinem baldigen glorreichen Erfolg zu überzeugen. Doch einige sprangen trotzdem ab und so musste er sich jede einzelne Krone von der Regierung erbetteln.

Er stellte ein Team der besten Abenteurer zusammen, größtenteils kannte er die Leute noch von der Nordwestpassagenexpedition. Darunter der Halbeskimo Helmer Hanssen, Sverre Hassel und Olav Bjaaland, ein populärer dänischer Skilangläufer. Um Geld von der Regierung zu bekommen, musste er einen Unteroffizier der norwegischen Marine mitnehmen, Oscar Wisting war sein Name und nach einiger Zeit wurde er zu einem gleichberechtigten Mitglied der Expedition. Die Entscheidung, welches Fortbewegungsmittel er benutzen würde, viel ihm nicht leicht, doch nach den einschlägigen Erfahrungen der Nordwestpassagenexpedition zu urteilen, waren Huskies am geeignetsten.

Scotts Entscheidung, Ponys zu benutzen, wird sich noch als sein gravierendster Fehler erweisen, also kaufte Amundsen 100 Huskies aus Grönland. Am 9.August 1910 stach er von Oslo, damals noch **Christiania**, in einer Nacht und Nebelaktion in See, und nahm Kurs, Richtung **„Kap der Guten Hoffnung"**.

Erst als sie auf hoher See waren, verriet er der 19 Mann starken Mannschaft, wo er hin wollte, nicht einmal der Kapitän kannte das genaue Ziel. Amundsen stand unter starkem Zeitdruck, eigentlich hatte er vor, während der langen Zeit des Driftens, im Nordpolarmeer alle Vorbereitungen zu treffen, doch bei der Südpolexpedition war eine solches Unternehmen nicht notwendig. Die Fram manövrierte sich durch den im Sommer recht sicheren Eisberggürtel um den Südpol und ließ sich letztendlich in der Bay of Whales absetzen.

Mit drei Schlitten transportierten die 5 Männer insgesamt 3 Tonnen Gepäck zum provisorischen Lager an der Schelfeisbarriere mit dem Namen „Framheim". Die Fram verließ den Eisgürtel wieder, da der unerbittliche Arktische Winter eintraf. Er hatte sich eine noch nicht erforschte Route ausgesucht. Shackelton startete seine Expedition am Mc Murdo Sund, Scott wählte die gleiche Route, aber Amundsen entschied sich für eine etwas andere Route.

Am 10. Februar 1911 begann er den ersten von drei Märschen, auf denen er Vorratslager errichtete. Am 80°, 81° und 82° Breitengrad errichtete er kleine Depots, in denen er Nahrung, Lampen und Kocheröl, Ersatzteile für den Schlitten, medizinische Vorräte, wie Medikamente, Desinfektionsmittel, Amputationsbesteck für Erfrierungen etc., und spezielle Kleidung, die Amundsen nach dem Vorbild von Eskimoanzügen anfertigen ließ, unterbrachte.

Diese Anzüge hatten einen großen Vorteil, sie waren „nur" 9 kg schwer waren aber trotzdem für Temperaturen bis -40 C° geeignet, und wenn diese Anzüge einmal nass wurden, so trockneten sie binnen Stunden. Die Anzüge, die Scott benutzte, waren fast doppelt so schwer, nicht so kältebeständig und trockneten extrem langsam. Am 20. April 1911 war Amundsen mit den Vorbereitungen fertig.

Erst jetzt hatte Scott das Basislager am Mc Murdo Sund fertiggestellt. Zwar waren Scott und Amundsen zeitgleich aufgebrochen, aber Scott blieb im Schelfeis stecken und verlor so viel Zeit. Am 8.

September brach Amundsen zum Südpol auf, doch am 16. September mussten sie wegen Temperaturen um -50 Grad Celsius zurückkehren. Am 20. Oktober startete Amundsen einen erneuten Versuch mit 54 Hunden. Die anderen hatte er für den Notfall im Basislager gelassen.

Am 1. November erreichte Amundsen das Vorratslager am 81°-Breitengrad. Zur gleichen Zeit brach Scotts Expedition vom Mc Murdo Sund auf, verirrte sich aber im Nebel und zwei der Expeditionsmitglieder konnten sich gerade noch aus einer Gletscherspalte retten. Amundsen lag jetzt genau 300 km vor Scott und entdeckte einen sehr steilen Gletscher, den er nur sehr schwer erklimmen konnte. Diesen Gletscher nannte er Axel-Heilberg Gletscher, Axel Heilberg war einer seiner privaten Geldgeber und um ihn auch für zukünftige Projekte zu gewinnen, gab er, diesem nicht gerade kleinen Gletscher, diesen Namen.

Der Axel-Heilberg Gletscher ist nicht nur steil, sondern er ist auch sehr gefährlich. Durch die starke Neigung des Gletschers entstehen viel Gletscherspalten und am Fuß des Gletschers türmten sich zehn Meter hohe Eisblöcke unter enormen Druck, zusammen. Er hatte keine Zeit einen Umweg zu suchen, eine solcher Umschweif hätte seinen sehr exakten Zeitplan durcheinandergebracht und die Expedition könnte nicht mehr vor der nächsten monatelangen Polarnacht zurückkehren.

Außerdem hatte er nur noch 42 Hunde und so verringerte sich die Geschwindigkeit noch einmal. Also trieb er seine Männer und seine Hunde bis zur Erschöpfung, um den Zeitplan einzuhalten. Schließlich erreichten sie erschöpft das Hochplateau. Kein Berg, kein Gletscher trennte sie noch vom Südpol. Im Tagebuch schreibt er an mehreren Stellen sogar, dass er schon fast enttäuscht war. Teilweise kam es ihm nur wie ein Skilanglauf vor.

Doch durch die anstrengende Bergbezwingung waren einige der Hunde extrem erschöpft und konnten kaum noch laufen. Das war kein Wunder, denn in vier Tagen schafften die Hunde eine Strecke von über 70 km und einen Höhenunterschied von fast 3.000 Metern. Um den Tieren das langsame Erfrieren zu ersparen, töteten sie 24 der schwächsten. Diesen Platz, der 85°26' südlicher Breite liegt, nannte er Metzgerei. Ihm fiel es sehr schwer, diese tapferen Tiere zu töten, mit denen er sich auf der langen Schifffahrt angefreundet hatte.

Die nächsten zehn Tage war das Wetter sehr schlecht, Schneestürme und dichter Nebel ließ die Sichtweite zeitweise auf bis zu 3 Meter fallen und dies in einer unendlich großen weißen Wüste, auf der man kein Orientierungsmerkmal hat. Am 4. Dezember erreichten sie den 87° Breitengrad und das Wetter klarte langsam aber sicher auf. Die nächsten Tage war das Wetter sehr gut und die Skibedingungen waren geradezu ideal, es lag Pulverschnee auf frischem Harsch.

Ohne es zu merken, erreichte Amundsen den Südpol und schlug ein Lager auf. Er hatte leider keine Zeit mehr, seine Position zu bestimmen. Am nächsten Morgen rechnete Amundsen aus, wie weit er am vorigen Tage gekommen war, und er konnte es kaum glauben, er hatte den Südpol erreicht. Später am Mittag konnte er seine Berechnungen mit dem Sechstanten bestätigen.

Amundsen erreichte den Südpol am 15. Dezember 1911. In seinem Tagebuch schrieb er, dass es der 16. gewesen sei, doch ohne es zu bemerken, hatte er schon vor Monaten die internationale Datumsgrenze überschritten und so einen Tag „gewonnen". Also stellte er die norwegische Fahne auf, hinterließ eine Bronzetafel, auf der sein Name und das Datum des Tages, an dem sie den Südpol erreichten, eingraviert wurde, und baute eine Schneepyramide. Weiterhin schrieb er einen persönlichen Brief an Scott und hinterließ diesen am Südpol.

Nun machte man sich auf den Rückweg, mit mehr als genug Nahrung und einem Glücksgefühl im Bauch. Der Rückweg war nach Amundsens Tagebucheintragungen ein fideler Skilanglauf. Der Abstieg am so unbezwingbar scheinenden Axel-Heilberg Gletscher entwickelte sich zu einer amüsanten und rasanten Abfahrt, die innerhalb von einigen Stunden beendet war.

Jedoch nur einige Hundert Kilometer entfernt spielte sich ein Drama ab, das bis heute seines Gleichen sucht. Schon auf der Hälfte des Weges waren Scott und seine Expeditionsmitglieder stark erschöpft und zeigten schon Anzeichen von Skorbut. Am 9. Dezember 1911 waren alle Ponys tot und die Motorschlitten wurden schon nach den ersten Kilometern aufgegeben. Das Wetter verschlechterte sich zunehmend. Die Nahrung war schon fast aufgebraucht, aber Scott entschied sich dessen ungeachtet bis zum Südpol vorzudringen.

Am 17.1.1912 erreichte er total erschöpft den Südpol und sah die norwegische Fahne prangern. Ihnen blieb nichts anderes übrig, als die Junion Jack zu hissen. Sie verbrachten eine Nacht am Pol, ohne ein Wort untereinander zu wechseln, aber in sein Tagebuch schreibt Scott mit zittriger Hand:

„Großer Gott! Dies ist ein fürchterlicher Platz. Der Gedanke, Erster zu sein trieb uns an, weckte unsere letzten Lebensgeister, brachte uns Hoffnung. Nun geht es heimzu und zu einem verzweifelten Kampf. Ich zweifle, ob wir es schaffen können."

Der Rückweg artete in eine Folter aus. Schon nach einigen Tagen verschlimmerte sich der Skorbut und auch schwere Erfrierungen kündigten sich an. Am 25.Januar war das nächste Depot nur noch 143 km entfernt, aber Oates, eines der Expeditionsmitglieder erlitt extrem schwere Erfrierungen am Fuß, die nicht behandelt werden konnten, Wilson zeigte deutliche Anzeichen von starker Schneeblindheit und Evan hatte Erfrierungen an der Nase und an den Fingern.

Als sie den Beardmore Gletscher hinabstiegen, stürzte Edgar Evans zweimal und zog sich schwere Schädelverletzungen zu, infolgedessen war er stark geistesgestört und Scott schrieb in seinem Tagebuch, dass in seinen Augen kein Mensch zu sehen war, sondern ein wildes Tier. In der Nacht vom 17. auf den 18.Februar fiel Evans in eine tiefe Bewusstlosigkeit und starb am Morgen. Am 18. März war auch Oates so erschöpft, dass er seine Kollegen bat, ihn zurückzulassen, da er sie nur behindern würde. Natürlich lehnten sie ab.

In der Nacht vom 15. auf den 16. März überzeugte er seine Kollegen, dass er nur für fünf Minuten rausmüsse, seitdem ist er verschwunden, wahrscheinlich wollte er seinen Freunden eine Chance zum Überleben geben und opferte sich. Am 21.März ging der lebenswichtige Brennspiritus zur Neige, dann kam auch noch ein Schneesturm auf und so flüchteten die Männer in das Zelt. Das nächste Vorratsdepot war nur 18 km entfernt, aber das Wetter war gnadenlos. Trotz der unmöglichen Bedingungen schrieb er bis zum letzten Moment in sein Tagebuch.

Seine letzte Tagebucheintragung ohne Datum lautete:

„Jeden Tag waren wir bereit, nach unserem elf Meilen entfernten Depot aufzubrechen, aber da draußen vor unserem Zelt ist die Landschaft ein einziges wirbelndes Schneegestöber. Wir haben die Hoffnung auf Besserung aufgegeben. Wir werden es bis zum Ende ertragen, aber natürlich werden wir jeden Tag schwächer, und unser Tod kann nicht mehr sehr weit sein. Es ist ein Jammer, aber ich glaube kaum, dass ich nicht weiter schreiben kann. R. Scott

Um Gottes willen, sorgt für unsere Hinterbliebenen!"

Die Terra Nova, sein Schiff, wartete vergeblich auf Scott. Acht Monate später fand eine Rettungsmannschaft die Toten. Wilson und Bauers lagen in ihren Schlafsäcken, sie waren erfroren. Scott hatte den Schlafsack geöffnet und seinen Arm um seinen besten Freund Wilson gelegt. Außerdem fanden die Suchmannschaften 18 Kilogramm gesammeltes Gestein, das für geologische Untersuchungen in England gedacht war. Trotz der absoluten Erschöpfung hatten die Männer diese Steine auf ihrer gesamten Reise mitgenommen. Einige dieser Steine wurden auf den Gräbern der Verstorbenen in England gelegt, um den eisernen Willen, den diese tapferen Männer bis zuletzt hatten, zu demonstrieren.

Amundsen erreichte am 30. Januar 1912 die Fram und segelte unbeschadet nach Norwegen, wo er am 7.März 1912 gebührend empfangen wurde. Erst hier erfuhr er, dass Scott vermisst wurde. Als ihm einige Monate später von Scotts Tod berichtet wurde, traf sich die gesamte Südpolexpedition, um bei seiner Beerdigung anwesend zu sein.

Amundsen bekam wegen seiner Verdienste den Ehrenprofessortitel und zog noch jahrelang durch Universitäten, um den Studenten einen Einblick in seine Expeditionen zu geben. Schließlich ging er in den Ruhestand, wurde aber 1928 wieder zurückgerufen, denn ein guter Freund war mit seinem Zeppelin **Italia** über dem Nordpol verschollen. Er begleitete den Zeppelin Latham 47 zu einer Eisscholle, auf der Nobile sein italienischer Freund gestrandet war. Kurz, nachdem der Zeppelin gestartet war, beobachtete ein Fischer Folgendes:

„Das Schiff flog über mich hinweg, als am Horizont eine Nebelwand auftauchte. Dann stieg die Maschine wieder höher, vermutlich um über den Nebel zu kommen, doch mir kam es so vor, als ob sie danach zu schwanken anfing und dann flog sie in den Nebel und verschwand vor meinen Augen."

Monate später fand man einige Trümmer, die wohl als Rettungs-floß benutzt worden waren. Es gab keine Spur von Amundsen oder eines anderen Passagiers. Kurz danach wurde er für tot er-klärt. Seine Leiche wurde nie gefunden. Kurz vor seinem Abflug interviewte ihn ein Reporter:

„Ach, wenn sie wüssten, wie herrlich es da oben ist, da möchte ich wohl sterben. Und ich wünsche nur, dass ich bei der Erfüllung einer großen Mission sterbe, schnell und ohne langes Leiden."

1936 wurde die Fram in ein Museum nach Oslo gebracht. Wilson, eines der Expeditionsmitglieder, bat darum, eine Nacht in der Fram zu schlafen und die Bitte wurde ihm auch gewährt. Am nächsten Morgen wurde er tot aufgefunden! Die beiden Anderen, Hanssen und Bjaaland, lebten noch lange und starben schließlich im Greisenalter an Altersschwäche.

Ein Engländer, namens Byrd, leitete Jahre später eine Expedition zum Südpol, als sie ihn erreichten, schrieb er in sein Tagebuch:

„Ein Schauder erfasste uns alle, als wir da standen, wo Amundsen einst gestanden hatte, und die Schneepyramide völlig unversehrt fanden, die er achtzehn Jahre vorher errich-tet hatte. Wir mussten einfach mit entblößtem Haupt Hal-tung annehmen, in Bewunderung und Hochachtung vor diesem ungewöhnlichen Menschen."

Bei meinem zweiten Besuch in Norwegens Hauptstadt Oslo besah ich mir im neuen Fram Museum das vollständig restaurierte Polar-schiff. Eine Meisterleistung der Schiffsbaukunst aus Holz. Unter welchen Umständen die Entdecker auf dem Schiff lebten, welche Leistung aber auch dieses Schiff erbracht hatte.

Ein Stück Entdeckungsgeist und Begeisterung für die beiden Seefahrer erfassten mich.

In Auckland, Neuseeland besah ich mir mehrmals die neu aufgebaute und originalgetreu nachgebaute Basisstation von Scott in Kellys Tarltons Unterwasserwelt und Antarctic Center. Ein besonderes Erlebnis für meinen Sohn Christopher.

Nun versuchte ich, meiner Familie einiges mehr über die Antarktis zu erklären.

Der Kontinent am Südpol ist eine Welt in Weiss, ein extremer Lebensraum mit einer einzigartigen Pflanzen- und Tierwelt. Die Antarktis gehört zu den größten Naturregionen unserer Erde, aber die Eismassen dort zeigen Anzeichen von Schmelz- und Auflösungsprozessen. Auch das „Ende der Welt" droht dem Klimawandel zum Opfer zu fallen.

Schnelles Handeln ist nötig. Die Antarktis ist eine Region der Extreme. Hier gibt es den mit minus 89 Grad Celsius kältesten Ort und die mit über 300 Stundenkilometern stärksten Stürme weltweit.

Für den Menschen sind die Bedingungen besonders schwierig. Um von Punta Arenas in Chile/Südamerika bis zur Antarktischen Halbinsel zu gelangen, muss ein Schiff etwa 1.000 Kilometer weit den Antarktischen Zirkumpolarstrom durchqueren. Er wird auch Ringströmung genannt, ein ständig stürmisches Gebiet, welches die gesamte Antarktis umgibt.

In der Region angekommen, trifft man auf gigantische Tafeleisberge, die von den Schelfeisgebieten an den Küsten kalben. Diese werden wiederum von Gletschern und riesigen, bis zu 800 Kilometer langen Eisströmen aus dem Inland gespeist. Der antarktische Eisschild ruht auf einer kontinentalen Landmasse und bestimmt die klimatischen Verhältnisse über der Antarktis und dem umgebenden Ozean. Durch das kalte Klima kommt es nur zu geringen Schmelzvorgängen an der Eisoberfläche.

Eis geht primär durch das Kalben von Tafeleisbergen an der Schelfeisgrenze ins Meer verloren, das durch Eisströme aus dem Inland angetrieben wird sowie durch das Abschmelzen von Schelfeis an der Unterseite durch das Meerwasser. Neuere Beobachtungen zeigen, dass sich die Geschwindigkeit der Eisströme beschleunigen kann. Die Gründe dafür sind nicht geklärt.

Die Eismassen der Antarktis machen 85,7 Prozent des gesamten Süßwassers auf diesem Planeten aus. Sie sind in der Ostantarktis rund 30 Millionen Jahre alt, bis nahezu 4.800 Meter mächtig und haben etwa das zehnfache Volumen des Eisschildes von Grönland. Der westantarktische Eisschild ruht zu einem großen Teil auf Felsuntergrund unter dem Meeresspiegel und ist von großen Schelfeisgebieten umgeben. Eine Sonderstellung in der Westantarktis nimmt die klimatisch gemäßigtere Antarktische Halbinsel ein, die bis 62,5 Grad S nach Norden reicht.

In der Antarktis schien der Klimawandel nur verzögert stattzufinden. Tatsächlich aber erwärmt sich die Antarktische Halbinsel zunehmend, bisher um 3,7 ± 1,6 Grad Celsius pro Jahrhundert, was erheblich höher liegt als das globale Mittel von 0,6 ± 0,2 Grad Celsius pro Jahrhundert. Mittlerweile ziehen sich acht von zwölf Schelfeisen zurück oder verschwinden und bisher weisen, beobachtet seit 1940, 87 Prozent der Gletscher Rückzugsvorgänge auf.

Auch weiter südlich gelegene Gebiete der Westantarktis erwärmen sich: Zwischen 1957 und 2006 betrug die Zunahme 0,17 ± 0,06 Grad pro Jahrzehnt, bis heute also insgesamt etwa 0,8 Grad. Sogar in der weit größeren und damit nur sehr langsam reagierenden Ostantarktis gibt es in diesem Zeitraum einen Trend von ca. 0,1 Grad pro Jahrzehnt.

In den vergangenen fünf Jahren wurden unter dem Eis der West- wie auch der Ostantarktis große Wassersysteme entdeckt, deren Wasser nicht von der Oberfläche stammt. Es entsteht durch geothermische Prozesse, wie z. B. Vulkanismus, unter dem Eis. Dieses Wasser übt einen Schmiereffekt auf die Eisströme aus. Wasser unter dem Eis spielt also beim Fließen des Eises eine wichtige Rolle. Die Klärung, woher es genau kommt, wodurch es wo und wie entsteht und wie es die Bewegung des Eises beeinflusst, würde eine Vorhersage des Meeresspiegelanstiegs verbessern.

In der Südpolarregion brechen seit den 1980er Jahren riesengroße Eisplatten auseinander. An der Antarktischen Halbinsel können wir das am Wilkins-Schelfeis aktuell mitverfolgen, mittels Satellitenbildern der europäischen Raumfahrtbehörde (ESA). Die Klimaerwärmung lässt dieses Schelfeis an der Küste zerbrechen, wo wärmeres Meerwasser die Schelfeis-Unterseite schneller und ungleichmäßig abschmilzt. Dadurch entstehen Spannungen, die zu kilometerlangen Rissen führen, an denen später große Eisflächen abbrechen.

Die Erwärmung der Atmosphäre beeinflusst aber auch die mechanischen Eigenschaften des Eises, wodurch das Wilkins-Schelfeis vermutlich brüchiger wurde. Da die Schelfeise von oben durch die Atmosphäre und von unten durch den Ozean erwärmt werden, sind sie vom Klimawandel stärker betroffen als andere Eismassen. Brechen Schelfeise weg, so fließen die dahinter auf dem Festland liegenden Gletschereismassen schneller ab. Dies wurde in Messungen an Gletschern im Hinterland des Larsen-B-Schelfeises tatsächlich nachgewiesen.

Dort war 2002 nahezu die gesamte Schelfeisfläche in nur wenigen Tagen auseinandergebrochen. Im Vorfeld zeigten sich seit 1987 im Larsen-B-Schelfeis große Risse, 1990 kamen ausgedehnte Schmelzseen auf der Oberfläche dazu. Ende 2001 wurde an vielen Stellen auf dem Larsen-B-Schelfeis Wasser beobachtet, welches im Februar 2002 plötzlich wieder verschwand, die Schmelzseen waren in die Spalten geflossen.

Das Gewicht des Wassers ließ die Spalten immer tiefer werden, bis das Schelfeis in einzelne Stücke zertrennt war. Als Folge brach ein rund 3.400 Quadratkilometer großes Gebiet ab und zersplitterte in unzählige, unterschiedlich große Eisberge. Da Schelfeise auf der Meeresoberfläche schwimmen, trägt ihr Verlust keinen Millimeter zum Anstieg des Meeresspiegels bei. Aber es bleibt die Frage, warum das Eis so plötzlich schwindet.

Seit 1993 steigt der Meeresspiegel weltweit im Durchschnitt um 3,1 ± 0,7 Millimeter im Jahr, eine deutliche Zunahme gegenüber den vorangegangenen Jahrzehnten. Zwischen 1961 und 1993 war die jährliche Zunahme um ca. 40 Prozent geringer. Das durch die Erwärmung weltweit schmelzende Eis trägt dazu 1,8 ± 0,5 mm/Jahr bei. An diesen 1,8 mm/Jahr haben die Eisverluste des Antarktischen Eisschildes derzeit einen Anteil von rund 16 Prozent.

Auch weiter im Inland der Antarktis dünnt das Eis mittlerweile aus: Seit einigen Jahren vermessen Satelliten kontinuierlich die Oberflächenhöhe und das Gewicht des Eispanzers. Die Daten zeigen, dass sich die Oberfläche des antarktischen Eises absenkt und dass das Eis auch an Masse verliert. In der Westantarktis senkte sich die Oberfläche der großen Auslassgletscher zwischen 2003 und 2007 um bis zu 9 Meter pro Jahr ab.

Zwischen 2002 und 2008 hat sich der antarktische Eisschild pro Jahr um 109 (± 48) Gigatonnen verringert. Eine Gigatonne entspricht einer Milliarde Tonnen bzw. der Masse von einem Kubikkilometer Wasser. 109 Gigatonnen entsprechen demnach ungefähr zweimal dem Bodensee. Am meisten Eis verschwindet dabei in der Westantarktis. Der Region, die ohnehin als Kipppunkt des Klimasystems gilt. Bei einem völligen Kollaps des westantarktischen Festlandeises würde der globale Meeresspiegel um ca. 3,3 Meter steigen, inklusive der Antarktischen Halbinsel wären es sogar bis zu 4,8 Meter.

„Lang betrachtete ich den Himmel. Ich kam zu dem Schluss, dass solche Herrlichkeit auf weit entfernte und gefährliche Regionen beschränkt sein muss. Die Natur hat gute Gründe, denjenigen, die das Schicksal bestimmt hat, dieses mit eigenen Augen zu sehen, große Opfer abzuverlangen", schrieb Admiral E. Byrd-Alone 1938 beim Anblick der Küste des antarktischen Kontinents. Entdeckern und Eroberern hat es die Antarktis nie leicht gemacht, sich ihr zu nähern oder dort zu überleben. Und sie tat gut daran. Die letzten Jahrhunderte hat es immer wieder Seefahrer, Jäger, Forscher und Wissenschaftler an die Schelfküste gezogen, die die Antarktis für ihre Zwecke nutzen wollten und dabei der überaus verletzlichen Natur Schaden zugefügt.

Die Antarktis ist ein Kontinent der Extreme. Auf dem Festland türmen sich die Eismassen bis 2.300 Meter hoch, in denen zwei Drittel der Süßwasservorräte der Erde gebunden sind. Im antarktischen Winter, von Dezember bis März, bilden sich Packeisflächen und Seen voller Eisschollen. Die inselgroßen Tafeleisberge kalben riesige Gletscher, die mit Getöse ins Meer stürzen und sich dann in Silber-, Grün- und Blautönen schimmernd und oft zu bizarren Türmen und Spitzen geformt auf den Weg nach Norden machen.

Es ist sehr trocken dort. Im Jahresdurchschnitt fällt gerade einmal 50 Millimeter Niederschlag, soviel wie in der Sahara. Und es ist extrem kalt. An der russischen Antarktisstation Wostok, schon Hunderte von Kilometern im Inneren des Kontinents, wurde der Kälterekord von fast minus 90 Grad gemessen. Es ist extrem windig. Windgeschwindigkeiten von 300 Kilometern in der Stunde sind keine Seltenheit.

Erst 1911 stand der Norweger **Roald Amundsen** als erster Mensch am geografischen Südpol. Dort herrscht im Winter, vom 21. März bis 23. September, die **ewige Nacht** und im Sommer, vom 23. September bis 21. März, bleibt es **weitestgehend hell.**

Die Antarktis umfasst den Kontinent Antarktika, mit 14 Millionen Quadratkilometer, größer als die USA und Mexiko zusammen, sowie das Südpolarmeer mit einigen Inseln. Nähert man sich der Antarktis per Schiff, so ist der Temperaturwechsel deutlich zu spüren. Dort, wo zwischen 50. und 60. Breitengrad das kalte Polarwasser unter das warme nördliche Wasser sinkt, befindet sich die biologische Grenze zur Antarktis, die sogenannte „Antarktische Konvergenz". Von hier wird nährstoffreiches Wasser bis in Äquatornähe transportiert, eine wichtige Grundlage für das reiche Leben in tropischen Gefilden.

Wegen der rauen Lebensbedingungen bieten die eisigen Meere rund um den Pol eine relativ geringe Artenvielfalt mit einer großen Zahl von Individuen. Umgekehrt z. B. zum tropischen Regenwald, wo unzählige Arten vorkommen, die einzelne Art häufig aber nur mit ganz kleiner, lokaler Verbreitung. Viele der höher entwickelten Tiere leben vom Krill, einer etwa sieben Zentimeter langen Garnelenart. Der Krill ist ein zentraler Baustein im Nahrungsnetz der Antarktis, ohne den viele andere keine Überlebenschance hätten. Milliarden Krilltiere bilden bei Tageslicht rote Flecken und grün funkelnde Seen bei Nacht.

In der Antarktis leben sieben Pinguinarten. Diese flugunfähigen Vögel sind im Meer in ihrem Element und fliegen mit einer Geschwindigkeit von bis 25 Kilometer pro Stunde durch das Wasser, wenn sie nach Krill und Fisch jagen. Es gibt sechs Robbenarten, einschließlich des bis zu vier Tonnen schweren See-Elefanten. Neben den Pinguinen sind andere Seevögel, die meisten Robben, aber auch Wale und Fische auf den Krill angewiesen.

Im antarktischen Sommer, wenn die Sonne nicht untergeht, vermehren sich Algen und das Zooplankton relativ schnell. Sie sind der Anfang der Nahrungskette und damit wichtig für alle, die sich die Speckvorräte für den langen Winter anfressen müssen.

Was muss sich den ersten Robben- und Walfängern für ein Bild geboten haben, als sie im 18. und 19. Jahrhundert im Südpolarmeer am Ufer anlegten. Albatrosse und Sturmvögel umkreisten die Schiffe, Hunderttausende von Pelzrobben drängelten sich auf den Felsen, gänzlich ohne Menschenscheu, riesige Pinguin-Kolonien watschelten im Einheitsmarsch zur Jagd ins Meer, Blauwale und Schulen von Schwertwalen tauchten majestätisch zwischen den Eisbergen auf.

Doch wie so oft hatten die Menschen kaum ein Auge für die Schönheit der Natur, sondern sahen hauptsächlich ihren kurzfristigen Profit durch die Massenabschlachtungen von Robben, Walen und Pinguinen.

Joseph Hatch beschreibt 1919 diese Nutzung: Die Pinguine wurden wie Schafe eine Rampe heraufgetrieben, die am Ende über die offene Tür eines Dampfkochers führte. Mit einem Hieb und einem Fußtritt wurden die Tiere in den Kocher geschickt, das war das Letzte, was man von ihnen sah. Die Pinguine wurden gekocht, um ihr Körperfett zum Beispiel zu Lampenöl zu verarbeiten.

Heute lässt man Pinguine und Meeressäuger weitestgehend in Ruhe. Die Robben wurden südlich des 60. Breitengrades 1972 fast völlig unter Schutz gestellt, das Moratorium gegen die kommerzielle Waljagd trat 1986 in Kraft und seit 1994 ist das Meer um die Antarktis zusätzlich zum internationalen Walschutzgebiet erklärt worden.

Mit wachsendem Hunger der Industriegesellschaft nach Rohstoffen hatten es die reichen Länder seit den fünfziger Jahren auf die Bodenschätze der Antarktis abgesehen, auf Kohle, Öl, Gas, Platin und Gold. Doch ein industrieller Rohstoffabbau auf dem eisigen Kontinent oder in dessen Schelfgebieten hätte möglicherweise weitreichende Folgen für das ganze Ökosystem gehabt. Denn durch die Kälte sind alle Lebensfunktionen stark verlangsamt. Ein Fußabdruck im Moos ist auch nach 50 Jahren noch zu sehen, Chemieunfälle oder Ölverschmutzungen hätten vor Ort auf Jahrhunderte große Schäden verursachen können.

Selbst globale Auswirkungen wären zu befürchten. Eine verringerte Reflexion der Sonneneinstrahlung durch Staubverschmutzung auf der reinen Eisoberfläche hätte ein schnelleres Abschmelzen der riesigen Eismassen und somit zu einem Anstieg des Meeresspiegels führen können. Die groß angelegte, erfolgreiche Greenpeace-Kampagne „Weltpark Antarktis" von 1984 bis 1998 hat dazu geführt, dass die Antarktis nicht mehr als auszubeutendes Rohstofflager angesehen wird, **sondern als Region, die in ihrem fast unberührtem Zustand zu erhalten und zu schützen ist.**

Trotzdem ist der Schutz des Eiskontinents nicht gesichert. Die Ausmaße des Ozonlochs über der Antarktis nehmen immer noch zu. Obwohl die Ozon zerstörenden Fluorchlorkohlenwasserstoffe (FCKWs.) inzwischen weitgehend verboten sind, wird es noch einige Jahre dauern, bis die größte Ausdehnung des Ozonlochs erreicht ist. Wissenschaftler befürchten, dass der wesentliche Baustein des Nahrungsnetzes, das Meeresplankton einschließlich des Krills, durch die erhöhte UV-Strahlung Schaden nimmt.

Wale könnten regelrecht durch Sonnenbrand geschädigt werden. Auch untersuchen Wissenschaftler bereits, ob ein zurzeit beobachtetes schnelleres Abschmelzen der antarktischen Eiskappe durch den weltweiten Klimawandel hervorgerufen ist.

Die West-Antarktis scheint immer brüchiger zu werden. Eisberge von der Größe des Saarlandes oder größer sind im letzten antarktischen Sommer vom Küstensockel-Eis abgebrochen, sogar mitsamt Forschungsstationen. Der Verlust der Eismenge liegt heute in der Antarktis drei- bis fünfmal über dem jährlichen Zuwachs an Eis durch die wenigen Niederschläge. Hinzu kommt nun die Plünderung des Südpolarmeeres durch große Industriefangschiffe. Das Ende der kommerziellen Waljagd, seit 1986 weltweit gültig, wird von der japanischen Fangflotte einfach ignoriert.

Mitten im Walschutzgebiet südlich des 40. Breitengrades töten sie Minkewale angeblich für wissenschaftliche Zwecke. Bis zu 440 Minkewale fallen so jedes Jahr den illegalen Harpunen zum Opfer, deren Fleisch für ca. 50 Millionen US-Dollar auf dem japanischen Markt verkauft wird.

Aber auch Fischer plündern das antarktische Meer. Seit die Meere im Norden leergefischt sind, machen die hochmodernen Fisch-Fangflotten im Südpolarmeer Beute. Es besteht die Gefahr, dass sie eine Fischart nach der anderen ausrotten und dadurch auch einigen Walarten die Nahrungsgrundlage entziehen.

Wenn in den nächsten Jahren nichts geschieht, wird das Südpolarmeer regelrecht ausgeplündert. Noch gibt es offensichtlich nicht genügend Einsicht, dass diese Wilderei ein Verbrechen in einem der letzten Naturparadiese der Welt ist.

Das fordert Greenpeace:

- Japan muss sich an die Beschlüsse der IWC halten und den Walfang einstellen.
- Die Europäische Union und die Mitgliedsstaaten der Antarktischen Meeresschutz-Konvention (CCAMLR) müssen die Wilderei im Südpolarmeer unterbinden.
- Die EU-Staaten müssen die UN-Konvention zum Schutz wandernder Fischarten ratifizieren, damit sie in Kraft tritt 30 Staaten sind nur nötig.. Dann können Staaten auch

gegen illegale Fischer in internationalen Gewässern vorgehen.

- Weitere Walschutzgebiete müssen geschaffen werden, mit dem Ziel eines Weltparks für Wale, der die Meeressäuger in allen Meeren dieser Erde unter Schutz stellt.

Niemandsland ist die Antarktis eigentlich schon lange nicht mehr. Zwar hatte bis 1895 noch niemand den Marsch bis in das Innerste der Antarktis gewagt, doch die Hoffnung auf Reichtum und Gewinn war immer wieder die Motivation, sich dem Südpol zu nähern. So schrieb schon der britische Entdecker James Cook nach Rückkehr von einer Reise ins Südpolarmeer 1774/1775: kein Benefiz für die Schatulle Ihrer Majestät. Mit den technischen Möglichkeiten, die Unwirtlichkeit der Antarktis mit Kälterekorden von minus 90 Grad und Windgeschwindigkeiten bis zu 300 Kilometer pro Stunde zu meistern, stiegen die Begehrlichkeiten und Ansprüche an die verletzliche Natur und ihre Schätze.

Territorialansprüche wurden bereits zwischen 1908 und 1942 von sieben Staaten angemeldet. Trotzdem gelang für die Antarktis etwas weltweit Einmaliges. Der eisige Kontinent wurde als gemeinsames Erbe der Welt anerkannt. Doch in weiten Bereichen spielt der Benefiz für die Schatullen heute noch eine größere Rolle als der umfassende Schutz, der in einer Reihe von Verträgen festgelegt ist.

1959 unterzeichnen zwölf Nationen den Antarktisvertrag. Die wesentlichen Punkte sind die friedliche Nutzung der Antarktis und die Zurückstellung von nationalen Gebietsansprüchen, die Förderung internationaler Zusammenarbeit bei Wissenschaft und Forschung und das Verbot militärischer Aktivitäten wie Atomtests, aber auch der Lagerung von Atommüll.

Nach den Ölkrisen der Siebziger Jahre verhandelten die Antarktis-Vertragsstaaten 1982 zum ersten Mal offiziell über ein Regelwerk zur Ausbeutung von mineralischen Rohstoffen. Bei der Ausbeutung von Öl, Gas oder anderen mineralischen Rohstoffen wäre das empfindliche Ökosystem wahrscheinlich stark geschädigt worden. Deshalb beschloss Greenpeace ein Jahr später eine Kampagne zum Schutz der Antarktis unter dem Motto Weltpark Antarktis.

Schon 1982 waren Schäden um die wenigen Forschungsstationen am Südpol unübersehbar, was Greenpeace bei späteren Kontroll-Expeditionen immer wieder dokumentierte und öffentlich anprangerte. Um die Weltöffentlichkeit besser über die Entwicklungen in der Antarktis unterrichten zu können, unterhielt Greenpeace von 1986 bis 1991 eine eigene Überwinterungsstation, die World Park Base.

An der US-amerikanischen Station McMurdo, ganz in der Nähe von World Park Base, hatten die Amerikaner die Region in den sechziger Jahren mit einem Atomreaktor verstrahlt. An anderen Stationen wurden offen hochgiftige Abfälle verbrannt, Industrieschrott einfach liegen gelassen oder ganze Stationen komplett zurückgelassen. Bei einem Schiffsunglück bei der Antarktischen Halbinsel liefen 1989 etwa 190.000 Liter Öl ins Meer. An anderer Stelle versuchten die Franzosen, eine Landebahn durch eine Kaiser-Pinguin-Kolonie zu sprengen. Durch die Veröffentlichung dieser Skandale und durch Schutzmaßnahmen konnte Greenpeace politisch Einfluss nehmen.

Einer der größten Kampagnenerfolge wurde am 4. Oktober 1991 erreicht, als das Protokoll zum Antarktisvertrag, den Umweltschutz betreffend angenommen wurde, das sogenannte Madrider- oder Umweltschutz-Protokoll. Damit wird die industrielle Ausbeutung mineralischer Rohstoffe für die nächsten 50 Jahre verboten. Das Madrider Protokoll hat fünf Anhänge, in denen es u.a. um die Einrichtung von Schutzgebieten, das Verbot von Mülldeponien oder -verbrennung, und die Verhütung von Meeresverschmutzung geht. Erst im Januar 1998 ist das Madrider Protokoll in Kraft getreten. Bis dahin musste Greenpeace kontinuierlich einzelne Vertragsstaaten überzeugen, es zu ratifizieren, d.h. in der nationalen Gesetzgebung zu verankern.

Inzwischen hat der Antarktisvertrag 45 Mitgliedsstaaten, 27 davon mit Stimmrecht. Mit der Vertragserweiterung durch das Umwelt-Schutz-Protokoll wird die Antarktis nicht mehr als auszubeutendes Rohstofflager angesehen, sondern als Region, die in ihrem fast unberührten Zustand zu erhalten und zu schützen ist: Ein großer Erfolg der Greenpeace-Kampagne. Doch leider werden in diesen Verträgen nicht die Meeresbewohner erfasst – die Fische, Wale, Robben oder Seevögel des Südpolarmeers.

Wie wir feststellen können, wird nun die Antarktis nicht mehr als auszubeutendes Rohstofflager angesehen, sondern man möchte den fast unberührten Zustand erhalten. Nur an die Tierwelt hat man nicht gedacht. Wir müssen hinnehmen, dass weiterhin **riesige Eisberge von den antarktischen Gletschern abbrechen, der südpolare Eispanzer schrumpft immer weiter. Jetzt haben Wissenschaftler einen neuen möglichen Grund für den Schwund entdeckt: Stürme treiben warmes Tiefseewasser gegen die Küsten und beschleunigen so die Schmelze.**

Die Antarktis ist eine gefrorene Sintflut. Schmölze der 4.500 Meter hohe Eispanzer auf dem Südkontinent vollständig, stiege das Meer weltweit um 70 Meter. Sicher, solch eine Katastrophe befürchten Experten nicht; der Großteil der Gletscher scheint stabil. Allerdings mehren sich die Anzeichen, dass die Spitze der Antarktis, vor allem die westantarktische Halbinsel, zunehmend Eis verliert. Die meisten Gletscher dort werden kleiner.

Jetzt haben Geoforscher eine überraschende Ursache des Eisverlustes ausgemacht: **auffrischende Winde.**

Bislang ist es unmöglich, die Entwicklung des Antarktiseises vorherzusagen, zu komplex sind die Umweltbedingungen: Ob das Eis wächst oder taut, hängt nicht nur von Lufttemperatur und Schneefall ab. Die Gletscher reichen ins Meer, weshalb auch Meeresströmungen und Wellengang die Schmelze beschleunigen können. Großen Einfluss habe aber außerdem der Wind, berichtet nun die NASA. Die Glaziologen haben Bilder des Satelliten „Landsat" und andere Luftaufnahmen analysiert. Sie zeigten tiefe Lücken am Rand des ins Meer ragenden Eisschelfes der westantarktischen Halbinsel. Man fand heraus, dass die Klüfte entstanden, wenn der Wind stärker wurde. Es konnte ein direkter Zusammenhang zwischen Eisrückgang und Windstärke festgestellt werden.

Die Lücken im Eis lagen dort, wo das Wasser am wärmsten war. Freigesetzt wurden die milden Strömungen vom Wind. Denn vor der Antarktis drängt warmes Wasser an die Küste. Wenn nun Stürme kaltes Oberflächenwasser von der Küste wegtreiben, macht es Platz für milde Tiefenströmungen.

Luftfotos zeigten, dass ins Meer ragende Gletscherzungen 150 Meter kleiner waren, wenn sie mit warmem Wasser aus der Tiefe in Kontakt kamen. Ein Rätsel bleibe allerdings, dass nur 22 Prozent der Wärme im Wasser für Eisschmelze verbraucht worden seien. Wo die restliche Energie hin sei, konnte nicht geklärt werden. Möglicherweise sei Eis getaut, das nicht von Messungen erfasst wurde.

Der Wind werde jedenfalls mitentscheiden, ob das Eis der Westantarktis künftig verstärkt schmelze, folgert man. Die Entwicklung der Stürme in der Region ist allerdings unklar. Man gibt das Problem hiermit an die Klimamodellierer weiter. Computersimulationen sollen zeigen, ob der Wind über der Antarktis auffrischen werde.

Sollte der Wind zunehmen, könnten die Folgen gravierend sein. Denn in der Tiefe hat sich das Südpolarmeer vor der Westantarktis in den vergangenen 18 Jahren erschreckend erwärmt. Das haben Temperaturmessungen mit Sonden von Forschungsschiffen vor Palmer Island ergeben. Es handelte sich dort um „den stärksten Temperaturanstieg auf Erden", sagten die Forscher.

Wie schnell Antarktisgletscher schmelzen können, haben Glaziologen herausgefunden. Seit 1995 ein riesiger Eisbrocken von der Westantarktis abbrach – der „Larsen A"-Eisberg – kam die gesamte Eiszunge ins Rutschen; sie hat ihren Halt verloren.

Das hatten Satellitenfotos gezeigt. Immer mehr Eisschollen rutschen seither ins Meer. Mittlerweile ist die Region für knapp ein Drittel des gesamten Eisverlusts der Westantarktis verantwortlich, so die Glaziologen.

Wohin das Eis treibt, scheint nun auch geklärt. Forscher haben den Eisberg-Friedhof der Antarktis entdeckt. Vor der Südostspitze Südamerikas gingen viele Eisschollen ihrem Ende entgegen. Sie verenden vor Südgeorgien im Südatlantik.

Das Sterben der Eisberge hat „massive Folgen" für die dortige Meeresumwelt: Gigantische Mengen Süßwasser gelangten beim Tauen des Eises ins Meer. Zudem düngten Staub und Mineralien aus dem Eis den Ozean. So sorgt das Eis aus der Antarktis schließlich für eine üppige Algenblüte im Atlantik.

Sechstes Kapitel

Wir hatten uns so gut unterhalten, dass wir nicht merkten, dass es eigentlich nun Zeit für die Christmesse sei. Doch selbst meine Frau hatte rote Wangen bekommen und so wollten wir auch den zweiten Teil der Polargeschichte hören. Taumaia hatte schon wieder Hunger. Er kam mit einem großen Teller, gefüllt mit seinem geliebten Sippi, Yam und Lu-Pulu, aus der Küche und wollte endlich wissen, wer denn der erste Mensch am Nordpol war. Stolz legte er mir sein, als Weihnachtsgeschenk erhaltenes Buch über den Nordpol vor, und ich versuchte, eine Erklärung über den Nordpol zu finden.

Alle Längengradlinien kreuzen sich zweimal auf der Erde. Am Nordpol und am Südpol. Keine besonderen Zeichen, Monumente oder andere fassbare Naturphänomene definieren diese geografischen Extrempunkte. Nur die Tatsache, dass dort sechs Monate die Sonne am Himmel steht, und dann dem Tag die ebenfalls sechsmonatige Polarnacht folgt.

Außerdem liegt der Nordpol mitten im Meer, das Wasser hat dort eine Tiefe von über 4.000 Metern! Dennoch unternehmen Forscher, Abenteurer, Besessene und das Militär gigantische Anstrengungen, diese Punkte, die nur im menschlichen Geist existieren, zu erreichen.

Ich muss es vorwegnehmen, die wahre Antwort auf die Titelfrage wird für immer ein Geheimnis bleiben. **Cook**, **Peary** und **Byrd** haben ihre Wahrheiten mit ins Grab genommen. Die heutigen Fakten sprechen gegen die Amerikaner. Nachweisbar bleibt aber der Überflug des Nordpols 1926 von **Roald Amundsen, Umberto Nobile** und **Lincoln Ellsworth**.

Ein kurzer Seeweg nach Asien reizt vor allem wirtschaftlich, denn im Mittelalter lockt der Handel mit teuren Gewürzen. Ein Pfund

Safran ist im Mittelalter so viel wert wie ein Pferd, ein Pfund Ingwer wie ein Schaf, und Pfefferkörner werden in Gold aufgewogen. Eine Nordroute würde einen ungeheuren Vorteil gegenüber anderen Händlern bedeuten. Neben dem ungemein langen Seeweg um das Südkap Afrikas gibt es nur drei theoretisch mögliche Routen, die jedoch unbekannt sind. Der östliche Seeweg nördlich von Sibirien, der westliche Seeweg nördlich von Amerika und die Nordroute über den Pol.

In mehreren Expeditionen versuchen gegen Ende des 16. Jahrhunderts, die Holländer über den Nordweg nach Asien zu kommen. Die vier Schiffe der ersten Expedition, eines unter Steuermann **Willem Barents**, trennen sich vor der Küste Nordskandinaviens und untersuchen die östlichen Küsten Russlands und Teile von der Insel Nowaja Semlja. Ein Jahr später – 1595 – wiederholt Willem Barents die Fahrt diesmal mit sieben Schiffen.

Wiederum ein Jahr später, nämlich am 18. Mai 1596, verlassen Willem Barents und **Jan Corelisz Rijp** mit je einem Schiff die Niederlande und entdecken die Bäreninsel und die Nordwestküste von Spitzbergen. Dort trennen sich die beiden Schiffe.

Rijp versucht, den Seeweg über den Nordpol nach Asien einzuschlagen. Barents befährt den östlichen Seeweg an Nowaja Semlja vorbei in das Karische Meer. Dort werden er und seine Männer wegen des schlechten Wetters zur ersten Überwinterung in der Arktis überhaupt gezwungen.

Im Juni 1597 gelingt es der geschwächten Besatzung, in zwei offenen Beibooten endlich die russische Küste zu erreichen. Barents stirbt unterdessen. Fischer retten die Überlebenden; schließlich gelangen die Männer zur Murmanküste an der Kola-Halbinsel. Sie treffen auf den dort zufällig ankernden Rijp, und die Rettung ist perfekt!

In den Jahren 1607 bis 1611 versucht der Engländer **Henry Hudson** mehrere Male, über den Nordpol China zu erreichen. Seine erste Reise führt ihn bis zur Eisgrenze auf 80°23'N; auf dem Rückweg entdeckt er das Eiland Jan Mayen. Seine zweite Reise endet in der Karasee. Auf der dritten Reise meutert die Mannschaft. Auf der vierten Reise glaubt er endlich in dem Hudson River, einen Seeweg in Richtung Osten gefunden zu haben. Doch die Mannschaft meutert, setzen ihn, seinen Sohn und sieben weitere Getreuen in einem Boot aus und überlassen sie ihrem Schicksal.

1610 wird der englische Kapitän **Jonas Poole** von der Moscovy Company zwecks Auffindung eines Handelsweges nach China gen Norden geschickt. Er entdeckt zufällig in der Kingsbai auf Spitzbergen angeschwemmte Kohle, die aber erst 300 Jahre später abgebaut werden soll. Da auch für ihn an der Packeisgrenze Schluss mit seiner Suche ist, muss er nach London zurückkehren.

Er berichtet nach seiner Rückkehr von dem großen Walreichtum in den spitzbergischen Gewässern. Das ist der Beginn der nördlichen Waljagd und des daraus resultierenden Trankrieges, den die Holländer 1632 gegen die Engländer für sich entscheiden können.

Um 1675 berichtet der Holländer **Cornelis Roule** von einem Fjordland auf 85°N, das er umsegelt haben will. Er erzählt dort von großen Vogelschwärmen und von offenem Wasser gen Norden. Ist er vielleicht der Entdecker von Franz-Josef-Land fast hundert Jahre vor **Weyprecht** und **Payer**, oder gehört seine Geschichte ins Fabelreich?

1773 versucht der Engländer **Constantine John Phipps**, den Packeisgürtel zu durchstoßen, um dann über den Nordpol nach Asien zu reisen. Doch bei 81°N lässt das Eis ihn nicht durch. Dennoch ist diese Expedition wissenschaftlich ein Erfolg. Auch wird erstmals ein Verfahren angewandt, durch Destillation Seewasser trinkbar zu machen. Auf jeden Fall gilt die hier erreichte Höhe als bestätigt, im Gegensatz zu der zuvor genannten Roule-Fahrt. Übrigens ist bei dieser Expedition der 15-jährige **Horatio Nelson** dabei, der später als britischer Admiral und Seeheld in die Geschichte eingehen soll.

Konkreter werden die Engländer mit den Expeditionen unter den Kapitänen **John Ross** und **David Buchan**, die England 1818 verlassen, mit dem Ziel, den Nordpol zu erreichen. Doch während für Buchan auf 80°N an der Packeisgrenze der Wendepunkt seiner Fahrt ist, fährt John Ross unterdessen die Westküste Grönlands entlang.

Dort entdeckt er die nördlichsten Menschen der Welt, die Etah-Eskimos. Dann fährt Ross westwärts in den Lancastersund und bricht die Reise ab, weil er glaubt, Berge versperrten ihm den Weg. Eine optische Täuschung, es sind Nebelbänke, wie es sich später herausstellen wird. Über die vermeintlichen Kroker-Berge lacht dann die Welt. Der englische Kapitän **Parry** versucht es 1827 mit Rentierschlitten von Spitzbergen aus, den Nordpol zu erreichen. Er erreicht mit 82°45'N, die höchste bis dahin erreichte Höhe. Danach setzt die Manie der Nordwestpassage ein, der Seeweg durch die kanadischen Nordinseln nach Asien. Bekanntestes Opfer ist die **Franklinexpedition** in den Jahren 1845-48.

In den folgenden Jahrzehnten liegt der Hauptaugenmerk der Forscher und Abenteurer auf der Route nach Asien durch das Insellabyrinth, damit verbunden mit der Suche nach Franklin und seinen Mannen, eine der umfangreichsten Suchen überhaupt. 1853/55 leitet der U.S.-Marineoffizier **Dr. Elisha Kent Kane** die sogenannte 2. Grinnell-Expedition. Neben der Franklinsuche gilt diese Fahrt der Suche nach einem offenen Polarmeer nordwestlich von Grönland.

Doch nach zwei Überwinterungen muss die Mannschaft ihr fest-gefrorenes Schiff verlassen, und nach einer abenteuerlichen fast dreimonatigen Boots- und Schlittenreise gelangen die Männer nach Grönland.

An der 2. Grinnell-Expedition nimmt auch der Amerikaner **Isaak Israel Hayes** teil. Wie Kane glaubt er an ein eisfreies Polarmeer oberhalb des 82. Breitengrades und startet 1860 eine neue Schiff-fahrt. Seine Expedition führt ihn die grönländische Westküste entlang.

Er hält den eisfreien Kennedykanal als Beweis für ein beschiff-bares arktisches Meer. Dennoch erweisen sich die Annahmen von Kane und Hayes, dass die Temperaturen zum Nordpol zunehmen und folglich dort ein eisfreies Meer sein müsste, als Trugschluss.

Im Jahre 1868 fährt der Schwede **Nils Adolf Erik Nordenskiöld** von Spitzbergen aus mit seinem Schiff bis zum 80. Breitengrad. Dann versperrt das Eis auch ihm den Weg. 1872 wagt er erneut einen Nordpolvorstoß, der wieder auf Spitzbergen endet. Danach erforscht Nordenskiöld den östlichen Seeweg nach Asien, dessen Querung ihm schließlich als Erster 1878/80 gelingt. Nach den Querungen der beiden Passagen im Nordosten und im Nord-westen, Amundsen ist 1903-06 erfolgreich, bleibt nur noch der Nordpol zu entdecken. Die wirtschaftlichen Interessen, nämlich einen kurzen Handelsweg nach Asien zu finden, geraten nun ganz in den Hintergrund.

Der deutsche Kapitän **Karl Koldewey** aus Brücken bei Hannover erhält 1868 vom „Vater der deutschen Polarforschung", **Dr. August Petermann**, den Auftrag, zwischen Grönland und Spitz-bergen nordwärts das „offene Meer" zu finden und nach dem sagenhaften „Gillisland" im Osten zu suchen. Doch das Eis lässt ihn nicht durch, und Koldewey muss sich auf meteorologische, ozeanografische und kartografische Arbeiten beschränken.

1869 organisiert Dr. August Petermann die **zweite Deutsche Nordpolarexpedition**. Die Schiffe Germania unter Karl Koldewey und Hansa unter **Paul Friedrich August Hegemann** verlieren sich im dichten Nebel, und jedes fährt für sich nordwärts. Während Koldewey südlich der Sabine-Insel an der grönländischen Ostküste überwintert und im folgenden Sommer nach Deutschland zurückkehren kann, wird die Hansa im Eis zerdrückt und sinkt.

Kapitän Hegemann und seine Besatzung können sich auf eine Eisscholle retten. Es folgt eine 1.500 Kilometer südwärts gehende Drift, die über sechs Monate dauert. Als die Eisinsel gefährlich klein wird, retten sich die 14 Hansa-Leute in die drei übrig gebliebenen Rettungsboote. Es gelingt ihnen nach weiteren fünf Wochen in den Booten das Unglaubliche, gesund und ohne Verluste, in Friedrichsthal oberhalb westlich von Kap Farvel endlich zu landen und in der Missionsstation der Herrnhuter Brüdergemeinde Rettung zu finden.

1871 kommt es zur Duplizität der zuvor genannten Ereignisse. Der Amerikaner **Charles Francis Hall** erhält den Auftrag, so weit nördlich wie möglich zu reisen. Er fährt die Westküste Grönlands mit dem Schiff Polaris entlang und unternimmt eine Schlittenreise bis in den Robesonkanal. Ein offenes Meer kann er nicht finden.

Zurück an Bord stirbt Hall an einem Schlaganfall. Dann trennt ein Sturm die 14 Seeleute an Bord der Polaria und 19 weitere, die auf einer Eisscholle davon treiben. Unter den 19 Versprengten sind dreizehn Männer, zwei Frauen und vier Kinder, eines davon ein Säugling von einem Inuit-Paar.

Unter enormen Hunger und Strapazen driften die Eisgefangenen fast 200 Tage südwärts. In höchster Not werden sie durch Zufall entdeckt und von Kapitän Bartlett auf der Tigerin aufgenommen. Die 14 bei der Polaris verbliebenen Matrosen können aus dem

Wrack eine Winterhütte und zwei Rettungsboote bauen. Die Polarnacht verbringen sie zusammen mit einem Inuitstamm, der dort sein Lager aufschlägt.

Im Juni 1873 brechen die Seeleute mit den beiden Booten in Richtung Süden auf. Nach drei Wochen werden auch sie von einem Walfänger gerettet.

1874 startet die Ungarisch-Österreichische Expedition von **Payer** und **Weyprecht** vom Karischen Meer aus in Richtung Nordpol: Ihre nördlichste Breite ist 82°5'N. Dabei entdecken sie das Archipel Franz-Josef-Land. Ihre Rückreise wird zur Qual. Ihr Schiff, die Tegetthoff, müssen die Männer aufgeben.

Mit einem Rettungsboot gelingt ihnen die Rückkehr nach Nowaja Semlja, wo sie schließlich von einem russischen Fischerboot aufgenommen werden.

Die Briten **George Nares** und **Albert Hastings Markham** begeben sich 1875/76 auf den Spuren der Polaris und erreichen mit ihren Schiffen den Norden von Ellesmereland. Dort errichten sie das Winterlager Kap Sheridan und unternehmen nördliche Schlittenreisen. Markham kann dabei bis über den 83. Breitengrad vorstoßen.

1882/83 planen die Polarforscher Karl Weyprecht und **Georg von Neumayer** eine umfassende Beobachtung der Arktis. Daran – an dem 1. Internationalen Polarjahr – beteiligen sich elf Nationen: **Deutschland, Österreich,, Dänemark, Norwegen, Finnland, Schweden, Niederlande, Großbritannien, Russland, USA** und **Frankreich.**

Die nördlichste Beobachtungsstation beim 1. Internationalen Polarjahr ist die der Amerikaner unter der Leitung von Leutnant **Adolphus Washington Greely**. Die Amerikaner können ihre

Station 1881 einrichten, sie liegt in Fort Conger in der Lady-Franklin-Bucht auf Ellesmereland. Alles verläuft anfangs planmäßig. Auf ausgedehnte Schlittentouren erreichen die Männer 83°30'N und betreten Pearyland auf Grönland. Doch der Weg zum Nordpol ist durch unüberbrückbare Eisbarrieren versperrt, die Männer müssen umkehren. Nach Fort Conger können in den folgenden zwei Jahren keine Versorgungsschiffe mehr vorstoßen, zu ungünstig sind die Eisverhältnisse.

Unterdessen wird das Schiff der Expedition, die Proteus, vom Eis zerdrückt und sinkt. Die Verzweifelten haben kaum noch etwas zu essen. In ihrer Not versuchen die geschwächten Männer, in Richtung Süden aufzubrechen. Doch bei Kap Sabine müssen sie erneut überwintern. Die Toten dienen nun den Hungernden als Nahrung. Völlig entkräftet werden nur noch sieben lebende Expeditionsteilnehmer 1884 von dem Schiff Thetis unter Kapitän Winfield Scott Schley gerettet, darunter Leutnant Greely. Einer der Geretteten stirbt vier Wochen nach der Rettung. Die Tragödie kostet 20 Menschen das Leben.

Der Norweger **Fridtjof Nansen** versucht, mit seinem Schiff Fram in den Jahren 1893 bis 1896 über den Nordpol hinweg zu driften. Als es ersichtlich wird, dass der Nordpol während der Drift nicht erreicht werden kann, wird Nansen doch vom Polfieber gepackt und beschließt, den Pol zu Fuß mit seinem Heizer **Frederik Hjalmar Johansen** zu erreichen. Nansen schreibt in sein Tagebuch: „Man muss den Pol erreichen, damit die Besessenheit aufhört." Bei 86°14'N müssen beide umkehren. So weit nördlich ist zuvor kein Mensch gewesen, und der Nordpol ist immer noch nicht erreicht.

Im Jahr 1897 startet der schwedische Ingenieur **Salomon Andrée**, begleitet von zwei Landsmännern, mit dem Gasballon Örnen von der westlichen Spitzbergeninsel Danskoya aus in Richtung Nordpol. Bei fast 83°N bleibt der Ballon liegen, die Hülle ist wahrscheinlich bereits beim Aufstieg beschädigt worden. Die drei Männer müssen unter harten Strapazen zu Fuß nach Spitzbergen zurückkehren und kommen dort ums Leben. Sehr wahrscheinlich durch Trichinen (Fadenwürmer) verseuchtes Eisbärenfleisch.

Ihre Leichen werden erst 33 Jahre später durch Zufall auf der östlichen Spitzbergeninsel Kvitoya gefunden.

Im Juni 1899 brechen die Italiener von Norwegen nach Franz-Josef-Land auf. Führer dieser Expedition ist der spanische Königssohn und jetzige Leutnant der italienischen Marine, **Prinz Ludwig Amadeus von Savoyen, Herzog der Abruzzen**.

Mit dem 26-jährigen Blaublüter und Sportsmann reisen u. a. die italienischen Marineoffiziere **Umberto Cagni**, **Graf Francesco Querini** und **Pietro Achille Cavalli Molinelli**. Nach nur 15 Tagen erreichen sie mit dem Expeditionsschiff Stella Polare das Franz-Josef-Land. Dann im kommenden Winter erfrieren seiner Hoheit mehrere Finger, damit kann er am Polvorstoß in der Heimat nicht mehr teilnehmen. Das Kommando bekommt Cagni. Im Februar 1900 der erste Start zum Pol, doch das Wetter ist zu schlecht. Im März dann der erneute Versuch. Nach gut zwei Wochen der Pol-Wanderung sollen die ersten Männer umkehren, nach vier Wochen die Nächsten. So kann Cagni mit drei Kameraden und den stärksten Hunden weiter zum Pol vordringen.

Am 24. April erreicht er mit fast 86°36'N einen neuen Rekord. Nansen war dem Pol 418 Kilometer nahe gekommen, Cagni aber auf 383 Kilometer.

Ein kleiner, aber dennoch ein Triumph!

Eile zur Rückkehr ist angesagt, das Wetter weicht das Eis auf und der Proviant wird knapp. Cagni erfrieren die Finger, ohne Arzt und Desinfektionsmittel muss er sich die Finger selbst amputieren.

Nach der mühevollen Rückkehr Ende Juni 1900 erfahren die Männer, dass von der ersten Abteilung unter Querini, die noch in Sichtweite zu Franz-Josef-Land umgekehrt ist, jede Spur fehlt.

Weniger der Nordpol als mehr der technische Erfolg steht bei dem russischen Hydrografen, Forscher und Admiral **Stepan Ossipowitsch Makarow** im Vordergrund. Er liefert die Vorlagen zum Bau des ersten Eisbrechers namens Jermak. Seine Erkundungsfahrten bringen ihn 1899 bis zu einer Höhe von 81°28'N oberhalb Spitzbergen und 1901 in das Gebiet von Nowaja Semlja und Franz-Josef-Land. Heute sind Eisbrecher aus der Polarforschung nicht mehr wegzudenken.

Den großen Nagel, den Pol entdecken muss schließlich der Amerikaner **Robert Edwin Peary**. Es ist für ihn eine nationale Aufgabe, als erster Amerikaner auf dem Pol zu stehen. Das ist sein Lebensziel, welches er nun seit 23 Jahren versucht zu verwirklichen. Nansen ist ihm 1888 mit der ersten Grönlanddurchquerung zuvorgekommen. Jetzt muss er ein neues Ziel, einen Sieg vorweisen. Immerhin ist er bereits 52 Jahre alt. Aber wie er das dann geschafft hat, ist bemerkenswert. Denn seine Fußzehen hat er teilweise auf früheren Arktisexpeditionen verloren, und trotzdem schafft er unglaubliche Fußmärsche.

Zusammen mit seinem schwarzen Diener Henson und den vier Inuit **Etschingwaeh**, **Sieglu**, **Utaeh** und **Uquiaeh** steht er am 6. April 1909 am Nordpol, der in der Inuitsprache „Tigishu – der große Nagel" genannt wird. Selbst erfahrene Männer wie der Extrembergsteiger und Reisender in Sachen Eis **Reinhold Mesner** zweifeln diesen Erfolg an. Die Marschleistung von 45 Kilometern und mehr in zwölf Stunden ist in so einem unwegsamen Gelände wie auf dem Packeis in der Arktis und mit schwerem Gepäck praktisch unmöglich.

Am 6. April 1909 schreibt Peary in sein Tagebuch:

„Endlich der Pol. Der Preis von fast drei Jahrhunderten. Mein Traum und Ziel seit fast zwanzig Jahren. Endlich mein!"

Zurück in Amerika hat Peary einen Gegner. Sein ehemaliger Expeditionsarzt **Dr. Frederick Cook** behauptet, den Pol fast ein Jahr vor ihm, am 21. April 1908, erreicht zu haben. Cook schreibt am Nordpol in sein Tagebuch: „Nichts Wundervolles; kein Pol; Meer unbekannter Tiefe."

In der darauf entbrennenden Presseschlacht wird Cook wegen seiner angeblichen Erstbesteigung des Mt. McKinley 1906 in Alaska als Lügner entlarvt, weil seine damaligen Begleiter diesen vermeintlichen Gipfelsieg als Schwindel beschwören. Auch berichten die beiden Inuit **Etukischook** und **Ahwelah**, die Cook bei seinem Polmarsch begleitet haben, sie seien die ganze Zeit immer in Sichtweite zum Land marschiert ...

In einer späteren Rechtfertigung wirft Cook den beiden Bergsteigern auf der ominösen Mt. McKinley-Besteigung vor, sie hätten „mehr als dreißig Silberlinge" für ihren schäbigen Verrat genommen, von wem auch immer. Auch sagt Cook, dass er den beiden Inuit bei der Polerstürmung Wolkenbildungen am Horizont als Land gedeutet hätte, weil sie sonst nicht mehr weiter mitgegangen seien. Zum Lügner abgestempelt muss Cook folglich aus Amerika fliehen. Peary wird zum erklärten Sieger im Wettrennen zum Pol.

Zur gleichen Zeit bricht der Norweger **Roald Amundsen** ebenfalls in Richtung Nordpol auf. Unterwegs erreicht ihn die Nachricht, dass der Nordpol erobert sei. Amundsen reagiert sofort, lässt den Nordpol als Ziel fallen und nimmt den Südpol ins Visier. Amundsen erreicht den Südpol am 15. Dezember 1911, Scott am

18. Januar 1912. Der Engländer und seine vier Begleiter sterben auf dem Rückweg.

Am 11. Mai 1926 hebt die Norge von Spitzbergen aus ab und erreicht den Nordpol nach 16 Stunden und 40 Minuten. Es werden die norwegische, amerikanische und italienische Flagge abgeworfen. Eine wichtige Erkenntnis der Norge-Expedition ist, dass in der Nähe des Pols kein Festland existiert, wie es einige Geografen vermuteten. Mit an Bord der Norge ist auch **Oscar Wisting**. Er begleitete Amundsen schon zum Südpol und durch die Nordostpassage. **Er und Amundsen sind die ersten Menschen, die an beiden Polen gewesen sind.**

Der Kapitän der Norge, der schmächtige Italiener Umberto Nobile, fühlt sich von Ellsworth und Amundsen in den Hintergrund gedrängt. Dieses Luftschiff hat er gebaut. Nun trägt es den Namen Norge, da es Amundsen und Ellsworth gekauft haben. Nobile ist eingeschnappt. Zwischen ihm und Amundsen wächst eine Feindschaft. Mit allen Mitteln erreicht Nobile, dass er mit dem Schwesterschiff der Norge – der Italia – zwei Jahre später wieder zum Nordpol starten kann. Diesmal soll es ein rein italienischer Erfolg werden!

Am 24. Mai 1928, kurz nach Mitternacht, erreicht das Luftschiff Italia den Nordpol. Endlich hat der Italiener **Umberto Nobile** mit einem italienischen Luftschiff den Pol erreicht. Doch der Rückweg wird zum Drama: Die Italia macht eine Bruchlandung auf dem Eis. Die Führergondel und die Heckmotorengondel krachen auf das Eis. Die Hülle, jetzt leichter, schießt mit den restlichen sechs Besatzungsmitgliedern wieder in die Höhe. Von ihnen findet man später keine Spur mehr. Die übrigen abgestürzten Überlebenden befinden sich rund 60 Meilen nördlich von Spitzbergen in der Nähe der Foyn-Insel. Ein rotes Zelt, welches mit aus der Italia geschleudert wurde, dient ihnen in den nächsten Wochen als Unterkunft.

An der Rettungsaktion nehmen 18 Schiffe, 22 Flugzeuge und 1.500 Männer aus sechs Ländern teil, unter ihnen auch Amundsen. Allerdings sind die Anstrengungen Italiens zur Bergung der havarierten Männer nicht besonders intensiv. Das zur Bodenmannschaft gehörende Schiff, die Citta di Milano auf Spitzbergen schickt über Funk Grüße nach Italien und beruft sich darauf, ohne Order aus Rom nichts mehr machen zu können. Der Rettungsbefehl aus Rom bleibt aus.

Der italienische Staatschef **Mussolini** betrachtet Amundsen wegen des Streits zwischen dem norwegischen Polarforscher und dem italienischen General auf der Norge-Expedition als erklärten Feind Italiens. Die norwegische Rettungsexpedition wird statt von dem berühmten Polarforscher schließlich von **Hjalmar Riiser-Larsen** geleitet.

Amundsen, tief gekränkt, bietet der französischen Rettungsexpedition seine Hilfe an und startet mit dem für die arktischen Verhältnisse wenig geeignetem Flugzeug Latham nach Spitzbergen. Mit dem französischen Piloten Kapitän **Guilbaud, Leif Dietrichson** und drei weiteren Franzosen hebt Amundsen am 18. Juni 1928 von der norwegischen Stadt Tromso ab. Keiner sieht sie je wieder. Irgendwo zwischen der norwegischen Küste und Spitzbergen sind sie verschollen.

Bei der weiteren Rettungsaktion lässt sich Nobile zuerst von dem schwedischen Piloten **Lundberg** retten, der am 23. Juni am roten Zelt landen kann. Lundberg ist 32-jährig und kämpfte in drei Kriegen mit. Er weiß, dass er Nobile zuerst retten muss, damit er Ruhm und Ehre bekommt. Er redet, ja, er schreit Nobile an, sofort mitzukommen; er müsse von Spitzbergen die weitere Rettungsaktion leiten.

Der Schwerverletzte, durch Knochenbrüche bewegungsunfähige Nobile lässt sich von Lundberg überzeugen. Auch die anderen sind der Meinung, Nobiles sofortige Anwesenheit auf Spitzbergen sei allen von Vorteil. Zudem ist Nobile mit 58 Kilogramm wesentlich leichter als sein ebenfalls schwer verletzter Kamerad **Cecioni** mit 103 Kilogramm. Lundberg argumentiert, er könne Cecioni wegen seines schweren Körpergewichtes gar nicht mitnehmen.

Er würde seine Maschine beim nächsten Flug extra erleichtern; außerdem sei alles nur eine Sache von wenigen Stunden, bis er den nächsten Rettungsflug starte. Doch beim zweiten Flug überschlägt sich die Fokker des Schweden bei der Landung auf dem Eis, wahrscheinlich, weil sie zu leicht ist. Lundberg kann sich zum Glück unverletzt zu den anderen Überlebenden auf dem Packeis in Sicherheit bringen.

Erst der sowjetische Eisbrecher Krassin kann am 12. Juli die restlichen sieben Überlebenden vom Eis aufnehmen. Bei dem vorher gestarteten Versuch dreier Italia-Überlebender, Spitzbergen zu Fuß zu erreichen, stirbt der Schwede Finn Malmgren. Nobile gerät nun ins Kreuzfeuer der Kritik, dass er sich als Erster hat bergen lassen. Diese Kritik, initiiert und forciert von der Mussolini-Propagandamaschine, schwingt immer mit, bis zu seinem Tod im Jahre 1978, wo er 93-jährig in Rom stirbt.

Nach dem Zweiten Weltkrieg wird die Arktis zum Spielplatz der Weltmächte. Eine Waffenschau am Nordpol folgt. Die Amerikaner schicken das Atom-U-Boot USS Nautilus an den Packeisrand zwischen Amerika und Asien. Von dort soll es unter dem arktischen Eisschild über den Nordpol hinweg bis in den Nordatlantik zwischen Grönland und Spitzbergen tauchen.

Am 3. August 958 erreicht die USS Nautilus den Nordpol. Kapitän **William Anderson** vermeldet knapp in seinem Bordbuch: „Nautilus auf 90 Grad nördliche Breite." Am 5. August ist damit die erste Transpolardurchfahrt aus dem Pazifik in den Atlantik geschafft. Anderson misst am Pol eine Wassertiefe von 4.087 Metern.

Die genauen Instrumente der Nautilus haben während dieser Fahrt mehr Daten über die Arktis gesammelt als alle anderen Expeditionen zuvor. Diese Daten, bisher streng militärisch gehütet, sind in den letzten Jahren der Wissenschaft endlich zur Verfügung gestellt worden. Nur neun Tage später, am 12. August 1958, taucht das Atom-U-Boot USS Skate unter dem Kommando von **James F. Calvert** ebenfalls am Nordpol auf.

Weitere U-Boote folgen: Die USS Sargo unter Kapitän **John H. Nicholson** erreicht den Nordpol am 9. Februar 1960. Die USS Seadrogon unter Kapitän **George P. Steele** macht auf ihrer Fahrt durch die Nordwestpassage am 25. August 1960 einen kurzen Halt auf 90 Grad Nord, und die Matrosen nutzen die Pause auf dem Dach der Welt zu einer Partie Baseball. Allerdings messen die Matrosen eine anderen Wassertiefe am Pol, die sie mit 4.151,5 Metern angeben.

Als vorläufiger Höhepunkt gilt das Rendezvous der beiden U-Boote USS Skate und USS Seadragon am Nordpol, welches am 22. August 1962 stattfand. Die Amerikaner demonstrieren damit nachhaltig, dass ihre U-Boote jederzeit an jedem Ort auftauchen können, denn bis zum Staatsgebiet der UdSSR sind es vom Nordpol aus „nur" wenige Breitengrade.

Aber auch die Russen schicken Atom-U-Boote zum Nordpol: 1962 kreuzt die Leninski Komsomol am Dach der Welt.

Gleich drei amerikanische Atom-U-Boote treffen sich am großen Nagel am 26. April 1969: die USS Pargo, die USS Whale und die USS Skate.

1989 findet eine Katastrophe in der Arktis statt. Das russische Atom-U-Boot K-278 Komsomolez sinkt am 7. April südöstlich der Bäreninsel. 42 der 69 Besatzungsmitglieder sterben bei dem Unglück. Das Wrack liegt in etwa 1.700 Metern Wassertiefe. **Radioaktives Material tritt bis heute aus.**

Doch wer erreichte als erster Mensch den Nordpol über den Landweg, wenn es Cook und Peary nicht waren? Erst am 6. April 1969 kann der britische Polarforscher **Sir Wally Herbert** die Flagge am Pol ins Packeis schlagen – genau auf den Tag 60 Jahre nach Pearys vermeintlichem Polerfolg. Der Brite ist mit seinen Gefährten **Allan Gill**, **Kenneth Hedges** und **Roy Körner** von Point Barrow, Alaska, aus gestartet und erreicht nach 467 Tagen über Spitzbergen die entgegengesetzte Seite des Nordpolarbeckens.

Doch zurück zur Anfangsfrage. Wer war denn nun der erste Mensch am Nordpol? Diese Frage wird sich nie mit endgültiger Gewissheit beantworten lassen! Doch eben in der Nichtbeantwortung liegt vielleicht der abenteuerliche Reiz des Nordpols.

Ganz anders als bei der Entdeckung des Nordpolgebietes vor mehr als einhundert Jahren sehen die profithungrigen Multi-Unternehmen das Nordpolgebiet jetzt.

Der Klimawandel befreit das Nordpolarmeer vom Eis – und löst einen Wettlauf um Bodenschätze aus. Die Anrainer stecken die Grenzen neu ab, Ölkonzerne schicken ihre Geologen. Doch was bedeutet das Tauwetter für Ureinwohner und Wildtiere?

Die Forscher treibt eine einfache Frage um.

Wie schwer ist die größte Insel der Welt?

Vor allem wollen die Klimaforscher wissen: Wie schnell verändert sich ihr Gewicht?

Das ist keine akademische Frage, von der Antwort hängt das Schicksal von Millionen Menschen ab.

Unter dem Hubschrauber gleitet Grönlands majestätische Landschaft hinweg. Eine grauweiß melierte Gletscherzunge windet sich die Berghänge hinab. Weiter oben geht das schroffe Terrain über in eine glatte, schier endlose weiße Fläche. Darüber spannt sich eine gleißende Aura, die es dem Auge schwer macht, zwischen Himmel und Eis zu unterscheiden.

Fast zwei Stunden sind die Forscher in ihrem Helikopter vom Typ Super Puma schon über den Rand des Inlandeises geflogen. Bis zu drei Kilometer ist es dick, eine gigantische Eiskappe. Würde sie vollständig auftauen, stiege der Meeresspiegel weltweit um sieben Meter an. Es wäre das Ende für viele Küstenstädte.

Wie misst man den Rückgang des Eises? Einsam ragt eine Bergspitze aus dem Gletschereis. Hier wollen die Forscher ihre Messgeräte aufstellen. GNET, so nennt sich das Projekt, das Teil eines gewaltigen wissenschaftlichen Observationsnetzes werden soll, eines Frühwarnsystems aus Messstationen und Satelliten zur Überwachung des grönländischen Eispanzers.

Alle 30 Sekunden messen die Stationen die Höhe der Berggipfel, und zwar auf einen halben Millimeter genau. Ermöglicht wird diese Präzision durch die Funksignale der erdumkreisenden GPS-Navigationssatelliten. Indirekt ergibt sich so der genaue Eisverlust. Hebt sich nämlich das Land, heißt das nichts anderes, als dass das Gewicht des Eises, das auf ihm lastet, geringer wird.

Zwei Dutzend solcher Stationen haben die Forscher bereits rings um Grönland aufgestellt. Seit einem Jahr senden sie Daten. Ersten Berechnungen zufolge hat Grönland in den vergangenen vier Jahren jährlich 150 Milliarden Tonnen Eis verloren. Das entspricht dem Fünffachen des Aletschgletschers, der größten Eiszunge der Alpen.

GNET wird erstmals Gewissheit liefern bei einer der wichtigsten Fragen der globalen Erwärmung:

Wie schnell taut Grönland auf?

Dauert es Hunderte von Jahren?

Oder verläuft die Eisschmelze rasanter?

Schon bald wird man der Menschheit sagen können, um wie viel der Meeresspiegel in den nächsten hundert Jahren wirklich ansteigt.

Klimaforscher sind die Chronisten eines einzigartigen Wandels. Der verstärkte Treibhauseffekt, verursacht durch die Verfeuerung fossiler Brennstoffe, führt zur Aufheizung der Erdatmosphäre und nirgendwo auf der Welt werden die Folgen so schnell spürbar wie in der heute noch frostigen Arktis.

An den eisigen Gestaden des Nordpolarmeeres steigen die Temperaturen doppelt so stark wie in südlicheren Breiten. Eine Erwärmung um bis zu acht Grad sagen die Computer bis zum Ende des Jahrhunderts voraus. Man forscht an der vordersten Front des Klimawandels. Während anderswo die Erwärmung noch weitgehend Zukunftsmusik ist, hat das Tauwetter am Nordpol längst begonnen. Seit Mitte der siebziger Jahre hat sich die weiße Meereiskruste über dem Nordpol von acht Millionen Quadratkilometern im Sommer auf rund vier Millionen halbiert. Eine Wasserfläche mehr als zehnmal so groß wie Deutschland wurde so freigelegt.

Auch dieses Jahr ist ein Rekordjahr, wie aktuelle Satellitenbilder enthüllen. Schon im zweiten Jahr in Folge ist die Nordwestpassage seit Anfang August eisfrei. Auch die Nordostpassage nördlich der sibirischen Küste weist praktisch kein Packeis mehr auf. In der jüngsten Geschichte ist das ohne Beispiel.

Die Temperaturen im Nordatlantik steigen, der Permafrostboden Sibiriens, Kanadas und Alaskas weicht auf. Stärker und schneller als jede andere Region, ist die Arktis der Erwärmung unterworfen. Weit extremer als anderswo müssen sich arktische Tier- und Pflanzenarten anpassen, oder sie sind vom Untergang bedroht. Kein Wunder, dass der Eisbär zum Symboltier des Klimawandels geworden ist.

Dabei leben auch Menschen in der Arktis. Inuit sind die angestammten Siedler des Nordens. Rund 100.000 an der Zahl, verteilen sie sich auf Alaska, Kanada, Grönland und Sibirien. Ihr gewohnter Lebensraum versinkt, weil der Permafrostboden aufweicht.

Doch das Ende der Eiszeit kennt auch Gewinner. Wie aus einem Winterschlaf erwacht, greifen die fünf Anrainerstaaten USA, Russland, Kanada, Norwegen und Dänemark nach den neuen Reichtümern:

* In Sibirien wandert die Grenze für den Weizenanbau weit nach Norden, die Russen hoffen auf reiche Ernten.

* grönländische Bauern pflanzen neuerdings Kartoffeln und Brokkoli an und machen sich so unabhängiger von den Lieferungen aus dem Süden.

* Nahe der grönländischen Hauptstadt Nuuk will der US-Konzern Alcoa eine **riesige Aluminiumhütte bauen und den Strom soll das abtauende Wasser des Eispanzers liefern.**

* Das schmelzende Eis öffnet bislang unpassierbare Schifffahrts-straßen. Häfen wie Murmansk, Churchill und Hammerfest **werden bereits mit großem Aufwand ausgebaut**.

* **Vor allem aber gibt die Arktis Rohstoffe in ungeahnter Menge frei. Allen voran Öl und Gas, aber auch Erze.**

Die nationalen Begehrlichkeiten und ungeklärten Besitzansprüche könnten gar zu einem kalten Krieg im Polarmeer führen. Zwar vereinbarten die Außenminister der fünf Anrainer in diesem Frühjahr ganz diplomatisch, die „Kooperation im arktischen Ozean" weiter zu verstärken. Doch das hält die Länder keineswegs davon ab, in der Arktis massiv aufzurüsten.

Kanada etwa stockt seine arktischen Ranger-Truppen um 1.000 Mann auf, steckt über drei Milliarden Dollar in den Bau neuer eisgängiger Schiffe für die Küstenwache und baut für hundert Millionen Dollar einen neuen Marinehafen in Nanisivik. „Das erste Prinzip arktischer Souveränität heißt: Nutz sie, oder verlier sie", verkündete Premierminister Stephen Harper und dehnte Ende letzten Monats prompt die eigenen Hoheitsgewässer um eine halbe Million Quadratkilometer aus.

Die USA wiederum vermessen in diesen Wochen den Seeboden nördlich von Alaska. Wie zuvor schon die Russen wollen auch die Vereinigten Staaten weitgehende Gebietsansprüche bei den Vereinten Nationen geltend machen. Dazu passt, dass neue Eisbrecher für geschätzte 1,5 Milliarden Dollar gebaut werden sollen.

Das verlautete kürzlich, als der Chef des mächtigen Ministeriums für Heimatschutz, Michael Chertoff, zusammen mit dem Admiral der Küstenwache, Thad Allen, Alaska besuchte. „Alles, was ich weiß, ist: Da ist offenes Wasser, und ich bin verantwortlich dafür", dröhnte der Marinekommandant. In wenigen Wochen will das weiße Haus eine neue Polit-Strategie für die Arktis vorlegen. Die erste seit Zusammenbruch der Sowjetunion Anfang der neunziger Jahre. Schwelende territoriale Konflikte bestehen zwischen Dänemark und Kanada sowie zwischen Russland und Norwegen.

Unter dem Eindruck der bald vom Eis befreiten Bodenschätze entdeckt die Politik auch die Polarforschung. Viele Millionen Dollar fließen. Die Arktis erlebt im derzeitigen Internationalen Polarjahr einen Ansturm von Klimaforschern, Ökologen und Geologen. Ein Hintergedanke der Nationalstaaten. Die Ergebnisse der Wissenschaft sollen helfen, die eigenen Gebietsansprüche zu untermauern. Dänemark lässt sich das fast 340 Millionen Euro kosten.

Aus Sicht von Pragmatikern öffnet sich das Polarmeer genau zur rechten Zeit. Explodierende Preise befeuern den Ansturm auf die Reichtümer des Nordens. Für die Rekordsumme von zwei Milliarden Dollar sicherte sich die britisch-niederländische Shell Lizenzen in der Tschuktschensee.

Für eine Milliarde Dollar kaufte der Energiemulti BP jüngst Rechte zur Ölsuche im Packeis des kanadischen Mackenzie-Mündungsgebiets. Eine Pipeline für 16,2 Milliarden Dollar soll die neue Energieregion mit dem Süden verbinden. Seismische Erkundungen startet in diesem Sommer auch der dänische Energiekonzern Dong in der Disco-Bucht in Westgrönland.

Angeheizt wurden Faszination und Gier im Juli durch eine Prognose der U. S. Geological Survey. Erstmals schätzte die Behörde detailliert das Öl- und Gaspotenzial der Arktis: 412 Milliarden Barrel Öl-Äquivalent, also fast ein Viertel der unentdeckten, aber technisch erreichbaren Öl- und Gasvorkommen der Welt, befinden sich demnach nördlich des Polarkreises. Das ist deutlich mehr als das, was in Saudi-Arabien schlummert.

Der wahre Aufbruch nach Norden beginnt erst im Zeitalter von Satellitennavigation, Atom-Eisbrechern und Klimawandel. Die verschwenderische Verbrennung von Öl und Gas lässt das Eis schmelzen und macht den Weg frei in die Arktis, wo ironischerweise wiederum gewaltige Öl- und Gaslager auf ihre Ausbeutung warten. Geologen, Rohstoffsucher, Tierforscher und Militärs, sie alle nutzen den kurzen Polarsommer, um der letzten Wildnis ihre Geheimnisse zu entreißen.

Bohrplattform „Polar Pioneer", Barentssee 72°53' Nord, 26°35' Ost.

An das lästige Hineinwürgen in den Schutzanzug wird sich der Forscher wohl nie gewöhnen. Er zwängt das störrische Neopren über seinen Kopf, zerrt es über die Hände und grinst darüber, wie komisch er darin aussieht. Doch der Geophysiker des norwegischen Energiekonzerns StatoilHydro weiß natürlich, dass der Hubschrauber über Wasser fliegt, dessen Temperatur nur knapp über dem Gefrierpunkt liegt, doch ohne Anzug ist man da binnen Minuten erfroren.

Gewöhnlich geht er im Nadelstreifen zur Arbeit, in ein Büro mit Klimaanlage und getrimmten Raumpflanzen. Diese Arbeitswoche aber wird damit beginnen, im Dreck zu stehen; in einem Mischmasch aus Schlick, Öl und zäher Bohrflüssigkeit. „Es gibt was zu feiern", sagt der Norweger. Der Hubschrauber dreht noch einmal eine Ehrenrunde um die Bohrplattform, dann setzt er sicher auf dem Landedeck auf. Das stählerne Ungetüm steht in der Barentssee, fast auf halbem Weg zwischen Nordkap und Spitzbergen.

Noch zählt es zu einer Rarität im rauen Ölgewerbe, aber das wird sich ändern.

„Polar Pioneer" macht ihrem Namen alle Ehre. Die Bohrplattform ist die derzeit am nördlichsten operierende ihrer Art. Die

197

horrenden Kosten, ein Bohrtag geht in die Hunderttausende, scheinen sich auszuzahlen. Der Drehkopf ist vor drei Tagen auf Gas gestoßen. Das neue Gasfeld namens Ververis gilt für den Staatskonzern als Testgebiet für die weitere Erschließung der arktischen Energieressourcen. „Hätte man mir zu Studienzeiten gesagt, hier oben nach Gas zu bohren", sagt der Geophysiker, „hätte ich laut gelacht." Zu kalt, zu gefährlich, zu teuer, glaubten damals alle Experten.

In Kanada und den USA blockieren vorerst noch Gerichtsklagen die Erkundungsbohrungen vor der Arktisküste. Norwegen hingegen gibt sich forscher. Sie wollen die Führung in der Erschließung der arktischen Lagerstätten.

Arbeiter, an deren Schutzanzügen nur noch selten das Rot durch den Schmutz leuchtet, wuchten die schwebenden Metallteile umher. Die Gestänge knallen herunter auf das wellige Blech, sie ergießen schlammige Reste aus der Tiefe. Alles gehorcht der Choreografie des Chefbohrers, der in einer Plexiglaskanzel an einem Joystick sitzt.

Für ihn begann die Arbeit erst richtig, als sie das Gas angebohrt hatten. Alles musste schnell gehen. Den Gegendruck erhöhen, damit das Gas nicht im Bohrloch hochschießt, dessen massige Nackenfalten sich unter der Anspannung auf und abrollen. 395 Bar, unter solchem Druck hatte das Methan gestanden.

Allerlei Proben wollten die Geologen. Man musste deshalb seitlich in die Gas führende Schicht hineinbohren, dann das Loch abdichten. Die Anlage ist komplett verschlossen. Deshalb sei es so angenehm warm auf der Arbeitsebene. Die Deckhand, wie es auf Englisch heißt, und damit für alles verantwortlich, was auf dem Deck der Plattform passiert, nimmt den Forscher mit auf einen Rundgang, raus aus der schützenden Hülle der „Polar Pioneer", runter auf die letzte Ebene vor dem Wasser.

198

Hier ist zu sehen, wie das Bohrgestänge in den schwankenden Fluten verschwindet. Tief unten, in 2.926 Meter Tiefe, fräst sich das Metall durchs Gestein. „Ein echter Sommertag", findet der Deckhand Mann, während sich der Forscher den Kragen hochkrempelt. Wenn die gefürchteten polaren Tiefdrucksysteme anrauschen, dann schlägt den Männern die Gischt ins Gesicht. Blitzartig gefriert sie an den Metallteilen. Das Eis wird mit Äxten abgehauen.

Doch selbst des Deckmanns gute Laune kennt seine Grenzen. „Wissen Sie", sagt er zu dem Forscher, „ich habe auch nicht ohne Grund ein Ferienhaus in Thailand."

In Trondheim sitzt unterdessen eine ganze Abteilung daran, neue Techniken für die harsche Umgebung der Arktis zu entwerfen. Die Ingenieure erproben, wie man mit Schleppern Eisberge wegzerrt.

Sie testen spezielle Lösungsmittel, die das Öl im eiskalten Wasser binden. Sie entwerfen Tankerrümpfe, die nicht vom Eis zermalmt werden. Im ersten produzierenden Gasfeld der Barentssee, Snohvit genannt, hat StatoilHydro kurzerhand die ganze Produktionseinheit auf den Meeresgrund verlegt. Ungestört können die Eisberge über eine solche Anlage dahindriften.

StatoilHydro will bis zum Jahr 2030 die Öl- und Gasförderung auf Hochtouren laufen haben. „Wir klettern gerade mit Riesenschritten eine Technologieleiter empor", sagt der Forscher stolz.

Die Norweger sind selbstbewusst. Produktion im Polartief? Da macht den Nachfahren des Südpolbezwingers Roald Amundsen keiner so schnell was vor. Heikler wird es schon politisch. Denn die Barentssee teilt sich das 4,7-Millionen-Volk mit Russland. Ein 155.000 Quadratkilometer großes Stück gilt als umstritten. Auch schwelt ein Streit um Spitzbergen und dessen völkerrechtlichen Sonderstatus aus dem Jahr 1920.

Das russische Verteidigungsministerium provozierte Norwegen, indem es im Sommer sein Kriegsschiff „Seweromorsk" vor Spitzbergen kreuzen ließ. Zwei Tage später veranstaltete die Luftwaffe mit Überschallbombern des Typs Tu-22M3 ein Testschießen in der Barentssee. Zwar war alles Teil eines abgesprochenen Manövers. Doch die russischen Militärs erklärten später mit nüchterner Machtrhetorik, man habe „die militärische Präsenz in der Arktis wiederhergestellt". Die Fronten im neuen Kalten Krieg verlaufen zwischen den alten Blöcken, die Schauplätze bleiben gleich – nur die exakten Frontverläufe sind noch nicht geklärt.

Ellesmere-Insel, kanadische Arktis 82° 47' Nord, 77° 57' West.

Es ist keine 20:00 Uhr abends, der Forschertrupp der Bundesanstalt für Geowissenschaften und Rohstoffe in Hannover sitzt müde auf Bierzeltbänken. Wind rüttelt am Leinen des Hauptzelts. Er bläst aus Norden, vom Meer. Bis zum Nordpol sind es keine 900 Kilometer.

„Die Russen haben die halbe Welt aufgescheucht", sagt ein deutscher Geologe in die Abendstimmung hinein. Die Geldgeber vom Bundeswirtschaftsministerium eingeschlossen. Der Geologe spielt damit auf jene spektakuläre Aktion eines verschrobenen russischen Parlamentariers an, der im vergangenen Jahr per U-Boot zum Nordpol fuhr und dort eine russische Flagge in den Grund rammen ließ. Eine völkerrechtlich bedeutungslose Inbesitznahme.

Wer hätte sich vor Jahren dafür interessiert, wie es diesem vergletscherten Eiland, das heute zur kanadischen Arktis zählt, vor Hunderten Millionen Jahren ergangen ist? Doch die Zeiten haben sich geändert. „Wir schauen zwar zurück bis ins Paläozoikum, was wir dabei aber entdecken, ist wichtig für die Politik der Gegenwart", so der Geologe. Auf einmal geht es nicht mehr nur um Grundlagenforschung, plötzlich rücken Rohstoffe ins Blickfeld und die Frage, bei der es für die Anrainerstaaten um vieles geht.

Wem gehört der Nordpol?

Das liegt an einer komplizierten Regelung in der Internationalen Seerechtskonvention. Demnach gehen die Ansprüche eines jeden Mitgliedslandes über die 200-Seemeilen-Zone hinaus, wenn das Land nachweisen kann, dass der eigene Festlandsockel über diese Zone hinausreicht.

Jede Nation muss ihre Forderungen wissenschaftlich begründet bei einem Gremium der Vereinten Nationen mit dem skurril anmutenden Namen UNCLOS einreichen. Die Russen gingen am ungeniertesten zu Werke. Sie griffen sich einfach die beiden längsten Gebirgsrücken des Nordpolarmeeres, den Lomonossowrücken und den Alpha-Rücken, heraus und erklärten sie zu ihrem Kontinentalsockel. Im Hauruck wollen sie sich so ein gewaltiges arktisches Reich einverleiben, das sich über 1,2 Millionen Quadratkilometer erstreckt.

Wer aber die heutige Geologie der Arktis wirklich verstehen will, der muss sich auf eine Zeitreise in die Vergangenheit begeben. Der Geologe und seine Mitstreiter klettern am folgenden Morgen zu einer solchen Reise in den Hubschrauber. Die BGR-Geologen rekonstruieren die Entstehung der Arktis und der Schlüssel dazu liegt in jener längst vergangenen Zeit, als hier noch Palmen im Wind wogten.

Damals, vor rund 400 Millionen Jahren, gab es dort kein großes, offenes Meer. Stattdessen nehmen die Geologen an, war dieser Ort Schauplatz einer gewaltigen Kollision. **Die Urkontinente Baltica und Laurentia prallten zusammen,** und zwar genau hier auf Ellesmere. Der Geologe klatscht die Hände zusammen und lacht: **„Was wir jetzt suchen, ist die Knautschzone."**

Aus der Kanzel des Helikopters spähen sie nach Spuren dieser kontinentalen Karambolage. Da, eine Auffaltung! Mit einer Handbewegung deutet der Geologe dem Piloten, seinen Hubschrauber über dem Hang schweben zu lassen. Gesteinsschichten sind zu sehen, die geformt sind, als hätte der Herrgott Origami gespielt. Der Geologe liest in den Formationen wie in einem Geschichtsbuch.

„Spitzbergen, dieses nördlichste Fitzel des europäischen Kontinents, passt geologisch hervorragend an dieses Gestein, das wir hier heute auf der anderen Seite des Nordpols finden", erklärt ein Geologieprofessor. Nach dem großen Crash hätten sich die ineinander verkeilten Kontinente Baltica und Laurentia wieder getrennt, so sei das Nordpolarmeer entstanden. Die Details dieser gewaltigen Kontinentalverschiebungen haben weitreichende Konsequenzen. „In den warmen Vorzeiten der Arktis haben sich nämlich auch große Lagerstätten für Öl und Gas gebildet", so der Geologe. Die Preisfrage lautet: Wo liegen sie heute?

Im südlichen Teil von Ellesmere sind Geologen bereits fündig geworden. „Öl!" Wenn aber Ellesmere und Sibirien, die heute durch das Nordpolarmeer getrennt sind, bei der Entstehung des fossilen Schatzes noch eins waren, dann müssten heute auch vor Russlands Nordküste große unentdeckte Vorkommen lagern.

Andererseits könnten die Funde auch folgenreich sein für die Grenzziehung in der Arktis. Denn hätten die Geologen mit ihrer Theorie recht, wonach der nordamerikanische Urkontinent Laurentia und das eurasische Baltica in grauer Vorzeit zusammenhingen, dann könnte dies bedeuten, dass der unterseeische Lomonossowrücken nicht nur am sibirischen Festlandsockel hängt, sondern auch am kanadischen, und zwar genau vor Ellesmere.

Die Seegrenze zwischen Kanada und Russland müsste dann exakt auf der Mitte des langen Unterseerückens gezogen werden. Zu den

Kuriositäten dieses großen kontinentalen Puzzles gehört, dass bei der Abspaltung des heutigen Nordeurasiens und des amerikanischen Urkontinents vor rund 60 Millionen Jahren auch ein Fitzel Europas am Norden von Ellesmere hängen geblieben ist. „Eigentlich stehen wir hier deshalb auf europäischem Boden", frotzelt der Geologe. Und schnell fügt er hinzu: „natürlich rein geologisch gesehen!"

Allen Bay, kanadische Arktis, 74° 43' Nord, 95° 09' West.

Die Staatsmacht kommt auf frisch gewichsten schwarzen Lederschuhen herangeeilt. Commanding Officer und Kapitän des kanadischen Coast-Guard-Eisbrechers „Louis S. St-Laurent", lässt sein Schiff im Meereis unweit von Cornwallis Island vor Anker gehen. Der Kapitän erklimmt die Brücke. Seit 28 Jahren fährt er zur See, die meiste Zeit in der Arktis. Seine Aufgabe ist es, im Norden „Flagge zu zeigen".Noch vor Jahren war sein Schiff eines der wenigen, die sich durch das Packeis wühlen konnten, um jene verstreut liegenden Siedlungen der kanadischen Arktis zu versorgen.

Doch der Schiffsverkehr hat drastisch zugenommen, und er wird es weiter tun. Denn er kontrolliert eine Schifffahrtsstraße, die in einigen Jahren dem Panamakanal Konkurrenz machen soll. Die legendäre Nordwestpassage, die sich durch die Inselwelt der kanadischen Arktis schlängelt und Schiffen den Weg von New York nach Schanghai um über 4.000 Kilometer verkürzt.

Der Erste, der die Passage durchsegelte, war 1906 der Norweger Roald Amundsen. Damals musste er noch zweimal überwintern. Der kanadische Kapitän will in weniger als einer Woche durch das frostige Nadelöhr rutschen. Konzentriert beugt er sich über eine Satellitenkarte, die ihm der kanadische Eisdienst zugefunkt hat.

Er weiß: Sein wichtigster Verbündeter ist die Sommersonne, die überall dicke Pfützen in die weiße Fläche geschmolzen hat. Die Wasserflächen absorbieren wesentlich mehr Wärme, das Eis verrottet dann in kurzer Zeit. Früher drückte ein gewaltiger Meeresstrom viel mehr Eis aus der Beaufortsee vom Westen in die Nordwestpassage und baute unüberwindbare Blockaden auf. Doch die Eisproduktion erlahmt. „So weit wie in den beiden letzten Jahren hatte sich das Eis nie zuvor nach Norden zurückgezogen", erinnert der Kanadier.

Längst scheint ein kritischer Punkt überschritten, der das Ende der ständigen Eisbedeckung im Nordpolarmeer markieren könnte. Schmilzt erst einmal das mehrjährige Eis weg, heizt sich das Gewässer derart auf, dass sich gar keine ausreichend dicke Schicht mehr bildet, die den Sommer übersteht. „Mich fasziniert und erschreckt zugleich, solch einen epochalen Wandel innerhalb meines Berufslebens beobachten zu können", sagt der Kapitän.

Der Streit über die Nordwestpassage ist bereits voll entbrannt. Kanada beansprucht die uneingeschränkte hoheitliche Kontrolle durch die eigene Marine. Die USA sehen in ihr eine internationale, frei befahrbare Seestraße. Seestraßen wie diese sollten für die Durchfahrt von Schiffen sein. Der internationale Handel gebietet das. Der wahre Grund könnte aber auch ein militärischer sein. U-Booten wäre es erlaubt, im Tauchgang durch die internationale Seestraße zu gleiten. „Ich halte mich da lieber heraus", sagt der Kapitän und äußert dann doch eine eigene Meinung: „Auch wenn das Eis zurückgeht, verschwinden wird es niemals ganz." Und das könne nur bedeuten: Die strengen kanadischen Umweltauflagen für Schiffe, die in der Arktis verkehren, müssen auch dann gelten, wenn die Nordwestpassage zur Meeresschnellstraße wird. „Ein Ölunfall hat hier oben einfach wesentlich schlimmere Folgen als irgendwo in der Karibik oder auf dem offenen Atlantik."

In seiner düsteren Fantasie malt sich der Kapitän von Presseis zerquetschte Containerschiffe aus, Öllachen unter dem Eis und eine Polarnacht, die ihre Dunkelheit für einen ganzen Winter über die Havarie legt. Vor Kurzem schien das alles noch ein Albtraum ohne jeglichen Realitätsbezug zu sein. Schipperten 2005 noch 3 Millionen Tonnen Fracht durch die Arktis, sollen es 2015 schon 14 Millionen sein. Reederei-Analysten gehen gar von einem Prozent des Weltseehandels aus, also 77 Millionen Tonnen.

Der Kapitän hofft darauf, dass der kanadische Norden nicht länger als wertlose „Hintertür" seines Landes angesehen wird. Und er hofft, dass die von der Regierung in Aussicht gestellten neuen Eisbrecher zügig geliefert werden: „Die Dinge müssen schnell geregelt werden."

Station Nord, Grönland 81° 36' Nord, 16° 40' West.

Das Eis der Arktis schmiedet viele Freundschaften, auch ungewöhnliche. Eine davon verbindet einen Ökologen und einen Geschäftsmann. Beide sitzen sie in der Mitternachtssonne vor einer grünen Baracke der Station Nord, der nördlichsten Militärstation Dänemarks auf Grönland. Der Geschäftsmann ist gewissermaßen der Manager des Aufbruchs Nord. Er ist Chef der Firma Polog, Slogan: „Wir brechen für Sie das Eis!" Die Geschäfte liefen schon früher gut. „Dieses Jahr aber können wir uns vor Arbeit kaum retten", sagt er.

Einst waren es nur Forscher, denen er bei der Logistik für seine Tierstudien half. Jetzt sind es zunehmend die Geologen und Pioniere der Rohstoffkonzerne. Er organisiert alles. Die Flugzeuge und Helikopter, die Quartiere, die Zelte und Polarschlafsäcke. Auch das Essen lässt er heranschaffen. Gegründet hat er sein Unternehmen mit ehemaligen Kameraden.

Zusammen dienten sie vier Jahre lang beim dänischen Militär. Mit zwölf Mann sollen sie eine Grenze sichern, die fast 5.000 Kilometer lang ist. Er war Mitglied der Siriuspatrouille, jener legendären Einheit, die mit Huskys und Schlittengespannen die nördliche und östliche Küste des Riesenarchipels bewachte. Von Dänen und Amerikanern 1953 gemeinsam aufgebaut, diente Station Nord lange Jahre als Notlandepiste für die Atombomber der Amerikaner.

Eine Flugstunde entfernt liegt am Citronen-Fjord das Camp der australischen Explorationsfirma Ironbark Gold, seines besten Kunden. Es ist das letzte Fleckchen Land vor dem Pol. Dort zelten derzeit ein Dutzend Geologen und Bohrexperten. „Nächste Woche lass ich Investoren hochfliegen", sagt der Geschäftstüchtige. Sie interessieren sich für den Bau eines Zink-Bergwerks. Für den Ökologen aus Frankreich ist das eine Horrorvision. Bulldozer, die über arktischen Mohn pflügen und zarte Moose und Flechten zermalmen. „Die Flechten brauchen Jahrzehnte, um in dieser kalten, trockenen Welt ein paar Millimeter zu wachsen", sagt der Franzose.

Die Zuständigkeit hat gewechselt vom Umweltministerium in Kopenhagen zur grönländischen Verwaltung in Nuuk. Und die dortige Regierung wolle die Unabhängigkeit vom dänischen Mutterland. Hier kommen Millioneneinnahmen aus dem Bergbau gerade recht.

Der Ökologe ist zusammen mit seiner Frau und Sohn Vladimir, 5, auf der Station Nord. Das Paar erforscht mit einem Schweizer Ornithologen die komplizierten Zusammenhänge zwischen den wenigen arktischen Landtierarten.

Im vorigen Jahr beobachteten sie Eisbären auf den Henrik-Kroyer-Holme-Inseln im Nordosten Grönlands. An diesem Ort schauen die Raubtiere jeden Sommer auf der Suche nach ihrer Lieblingsbeute vorbei. An Stränden und auf dem Meereis tummeln sich die Robben. Den „großen Wanderer" nennen die Inuit Nordwest-grönlands den Eisbären. Die Forschung gibt ihnen recht: Ein auf Spitzbergen markiertes Weibchen tauchte im folgenden Jahr im südgrönländischen Nanortalik auf, 3.200 Kilometer entfernt.

Wie stark der Eisbär bedroht ist, darüber streitet sich die Wissenschaft. Zwar nahmen ihn die USA diesen Mai nach langem Streit in die Liste bedrohter Tierarten auf. Doch die Lage ist kompliziert: Sieben der untersuchten Populationen wachsen oder sind stabil, fünf- schrumpfen. Ein dramatischer Rückgang wird eher für die Zukunft vorhergesagt. „Der Eisbär ist in der Lage, zwei bis drei Monate mit reduziertem Meereis besser zu überleben als andere Tiere", wendet der Biologe ein.

Wirklich gefährdet sei zum Beispiel die Elfenbeinmöwe. Nachdem er seinen Sohn ins Bett gebracht hat, legen sich die Tierforscher deshalb eine weitere sonnige Polarnacht auf die Lauer. Sie haben Netze für die Elfenbeinmöwen ausgelegt und mit dem stinkenden Fleisch einer jungen Robbe präpariert, die vor ein paar Tagen unweit der Landebahn verendet ist. Nun müssen sie warten, bis ihr Studienobjekt auftaucht. Die ausdauernden Vögel mit ihrem blendend weißen Gefieder sind wie ein Frühwarnsystem für den Wandel der Arktis. Wissenschaftlich interessanter als der Eisbär.

Bei der Elfenbeinmöwe sind die Veränderungen deutlich sichtbar. Sie fressen Kadaver von Robben und Fischen auf dem Meereis. Schwindet das Meereis, muss die Möwe weichen. Anfang der achtziger Jahre lebten noch 25.000 Paare in der Arktis. Inzwischen sind sie auf Spitzbergen und im Süden Grönlands fast völlig verschwunden. Guter Hoffnung sind die Ökologen nicht. Das schmelzende Eis lässt die Elfenbeinmöwe immer weiter nach Norden zurückweichen. Am Ende Grönlands ist dann aber irgendwann Schluss.

Resolute, kanadische Arktis 74° 42' Nord, 94° 50' West.

Saroomie Manik ist Bürgermeisterin der kleinen Gemeinde Resolute auf Cornwallis Island, die so heißt, weil vor 155 Jahren ein Segelschiff gleichen Namens dort gestrandet ist. Genauso könnte er aber auch den Charakter dieser kleinen, drahtigen Frau beschreiben.

Die rund 300 Leute, denen Saroomie Manik in Resolute vorsteht, sind wie sie zum Großteil Inuit. „Das Eis ist dünner geworden", sagt die Bürgermeisterin. Jedes Jahr ziehen die Inuit früher zur Jagd. „Ansonsten würden wir mit unseren Schneemobilen auf dem Meereis einbrechen", sagt Manik.

Auch sie geht mit ihren fast 60 Jahren noch immer auf die Jagd. Allein. Ihren letzten Eisbären hat sie vor zwei Jahren erlegt. „Ich hab ihn an Ort und Stelle aufgeschnitten und auf den Schlitten geladen", sagt sie und lässt ein stakkatoartiges Lachen erklingen.

Bei den Inuit sind es vor allem die Frauen, die so viel wie möglich von ihrer ursprünglichen Lebensweise in die neue Zeit herüberzuretten versuchen. Was sie in einer oder zwei Generationen durchmachen, das ist der freie Fall aus der Steinzeit in die Moderne.

„Ich weiß noch, wie man unseren traditionellen Ofen bedient", sagt Manik stolz. Betrieben wird er mit Tran, und die Inuit wärmten sich in ihren Iglus während der bitterkalten Polarnächte an ihm. „Meine Kinder kennen nur noch die Mikrowelle."

Klima- und Kulturwandel verdrehen die Koordinaten ihres Lebens, das sich einst ausgerichtet hat am **Rhythmus der Natur, den Vermehrungszyklen der Robben und Wale, dem Licht und der Dunkelheit, dem Eis und dem offenen Meer.**

Die Lage der Inuit ist tragisch: Zwar genießen sie in Kanada seit 2005 Hoheitsrechte über die von ihnen traditionell besiedelten Gebiete, und auch in Grönland streben ihre Funktionäre nach Autonomie. Sie könnten reich werden an dem Rohstoffschatz, auf dem sie sitzen. Doch bislang ist die neue Welt für sie wie ein Fluch.

Manik, Mutter von fünf Söhnen und zwei Töchtern, kennt die verführerische Kraft dieser eindringenden Kultur. Die süßen Schokoriegel, das schlabbrige Toastbrot und vor allem den Alkohol. Übergewicht ist unter den Ureinwohnern der Arktis verbreitet, die Selbstmordrate extrem hoch. Und nun auch noch der Klimawandel.

Manik will so viel wie möglich retten von den alten Wurzeln. Mit erhobenem Haupt führt sie eine Gruppe junger Inuit-Mädchen an. Sie drehen sich in ihren blauweiß bestickten Kostümen zum traditionellen Tanz. Sie stimmen den sonderbar oszillierenden Kehlgesang an, mit dem sie ihre Männer betörten, bevor die begannen, sich TV-Serien anzuschauen.

Nach der Aufführung sagt Saroomie Manik: „Wenn ihr Weißen an die Natur denkt, wollt ihr sie auch sogleich verändern!" Sie weiß zwar nicht, wie das alles funktioniert mit den Abgasen, die angeblich die Atmosphäre des Planeten aufheizen.

Eines aber weiß sie sicher: Die Menschen des Südens, die sich hier an ihr zerstörerisches Werk machen, verfügen über eine unheimliche Macht. „Ihr könnt euch das vielleicht nicht vorstellen", sagt sie. „Aber für uns gehört der Eisbär zur Familie."

Wie Recht sie hat. Mit aller Energie werden Verträge ausgehandelt und Neuland entdeckt. Nur der zu erwartende Profit zählt. In den letzten Wochen wurde bekannt, das trotz der bestehenden

Verträge über den Schutz des Polarmeeres, über die kommerzielle Ausbeutung verhandelt wird.

Der Ölkonzern BP bricht nach der Katastrophe im Golf von Mexiko zu neuen Ufern auf. Im Norden Russlands liegen Milliarden von Tonnen Erdöl und Erdgas in Boden unter dem Polarmeer. Ein Milliardendeal mit dem russischen Staatskonzern Rosneft ebnet den Briten den Weg in die Arktis. Der wegen der Ölkatastrophe im Golf von Mexiko in der Kritik stehende britische Energiekonzern BP sichert sich durch eine Beteiligung am staatlichen russischen Konkurrenten Rosneft Zugriff auf Fördermöglichkeiten in der Arktis. Beide Unternehmen planen eine milliardenschwere Überkreuzbeteiligung. BP beteilige sich mit 9,5 Prozent an Rosneft, teilte BP mit. Der BP-Anteil an dem russischen Staatskonzern steigt damit auf insgesamt 10,8 Prozent.

Im Gegenzug erhält Rosneft einen Anteil von 5,0 Prozent an BP. Den Wert des fünfprozentigen Anteils an den Rosneft-Dividendenpapiere bezifferte BP auf 7,8 Mrd. US-Dollar. Einen entsprechenden Vertrag unterzeichneten BP-Chef Bob Dudley und Rosneft-Aufsichtsratschef Igor Setschin in London.

Der Energiekonzern BP kommt über den neuen Partner an große Gebiete in der südlichen Karasee heran. Dort vermutet der Konzern Milliarden Barrel an Öl und Gas. Bisher hatten fast nur russische Konzerne Zugriff auf diese Arktisregion.

Laut BP-Chef Bob Dudley handelt es sich um die erste Überkreuzbeteiligung zwischen einem staatlichen Ölunternehmen und einem international agierenden Ölkonzern. Es sei „eine neue Vorlage dafür, wie Geschäfte in unserer Industrie ablaufen können", sagte der Amerikaner, der einst das russische Joint Venture TNK-BP geleitet hatte. Während BP durch die Partnerschaft auf neue Einnahmen hoffen kann, schließt Rosneft seine Technologie- und Fachkenntnis-Kluft zum Westen. Der Milliarden-Deal mit dem russischen Staatskonzern bedeute aber keineswegs eine Abkehr von Aktivitäten in den USA, wo BP nach der Explosion der Öl-plattform „Deepwater Horizon" im vergangenen April in enormen Problemen steckt. „Da gibt es keine Verbindung", sagte Dudley. Offenbar braucht Rosneft die BP-Technologie für die komplizier-ten Bohrungen in der Polargegend. Es bleibt zu hoffen, dass diese Art der Tiefseebohrungen gut geht.

Für mich ist es ein unbegreiflicher Zustand, dass man Erlaubnis erteilt an Firmen, die gerade erst den größten Umweltschaden der Geschichte auf der anderen Seite der Welt verursacht haben. Wel-che Politiker haben hier das Sagen, oder haben sie überhaupt etwas zu sagen?

Wie wir es ja schon kennen, das internationale Großkapital sagt, wo es langzugehen hat. Das Geschäft war offenbar auf höchster politischer Ebene eingefädelt worden. Rosneft-Aufsichtsratschef Setschin, der auch Stellvertreter des russischen Ministerpräsidenten Wladimir Putin ist, dankte ausdrücklich Großbritanniens Regie-rungschef David Cameron für seine Unterstützung. BP-Chef Bob Dudley war in Moskau bei Putin persönlich.

„Ich glaube, das ist ein historischer Moment für BP, für unsere Branche und ich glaube auch für Russland und die größere Welt der Energie", sagte Dudley. BP-Aufsichtsratschef Carl-Henric Svanberg sagte, es gehe auch darum, den „weltweit steigenden Energiebedarf" zu decken. BP ist bereits seit zwölf Jahren in Russland engagiert. Dudley selbst war 2008 als Chef der BP-Russlandaktivitäten aus Furcht vor Repressalien der russischen Re-gierung aus dem Amt geflohen. Die Unternehmen wollen gemeinsam in einem Areal nach Öl bohren, in dem Unmengen von Rohstoffen vermutet werden.

Das Gebiet in der südlichen Karasee umfasst 125.000 Quadrat-kilometer. Dort vermuten Experten fünf Milliarden Tonnen Öl und 10 Billionen Kubikmeter Erdgas. Rosneft hatte im vergangenen Jahr das Rennen um die Ausbeutungsrechte gemacht. Beide Firmen wollen dort auch ein Technologiezentrum bauen.

Die arktischen Gewässer gelten unter Biologen und Umweltschützern als hochempfindlich für menschliche Eingriffe. Etwaige Verschmutzungen werden unter den im kalten Polarmeer herrschenden Bedingungen erheblich langsamer abgebaut als in wärmeren Regionen.

Für den BP-Konzern ist es die erste wirtschaftlich positive Nachricht seit der Katastrophe auf der „Deepwater Horizon" im Golf von Mexiko, bei der elf Menschen starben und wochenlang unkontrolliert Rohöl ins Meer geströmt war. Die Folgen der Explosion kosten den Konzern zusätzlich zu einem immensen Imageschaden Milliarden US-Dollar an Schadensersatz und Kompensationsmaßnahmen.

Die US-Regierung hat den britischen Ölkonzern im Zusammenhang mit der schlimmsten Umweltkatastrophe in der Geschichte der Vereinigten Staaten verklagt und fordert Schadenersatz für die Folgen der Ölpest im Golf von Mexiko. Die Forderung könnte bis zu 21 Mrd. Dollar betragen.

Nach Bekanntgabe des Rosneft-Geschäfts stiegen die Aktien von BP im New Yorker Handel kurz vor Börsenschluss um 3,6 Prozent auf 49,25 US-Dollar. Die Umweltschutzorganisation Greenpeace kritisierte die neue Allianz mit Rosneft und die geplanten Bohrungen in der Arktis: **„Es scheint, das Unternehmen hat im vergangenen Jahr im Golf von Mexiko nichts gelernt."**

Siebtes Kapitel

Die Christnacht senkte sich über unser Haus. Hell erleuchtet spiegelten sich die weihnachtlichen Lampen in den großen Glasflächen der Terrasse. Wir alle waren von dem Gehörten beeindruckt und Marian fragte mich:

„Hanni, warum gedenkt die Menschheit schon über zweitausend Jahre der Geburt Jesus. Wir lernen unendlich viel über den geschichtlichen Ablauf unserer Erde. Fahren zum Süd- und Nordpol und erforschen das Klimahaus unserer Welt. Wir versuchen, das Klima der Welt zu verstehen. Wissen wo und wie das Wetter zustande kommt, wie unser Klima sich zusammensetzt. Doch sag mir eins, warum interessieren wir uns nicht für unsere momentane Situation, unsere Umwelt, in der wir leben?"

„Warum nehmen wir das Abschmelzen der Polkappen geduldig hin, erlauben die totale Verschmutzung unseres Planeten, behindern das Zusammenarbeiten der Länder durch unverständliche Verträge? Finden keine Entscheidungen für unsere Zukunft, wo wir doch auf jedem Punkt der Erde so stolz auf unsere alten Traditionen sind. Du und Mutti, ihr beide seit extra nach Salzburg geflogen, um die Vorweihnachtszeit in Tradition erleben zu können."

„Warum finden wir uns nicht zusammen und bilden eine geschlossene Front gegen die Umweltzerstörung, den Monopolismus und wer bitte, hat das Recht, Sonderrechte für einzelne Staaten zu erteilen. Warum und besonders wann überlegen wir uns Mittel und Wege den Klimawandel zu stoppen und unsere Zukunft auch für meine und deren Kinder noch lebenswert zu erhalten?"
„Zuerst ist es wichtig für mich, dass ihr auch wisst, was versteht man eigentlich unter globaler Erwärmung?", antwortete ich.

Als **globale Erwärmung** bezeichnet man den in den vergangenen Jahrzehnten beobachteten Anstieg der Durchschnittstemperatur der erdnahen Atmosphäre und der Meere sowie deren künftig erwartete Erwärmung. Zwischen 1906 und 2005 hat sich die durchschnittliche Lufttemperatur in Bodennähe um 0,74 Grad Celsius erhöht.

Das Jahrzehnt von 2000 bis 2009 war mit Abstand das wärmste je gemessene, gefolgt von den 1990er Jahren, die wiederum wärmer waren als die 1980er Jahre.

Nach gegenwärtigem wissenschaftlichen Verständnis ist hierfür „sehr wahrscheinlich" die Verstärkung des natürlichen Treibhauseffektes durch menschliches Einwirken ursächlich. Die menschengemachte Erwärmung entsteht durch Verbrennen fossiler Brennstoffe, durch weltumfassende Entwaldung sowie Land- und Viehwirtschaft. Dadurch wird das Treibhausgas Kohlendioxid (CO_2) sowie weitere Treibhausgase wie Methan und Lachgas in der Erdatmosphäre angereichert, sodass weniger Wärmestrahlung von der Erdoberfläche in das Weltall abgestrahlt werden kann.

Der mit Abstand größte Teil der abgelaufenen wie auch der erwarteten anthropogenen Erwärmung ist auf den bisherigen und bis heute zunehmenden Konzentrationsanstieg des Treibhausgases Kohlendioxid zurückzuführen. Durch starke Rückkopplungsprozesse ist die direkte Wärmewirkung des Kohlendioxids jedoch mit hoher Wahrscheinlichkeit deutlich kleiner als die erwarteten, aus der Erwärmung resultierenden, ebenfalls wärmenden Sekundäreffekte.

Bis zum Jahr 2100 wird, abhängig vom künftigen Treibhausgasausstoß und der tatsächlichen Reaktion des Klimasystems darauf eine Erwärmung um 1,1 bis 6,4 Grad Celsius erwartet. Dies hätte eine Reihe von Folgen:

Verstärkte Gletscherschmelze, steigende Meeresspiegel, veränderte Niederschlagsmuster, zunehmende Wetterextreme.

Die Vielzahl der Konsequenzen, die sich je nach Ausmaß der Erwärmung ergeben, ist jedoch kaum abschätzbar. Die große Schwankungsbreite der Temperaturprognosen ist dabei weniger auf ein fehlendes Verständnis der natürlichen Prozesse, als viel mehr der unbekannten Reaktion der Menschheit auf die sich verändernden Bedingungen zuzurechnen.

Nationale und internationale Klimapolitik zielt sowohl auf die Vermeidung des Klimawandels wie auch auf die Anpassung an die zu erwartende Erwärmung ab. Der wissenschaftliche Erkenntnisstand zur globalen Erwärmung wird durch den Intergovernmental Panel on Climate Change diskutiert und zusammengefasst. Die Analysen des IPCC, dessen vierter Sachstandsbericht 2007 veröffentlicht wurde, bilden den Forschungsstand über menschliche Einflussnahmen auf das Klimasystem der Erde. Sie sind als Hauptgrundlage der politischen und wissenschaftlichen Diskussion über das Thema zu sehen. Die IPCC-Darstellung und die daraus zu ziehenden Folgerungen stehen zugleich im Mittelpunkt der Kontroverse um die globale Erwärmung.

Unsere Kenntnisse über Ursachen und Folgen der globalen Erwärmung fußen hauptsächlich auf wissenschaftlichen Erkenntnissen aus der Klimaforschung. Nachfolgend habe ich eine Zusammenstellung der geschichtlichen Entwicklung und Entdeckungen aufgeführt, damit verständlich wird, was wir unter Klimawandel verstehen.

Aufbauend auf die Entdeckung des Treibhauseffektes durch Jean Baptiste Joseph Fourier im Jahr 1824, identifizierte John Tyndall 1862 einige der für diesen Effekt verantwortlichen Gase, allen voran Wasserdampf und Kohlendioxid.

Hieran anknüpfend, veröffentlichte Svante Arrhenius 1896 als Erster die Hypothese, dass die anthropogene, also durch den Menschen verursachte, CO_2-Anreicherung in der Atmosphäre die Erdtemperatur erhöhen könne, womit die **„Wissenschaft von der globalen Erwärmung"** im engeren Sinne begann.

In den späten 1950er Jahren wurde erstmals nachgewiesen, dass der Kohlendioxidgehalt der Atmosphäre ansteigt. Auf Initiative von Roger Revelle startete Charles David Keeling 1958 auf dem Berg Mauna Loa in Hawaii, regelmäßige Messungen des CO_2-Gehalts der Atmosphäre.

Gilbert Plass nutzte 1956 erstmals Computer und erheblich genauere Absorptionsspektren des CO_2 zur Berechnung der zu erwartenden Erwärmung. Er erhielt 3,6 Grad Celsius als Wert für die Klimasensitivität.

1979 schrieb die National Academy of Sciences der USA im sogenannten Charney-Report, dass ein Anstieg der Kohlendioxidkonzentration ohne Zweifel mit einer signifikanten Klimaerwärmung verknüpft sei. Deutliche Effekte seien aufgrund der Trägheit des Klimasystems jedoch erst in einigen Jahrzehnten zu erwarten. Die ersten Computerprogramme zur Modellierung des Weltklimas wurden Anfang der 1980er Jahre geschrieben.

Das Intergovernmental Panel on Climate Change (IPCC) wurde 1988 vom Umweltprogramm der Vereinten Nationen (UNEP) gemeinsam mit der Weltorganisation für Meteorologie (WMO) eingerichtet und ist der 1992 abgeschlossenen Klimarahmenkonvention beigeordnet. Das IPCC fasst für seine im Abstand von etwa 6 Jahren erscheinenden Berichte die weltweiten Forschungsergebnisse auf dem Gebiet der Klimaveränderung zusammen und bildet damit den aktuellen Stand des Wissens in der Klimatologie ab. Der vierte Sachstandsbericht wurde 2007 veröffentlicht. Der fünfte Sachstandsbericht wird voraussichtlich 2013 erscheinen. Er wird vieles, bereits Geahntes und Bekanntes erwarten lassen.

Seit über 100 Jahren ist die wärmende Wirkung von Treibhausgasen bekannt, deren Konzentrationsanstieg in der Erdatmosphäre dann Mitte der 50er Jahre des vorigen Jahrhunderts sicher nachgewiesen werden konnte. Da Schwankungen der Sonnenaktivität erst mit den Mitte der 1970er Jahre verfügbaren Satelliten hinreichend genau messbar waren, war es bis in die 1980er Jahre nicht möglich, zweifelsfrei festzustellen, ob die damals gemessene Erhöhung der globalen Durchschnittstemperatur eine Folge der gestiegenen Treibhausgaskonzentration war. Bis in die 1980er Jahre war die anthropogene globale Erwärmung in Lehrbüchern zur Klimatologie daher als noch unbelegte Hypothese beschrieben.

Die seit Mitte der 1970er Jahre festgestellte, ausgeprägte und bis heute ununterbrochene Klimaerwärmung kann mithilfe der seit der deutlich verbesserten Messtechnik nicht primär auf solare Einflüsse oder andere natürliche Faktoren zurückgeführt werden, da sich diese seit dieser Zeit nur minimal veränderten.

Während im dritten Sachstandsbericht des IPCC noch angegeben wurde, es sei „wahrscheinlich", dass die festgestellte Erwärmung auf anthropogene Einflüsse zurückgeführt werden kann, wurde diese Aussage im vierten Sachstandsbericht von 2007 korrigiert; es heißt dort, der menschliche Einfluss sei „sehr wahrscheinlich".

Das IPCC schätzt den Grad des wissenschaftlichen Verständnisses über die Wirkungen von Treibhausgasen als „hoch" ein. Der in den IPCC-Berichten zum Ausdruck gebrachte wissenschaftliche Konsens wird von den wichtigsten nationalen Wissenschaftsakademien unter anderem aller G8-Länder ausdrücklich unterstützt. Mindestens weitere 30 nationale und internationale wissenschaftliche Gesellschaften teilen ebenfalls prinzipiell die IPCC-Positionen.

Diesen Konsens verdeutlicht z. B. auch ein Essay der Wissenschaftshistorikerin Naomi Oreskes, dem zufolge sich in einer Auswahl von 928 Abstracts aus einer wissenschaftlichen Datenbank mit dem Stichwort „global climate change" unter diesen kein einziger finden ließ, der den grundlegenden vom IPCC vertretenen Thesen widersprochen hätte.

Umfragen unter den Wissenschaftlern bieten zumindest eine grobe Orientierung, wie sehr der in den IPCC-Berichten wiedergegebene Konsens unter Experten verbreitet ist. Einer Umfrage aus dem Jahr 2007 zufolge teilen 45-50 Prozent der Klimaforscher die Positionen des IPCC, während jeweils 15-20 Prozent die IPCC-Berichte für unter- oder übertrieben halten. Wenigstens 97 Prozent der teilnehmenden Wissenschaftler bestätigen die Aussage, wonach die menschlichen Emissionen von Kohlendioxid einen wichtigen Bestandteil des Klimasystems darstellen und wenigstens teilweise für die Erwärmung der letzten Jahrzehnte verantwortlich seien.

Dieser Wert wurde auch in einer nachfolgend durchgeführten unabhängigen Umfrage von 2008 bestätigt. Demnach stimmen 97 Prozent der an der Umfrage teilgenommenen Klimaforscher, die auch aktiv in ihrem Fachgebiet publizieren, der Aussage zu: **„Menschliche Aktivität ist ein signifikant beitragender Faktor bei der Veränderung der mittleren globalen Temperatur."**

Aus diesem Grunde wurden Umweltschutzgesetze geschaffen, die alle Maßnahmen, die schädigende Einflüsse auf die Umwelt verhindern und gegebenenfalls eingetretene Schäden beseitigen oder auf ein vertretbares Maß zurückführen sollen. Umweltschutz umfasst Emissions- und Lärmschutz, Gewässerschutz, Strahlenschutz, Abfallbeseitigung, kontrollierten Einsatz von Dünge- und Pflanzenschutzmitteln sowie Landschaftspflege.

Er beruht auf biologischer und physikalischer Grundlagenforschung, Gesetzgebungsmaßnahmen und Technologien zur Vermeidung und Beseitigung von Umweltschäden. Die globale Bedeutung des Umweltschutzes wurde insbesondere seit der Veröffentlichung des ersten Berichts des **Klub of Rome** über „**Die Grenzen des Wachstums"** (1972) weltweit anerkannt. Der Bericht zeigte eindringlich die Grenzen der Belastbarkeit der Erde durch Schadstoffe und die drohende Erschöpfung der natürlichen Ressourcen, wie Bodenschätze, Vielfalt der Tier- und Pflanzenarten, auf und warnte vor einer unkontrollierten Fortsetzung des Wachstums von Bevölkerung und Produktion.

Die Grenzen des Wachstums ist eine 1972 veröffentlichte Studie zur Zukunft der Weltwirtschaft.

Die Studie wurde im Auftrag des Klub of Rome erstellt. Donella und Dennis L. Meadows und dessen Mitarbeiter am Jay W. Forresters Institut für Systemdynamik führten dazu eine **Systemanalyse** und **Computersimulationen** verschiedener Szenarien durch.

Das benutzte Weltmodell diente der Untersuchung von fünf Tendenzen mit globaler Wirkung,

Industrialisierung,

Bevölkerungswachstum,

Unterernährung,

Ausbeutung von Rohstoffreserven,

Zerstörung von Lebensraum.

So wurden Szenarien mit unterschiedlich hoch angesetzten Rohstoffvorräten der Erde berechnet, oder eine unterschiedliche Effizienz von landwirtschaftlicher Produktion, Geburtenkontrolle oder Umweltschutz angesetzt.

Die zentralen Schlussfolgerungen des Berichtes waren:

Wenn die gegenwärtige Zunahme der Weltbevölkerung, der Industrialisierung, der Umweltverschmutzung, der Nahrungsmittelproduktion und der Ausbeutung von natürlichen Rohstoffen unverändert anhält, werden die absoluten Wachstumsgrenzen auf der Erde im Laufe der nächsten hundert Jahre erreicht.

Zurzeit, in der ich dies niederschreibe, leben 7.000.000.000 Menschen auf unserem Planeten.

Das Erreichen der Wachstumsgrenzen könnte zu einem ziemlich raschen und nicht aufhaltbaren Absinken der Bevölkerungszahl und der industriellen Kapazität führen, wenn dadurch die Umwelt irreparabel zerstört oder die Rohstoffe weitgehend verbraucht würden. Ein Ändern der Wachstumsvoraussetzungen, um einen ökologischen und wirtschaftlichen Gleichgewichtszustand herbeizuführen, der auch in weiterer Zukunft aufrechtzuerhalten sei, erschien jedoch möglich. Je eher sich die Menschheit entschließe, diesen Gleichgewichtszustand herzustellen, und je rascher sie damit beginne, desto größer wären die Chancen, ihn auch zu erreichen.

Die Zusammenbruchs-Szenarien wurden, unter anderem, mit der Dynamik eines exponentiellen Wachstums begründet. Der Bericht beschreibt daher im ersten Teil die Mathematik des exponentiellen Wachstums sehr ausführlich und allgemein verständlich.

Im Falle der Weltbevölkerung gab es um 1650 eine Verdoppelungszeit von 250 Jahren. 1970 betrug die Verdoppelungszeit der Weltbevölkerung aber schon 33 Jahre. Ein solches Wachstum nannten die Autoren **„superexponentiell"**. Die Aussagen des Berichts zur Weltbevölkerung im Jahr 2000 sind inzwischen überprüfbar. In diesem Jahr lebten mit 6 Milliarden Menschen annähernd genau so viele Menschen wie im Standardlauf des Weltmodells berücksichtigt wurden.

Der zweite wesentliche Effekt in den Szenarien war die Einführung von Regelkreisen, mit denen sich die verschiedenen Komponenten des Weltmodells gegenseitig beeinflussten. Beispielsweise ist das Bevölkerungswachstum abhängig von der Geburten- und der Sterberate. Solange die Geburtenrate höher als die Sterberate ist, wächst die Bevölkerung. Ist die Sterberate höher, so sinkt sie. Geburten- und Sterberate sind aber abhängig von der medizinischen Versorgung und der Nahrungsmittelproduktion. Nahrungsmittelproduktion und medizinische Versorgung hängen wiederum von der Industrieproduktion ab, da diese Auswirkungen auf die Bereitstellung von Technologien für die Landwirtschaft und das Gesundheitswesen hat.

Eine Besonderheit war zu der Zeit, als die Simulationen mit Hilfe von Computern erstellt wurden. Die damals bekannten Daten zur Entwicklung der Weltbevölkerung, der Industrieproduktion, der Umweltverschmutzung, der Nahrungsmittelproduktion, der Rohstoffvorräte und andere Daten speiste man in das World3 genannte Computermodell ein. World3 wurde in der Computersprache DYNAMO geschrieben. Damals benötigte man Großrechner, um das Programm laufen zu lassen.

Die Simulationsergebnisse der meisten Szenarien ergaben ein weitergehendes, zunächst unauffälliges Bevölkerungs- und Wirtschaftswachstum bis zu einer ziemlich jähen Umkehr der Tendenz vor dem Jahr 2100. Nur sofortige durchgreifende Maßnahmen zum Umweltschutz, zur Geburtenkontrolle, zur Begrenzung des Kapitalwachstums sowie technologische Maßnahmen änderten dieses Systemverhalten, sodass auch Szenarien errechnet werden konnten, unter denen sich die Weltbevölkerung wie auch der Wohlstand langfristig konstant halten ließ.

Zu diesen technologischen Maßnahmen gehörten Wiederverwendung von Abfällen, verlängerte Nutzungsdauer von Investitionsgütern und andere Arten von Kapitalgütern sowie Handlungen zur langfristigen Erhöhung der Bodenfruchtbarkeit land-

und forstwirtschaftlicher Betriebe. Die Autoren hatten nicht nur Katastrophenszenarien als Ergebnis erhalten, sondern auch Szenarien, die zu einem Zustand des Gleichgewichts führten.

Man behandelte die wichtigsten Technologiefragen besonders ausführlich in einem eigenen Kapitel. In diesem wird unter anderem ein Szenario durchgerechnet, in dem es mithilfe der Technik gelingt, den Rohstoffverbrauch durch vollständiges Recycling auf null zu senken. In einem weiteren Szenario werden „unbegrenzte Rohstoffvorräte" und eine durch Technik massiv verringerte Umweltverschmutzung berücksichtigt, schließlich werden diese Modelle noch um erhöhte landwirtschaftliche Produktivität und perfekte Geburtenkontrolle ergänzt. Es zeigte sich, dass, gemäß der Modellvorstellung, auch maximale Technologie keinen Systemzusammenbruch verhindert, sofern das Produktionskapital unbegrenzt weiter wachsen würde, weil selbst eine maximale Technologie die negativen Folgen nicht mehr kompensieren könne.

Bevölkerungswachstum war in den Modellen zunächst eine Voraussetzung für die Steigerung der Wirtschaftsleistung, da die Bevölkerungszahl Auswirkungen auf die Rohstoffproduktion, die Nahrungsmittelproduktion, die nachgefragten Dienstleistungen und die Industrieproduktion hätten.

Diese wirtschaftsfördernden Aspekte des Bevölkerungswachstums würden aber bei einer Grenzüberschreitung ins Gegenteil umschlagen, da die Kapitalabnutzung dann größer als die Investitionsrate wäre. Dies wäre zum Beispiel dann der Fall, wenn die Kosten der Rohstoffgewinnung immer weiter anstiegen, weil die ergiebigen Lagerstätten erschöpft wären und auf immer minderwertigere Lager zugegriffen werden müsste.

Es könne also nach den Ergebnissen des 1972er Berichts kein unendliches Bevölkerungswachstum geben, ohne dadurch irgendwann auch das Industriekapital zu beeinträchtigen.

Den Autoren war bewusst, dass sie die Szenarien teilweise auf der Grundlage ungenügender Daten erstellten, daher wurden Modellläufe sowohl unter der Annahme gleichbleibender wie auch bis zu fünf Mal höherer Reserven, als 1972 nachgewiesen waren, durchgeführt. Hinzu kamen jeweils unterschiedliche Vorgaben für das Wirtschaftswachstum, trotzdem waren aber in den meisten Szenarien die Rohstoffvorräte vor dem Jahr 2100 erschöpft. In dem Bericht wurde deutlich erklärt, dass keine Voraussagen gemacht würden, sondern nur „Hinweise auf die im Weltsystem charakteristischen Verhaltensweisen" gegeben würden.

Die erste Studie, wie auch die politisch bedingte Ölkrise von 1973, löste ein Umdenken insbesondere in den westlichen Staaten aus. Danach kam es zur Entwicklung neuer Technologien, erhöhter Energieeffizienz und einem „qualitativen Wachstum" mit stärkerer Entkoppelung von Wirtschaftswachstum, Energieverbrauch und Umweltverschmutzung.

In den Ostblockstaaten, so etwa der DDR, wurden die Thesen regierungsamtlich als **„feindlich-negativ"** abgelehnt, aber angesichts erheblicher Umweltprobleme insbesondere von der kirchlichen Umweltbewegung und Opposition eingeführt und thematisiert.

Direkt im Anschluss an die Veröffentlichung kam es zu kontroversen Reaktionen. In einem Leitartikel in Newsweek wurden „Die Grenzen des Wachstums" als **„irresponsible nonsense"** dargestellt. Die Katastrophenszenarien würden dazu benutzt, stark von politischen Vorstellungen geprägte subjektive Zukunftsvisionen zu propagieren.

Spätere Kritiker kritisierten die Rohstoffprognosen und besonders die Ausblendung technischen Fortschritts in einer reinen Trendextrapolation und halten Bevölkerungswachstum wie im Baby Boom für **eine Voraussetzung, nicht ein Hindernis wirtschaftlichen Fortschritts.**

Einige kritisierten eine uneinheitliche Verwendung von Wachstumsfunktionen, während Bevölkerung, Kapital und Umweltverschmutzung exponentiell wuchsen, wurde bei entsprechenden

Technologien zur besseren Ressourcennutzung und verringerter Umweltverschmutzung wenn überhaupt nur ein lineares Wachstum angenommen. In dem Zusammenhang wurde auch ein Vorgehen in der Geburtenkontrolle unterstellt.

Häufig kritisiert wurde eine äußerst schwache Datenbasis, so wie, das nicht eingetroffene, Versiegen einzelner Rohstoffe in einem bestimmten vorausgesagten Jahr. Die Kritik bezog insoweit auch apokalyptische Medien-Interpretationen des Berichts ein, die im Urtext entweder überhaupt nicht oder in einer deutlich abgeschwächten Form zu finden sind.

Eine Mitarbeiterin an der Forschungsstätte der Evangelischen Studiengemeinschaft in Heidelberg bezeichnete die Grenzen des Wachstums als eine säkulare „Bußpredigt", deren Ziel es gewesen sei, die Zeitgenossen derart zu erschüttern, dass sich ihr Handeln und ihre Mentalität merklich veränderte.

Dass sich der „Klub of Rome" der Systemanalyse statt der Sprache der Franziskaner bediente und zur Verbreitung der wesentlichen „Botschaft" auf Wissenschaftler und nicht auf Theologen zurückgriff, sei ein zum Zeitgeist passender Kunstgriff.

Im Juni 2008 veröffentlichte Graham Turner von der Commonwealth Scientific und Industrial Research Organisation eine Studie, in der er die historischen Daten für die Jahre von 1970 bis 2000 mit den Szenarien der ursprünglichen Studie von 1972 verglich. Er stellte eine große Übereinstimmung mit den Vorhersagen des Standardszenarios fest, das in einem globalen Kollaps in der Mitte des 21. Jahrhunderts resultiert.

„Die neuen Grenzen des Wachstums"

wurden 1972 veröffentlicht. Neue Erkenntnisse, beispielsweise größere Rohstoffvorkommen als 20 Jahre zuvor bekannt und die in der Zwischenzeit eingetretene Entwicklung wurden in die aktualisierten Simulationen aufgenommen, dennoch bleiben die

Ergebnisse in der Tendenz ähnlich. Ebenso wie im 1972er Bericht enden die meisten Szenarien mit „Grenzüberziehung und Zusammenbruch". Durch Geburtenbeschränkung, Produktionsbeschränkung, Technologien zur Emissionsbekämpfung, Erosionsverhütung und Ressourcenschönung ließe sich aber ein Gleichgewichtszustand erreichen.

Je später mit diesen Maßnahmen begonnen würde, desto niedriger wäre **der erreichbare materielle Lebensstandard**. Insgesamt wurden 13 Szenarien in dem Bericht vorgestellt, von denen drei zu einem Gleichgewichtszustand führen.

Die Simulationen von 1992 wurden vor dem Hintergrund einer gegenüber 1972 verbesserten Datensituation durchgeführt. So erwähnten die Autoren 1972 die Klimawirkung durch Treibhausgase zwar, konnten die Folgen jedoch nicht überblicken. 1992 konnte **der menschengemachte Treibhauseffekt** bereits sehr viel besser abgeschätzt werden. Ein eigenes Kapitel wird dem durch **FCKW** verursachten Abbau der Ozonschicht gewidmet. Hierin wird einerseits das Problem einer Grenzüberziehung durch FCKW-Emissionen beschrieben und andererseits aber auch deutlich gemacht, dass die Menschheit fähig ist, auf globale Probleme zu reagieren und internationale Vereinbarungen zum Schutz der Ozonschicht zu beschließen.

Im Jahr 2004 veröffentlichten die Autoren das **30-Jahre-Update**. Darin brachten sie die verwendeten Daten auf den neuesten Stand, nahmen leichte Veränderungen an ihrem Computermodell World3 vor und errechneten anhand verschiedener Szenarien mögliche Entwicklungen ausgehend vom Jahr 2002 bis zum Jahr 2100. In den meisten der errechneten Szenarien ergibt sich ein Überschreiten der Wachstumsgrenzen und ein anschließender Kollaps bis spätestens 2100. Fortführung des **„Business as usual" der letzten 30 Jahre führe zum Kollaps ab dem Jahr 2030.**

Auch bei energischem Umsetzen von Umweltschutz- und Effizienzstandards kann diese Tendenz oft nur abgemildert, aber **nicht mehr verhindert werden**. Erst die Simulation einer überaus ambitionierten Mischung aus Einschränkung des Konsums, Kontrolle des Bevölkerungswachstums, Reduktion des Schadstoffausstoßes und zahlreichen weiteren Maßnahmen, ergibt eine nachhaltige Gesellschaft bei knapp **8 Mrd. Menschen**.

Die Studie von 2004 geht auch auf die Entwicklung von 1972 bis 2002 ein und beschreibt unter anderem eine Zunahme des sozialen Gefälles. 20 Prozent der Erdbevölkerung verfügten über 85 Prozent des globalen Bruttoinlandsprodukts.

Die Bodenqualität: 40 Prozent der Ackerflächen würden übernutzt.

Überfischung: 75 Prozent der Fischbestände seien bereits abgefischt und wie bereits 1972 die Erschöpfung fossiler Rohstoffe stehe in wenigen Jahrzehnten bevor.

Die Autoren nehmen an, dass die Kapazität der Erde, Rohstoffe zur Verfügung zu stellen und Schadstoffe zu absorbieren, bereits im Jahr 1980 überschritten worden sei und weiterhin überschritten werde. **Im Jahr 2004 schon um ca. 20 Prozent.** Wir leben heute im Jahre 2011.

Die Autoren zogen auch die erarbeiteten Daten des **Ökologischen Fußabdrucks** in ihre Studien ein.

Es wird die Fläche auf der Erde verstanden, die notwendig ist, um den Lebensstil und Lebensstandard eines Menschen, unter Forführung heutiger Produktionsbedingungen, dauerhaft zu ermöglichen. Das schließt Flächen ein, die zur Produktion seiner Kleidung und Nahrung oder zur Bereitstellung von Energie, aber z. B. auch zum Abbau des von ihm erzeugten Mülls oder zum Binden des durch seine Aktivitäten freigesetzten Kohlendioxids benötigt werden.

Die weltweit verfügbare Fläche zur Erfüllung der menschlichen Bedürfnisse wird nach Daten des Global Footprint Network und der European Environment Agency insgesamt um **23 Prozent überschritten**.

Danach werden bei gegenwärtigem Verbrauch pro Person 2,2 ha beansprucht, es stehen allerdings lediglich 1,8 ha zur Verfügung. Dabei verteilt sich die Inanspruchnahme der Fläche sehr unterschiedlich auf die verschiedenen Regionen. Europa beispielsweise benötigt 4,7 ha pro Person, kann aber nur 2,3 ha selber zur Verfügung stellen. Dies bedeutet eine Überbeanspruchung der europäischen Biokapazität um über 100 Prozent. Frankreich beansprucht demnach annähernd das Doppelte, Deutschland etwa das Zweieinhalbfache und Großbritannien das Dreifache der verfügbaren Biokapazität. Ähnliche Ungleichgewichte finden sich auch zwischen Stadt und Land. Die USA brauchen etwa 9,7 ha, Großbritannien 5,6 ha, Brasilien 2,1 ha, die Volksrepublik China 1,6 ha und Indien 0,7 ha für eine Person. „Die Grenze des Wachstums" steht in einer langen Tradition von wachstumskritischen Veröffentlichungen. Die Kritik an exponentiellen Wachstumsprozessen ist Jahrtausende alt. Bekannt sind die Weizenkornlegende und der Josephspfennig. Auch in der Bibel wird, an mehreren Stellen, ein Zinsverbot ausgesprochen, z. B. im Deuteronomium 23, 20-21: „Du sollst deinem Bruder keinen Zins auferlegen, Zins für Geld, Zins für Speise, Zins für irgendeine Sache, die man gegen Zins ausleiht. Dem Fremden magst du Zins auferlegen, aber deinem Bruder darfst du nicht Zins auferlegen, damit der Herr, dein Gott, dich segnet in allem Geschäft deiner Hand in dem Land, in das du kommst, um es in Besitz zu nehmen." Ebenso im Koran, in Sure 3, Vers 130 „Ihr Gläubigen! Nehmt nicht Zins, indem ihr in mehrfachen Beträgen wiedernehmt, was ihr ausgeliehen habt!"

Dem Kapitel I, des Berichts „Die Grenzen des Wachstums", stellten die Autoren ein Zitat von Han Fei-Tzu voraus, ca. 500 v. Chr:

„Die Menschen meinen, fünf Söhne seien nicht zu viel und jeder Sohn habe fünf Söhne; wenn der Großvater stirbt, hat er fünfundzwanzig Nachkommen. Deshalb gibt es immer mehr Menschen und ihr Reichtum schwindet dahin; sie arbeiten hart um geringen Lohn."

Aristoteles sagte, 322 v. Chr.: „Die meisten Leute meinen, ein Staat, der die Menschen glücklich machen könne, müsse groß sein; aber selbst wenn sie recht haben sollten, wissen sie doch nicht, was eigentlich Groß und Klein bei Staaten bedeuten soll. Auch für die Größe von Staaten gibt es eine Grenze, so wie für jedes andere Ding, für Pflanzen, Tiere und für Handwerkzeuge; denn diese Dinge verlieren ihre natürliche Wirksamkeit, wenn sie zu groß oder zu klein sind; entweder gehen sie völlig ihrer Eigenart verlustig oder sie werden zerstört." Technischer Fortschritt, der zu einer effizienteren Nutzung von Rohstoffen führt, kann dennoch zu einem Mehrverbrauch dieser Rohstoffe führen.

Wir haben erkannt, dass unsere Umwelt sich in einem kranken, um nicht zu sagen, in einem sehr kritischen Zustand befindet. Um die Intensivstation verlassen zu können, müssen Aufträge erteilt und erfüllt werden.

Der umweltpolitische Auftrag zur Erhaltung und Gewährleistung einer intakten Umwelt als Voraussetzung für ein menschenwürdiges Dasein folgt heute zunehmend dem Leitbild der Nachhaltigkeit, d. h., einer Lebens- und Wirtschaftsweise, die die natürliche Lebensgrundlage durch ihre schonende Nutzung dauerhaft erhält. Generell hängt der Grad der Umweltbelastung vom Umfang und von der Zusammensetzung der Wirtschaftätigkeit, wie Produktion und Konsum einer Gesellschaft, sowie vom Stand der Technik ab. In diesem Rahmen ist die gesellschaftlich erwünschte Umweltqualität das Ergebnis eines Abwägens zwischen Umweltschutz- und wirtschaftlichen Zielen.

Umweltschutzmaßnahmen folgen meist dem Emissionsprinzip, d. h., Schadstoffe sollen überhaupt nicht in die Umwelt gelangen oder am Ort ihrer Entstehung weitgehend zurückgehalten werden. Dies wird erreicht, indem die Herstellung und Verwendung bestimmter, die umweltgefährdende Stoffe verboten oder beschränkt wird und in dem Produktionsverfahren und Konsumgewohnheiten gemäß ihrer Einwirkungen auf die Umwelt reguliert werden.

Zur Steuerung des umweltrelevanten Verhaltens von Unternehmen und Verbrauchern kommen neben direkt regulierenden Instrumenten, z. B. technische Auflagen für Kohlekraftwerke, indirekt wirkende Maßnahmen in Betracht, die ökonomische Anreize zu freiwilligen Verhaltensänderungen vermitteln, z. B. Erhöhung der Mineralölsteuersätze, Vergabe handelbarer Lizenzen zum Schadstoffausstoß.

Da Luft- und Gewässerverschmutzung weiträumig transportiert werden und da mit der weltwirtschaftlichen Verflechtung auch die grenzüberschreitende Verbringung von Schadstoffen und Abfällen zunimmt, wurden in den letzten Jahrzehnten internationale Umweltschutzabkommen geschlossen. Ein Beispiel hierfür bietet das **Kyotoprotokoll** zum Klimaschutz durch Begrenzung des Ausstoßes von Treibhausgasen.

In fast allen Industriestaaten wurden seit 1969 neue Gesetze und Maßregeln für den Umweltschutz gefordert, vorbereitet oder erlassen. Eine erste internationale Umweltschutzkonferenz beschloss im Juni 1972 die Einrichtung einer „Erdwacht" mit Satelliten, Schiffen, Flugzeugen und ortsfesten Beobachtungsstationen zur weltweiten Kontrolle der Umweltverschmutzung; die Konferenz setzte auch ein internationales Umweltschutzsekretariat ein. Im Dezember 1972 wurde ein internationales Abkommen gegen die Verschmutzung der Weltmeere unterzeichnet.

In Deutschland liegt die Zuständigkeit für den Umweltschutz teilweise beim Bund, z.T. auch bei den Ländern. Ein Bundesgesetz über Entgiftung der Autoabgase hat seit 1976 den Bleigehalt sehr stark herabgesetzt.

Doch reichen alle diese Regelungen noch keineswegs aus. Angestrebt wird das Verursacherprinzip, nach dem alle Umweltschäden vom jeweiligen Verursacher beseitigt oder der daraus entstandene finanzielle Verlust oder Aufwand ebenfalls vom Verursacher getragen werden muss. 1974 wurde das Umweltbundesamt als selbstständige Bundesoberbehörde errichtet.

In der Schweiz wurde 1971 ein neuer Artikel über den Umweltschutz in die Bundesverfassung aufgenommen und das eidgenössische Amt für Gewässerschutz zu einem eidgenössischen Amt für Umweltschutz ausgebaut. Ein Gewässerschutzgesetz des Bundes ist seit 1972 in Kraft. Außerdem sind zivile Überschallflüge untersagt. Seit 1983 gibt es ein Umweltschutzgesetz.

In Österreich wurde hauptsächlich zum Zweck des Gewässerschutzes 1959 eine Novellierung der Wasserrechtsgesetze von 1934 vorgenommen. Danach ist jeder verpflichtet, sämtliche Gewässer nach Maßgabe des öffentlichen Interesses rein zu halten. Bundesgesetze sind das Altölgesetz von 1986, das Sonderabfallgesetz von 1983, das Umweltfondsgesetz von 1983, das Umwelt- und Wasserwirtschaftsfondsgesetz von 1987, das Luftreinhaltegesetz für Kesselanlagen von 1988.

In den neunziger Jahren wurden viele Gesetze ins Leben gerufen und internationale Vereinbarungen getroffen. Der Wille ist da, leider nur von einigen, zukunftsdenkenden Ländern. Die meisten Verursacher aber bleiben nach wie vor Außen und sind nicht bereit, international beizutreten.

Doch soll man nicht vergessen, dass diese aufstrebenden Länder die Umweltzerstörer Nummer 1 sind.

Ich möchte auf die Ursachen unserer Umweltverschmutzung eingehen und einiges über das Schema des Treibhauseffektes aufzeigen: Kurzwellige Strahlung der Sonne trifft auf die Atmosphäre und die Erdoberfläche. Langwellige Strahlung wird von der Erdoberfläche abgestrahlt und in der Atmosphäre fast vollständig absorbiert. Im thermischen Gleichgewicht wird die absorbierte Energie je zur Hälfte in Richtung Erde und Weltall abgestrahlt.

Der Wachstumstrend der wichtigsten menschenverursachten Treibhausgase zwischen 1978 und 2008 zeigt, dass Kohlendioxid und Lachgas weiter unvermindert ansteigen, während Methan seit 1999 zunächst einige Jahre konstant blieb und erst jüngst wieder zunahm. FCKWs/FKWs bleiben dank des Montrealer Protokolls zum Schutz der Ozonschicht stabil bzw. nehmen teilweise sogar leicht ab.

In der Klimatologie ist es heute Konsens, dass die gestiegene Konzentration der vom Menschen in die Erdatmosphäre freigesetzten Treibhausgase mit hoher Wahrscheinlichkeit die wichtigste Ursache der globalen Erwärmung ist, da ohne sie die gemessenen Temperaturen nicht zu erklären sind. Man schätzt den Grad des wissenschaftlichen Verständnisses über die Wirkung von Treibhausgasen als „hoch" ein. Die Wirkung aller bekannten, die Strahlungsbilanz der Erde beeinflussenden Faktoren wird von Forschern mit dem Begriff Strahlungsantrieb quantitativ beschrieben und vergleichbar gemacht.

Treibhausgase lassen die von der Sonne kommende kurzwellige Strahlung weitgehend ungehindert auf die Erde durch, absorbieren aber einen Großteil der von der Erde ausgestrahlten Infrarotstrahlung. Dadurch erwärmen sie sich und emittieren selbst Strahlung im längerwelligen Bereich. Der in Richtung der Erdoberfläche gerichtete Strahlungsanteil wird als atmosphärische Gegenstrahlung bezeichnet. Hierdurch erwärmt sich die Erdoberfläche stärker, als wenn allein die kurzwellige Strahlung der Sonne sie erwärmen würde.

Die Treibhausgase Wasserdampf (H_2O), Kohlendioxid (CO_2), Methan und Lachgas sind natürliche Bestandteile der Atmosphäre;

daher wird die von ihnen verursachte Temperaturerhöhung als natürlicher Treibhauseffekt bezeichnet.

Seit der industriellen Revolution verstärkt der Mensch den natürlichen Treibhauseffekt durch den Ausstoß von Treibhausgasen. Die Konzentration von CO_2 etwa ist vor allem durch die Verbrennung fossiler Rohstoffe, durch die Zementindustrie und großflächige Entwaldung seit Beginn der Industrialisierung auf heute ca. 385 ppmV (parts per Million, Teile pro Million Volumenanteil) gestiegen.

Dies ist wahrscheinlich der höchste Wert seit wenigstens 15 bis 20 Millionen Jahren. Nach Messungen aus Eisbohrkernen betrug die CO_2-Konzentration in den letzten 800.000 Jahren nie mehr als 300 ppmV. Der Volumenanteil von Methan beträgt statt 730 ppbV heute 1.741 ppbV (parts per Billion, Teile pro Milliarde Volumenanteil). Dies ist wie bei Kohlendioxid der höchste Stand seit mindestens 800.000 Jahren. Als eine der Ursachen hierfür ist die Viehhaltung anzuführen, gefolgt von weiteren landwirtschaftlichen Aktivitäten, wie dem Anbau von Reis. Der Volumenanteil von Lachgas stieg von 270 ppbV auf mittlerweile 321 ppbV.

Veränderungen in der Sonne wird ein geringer Einfluss auf die gemessene globale Erwärmung zugesprochen. Die seit 1978 direkt vom Orbit aus gemessene Änderung der Sonnenaktivität ist allerdings bei Weitem zu klein, um als Hauptursache für die seitherige Temperaturentwicklung infrage zu kommen. Man schätzt, dass die Sonne seit Beginn der Industrialisierung etwa 0,12 Watt pro Quadratmeter zur Erderwärmung beigetragen hat.

Das 90-Prozent-Konfidenzintervall wird mit 0,06 bis 0,30 W/m^2 angegeben; im Vergleich dazu tragen die anthropogenen Treibhausgase mit 2,63 ($\pm$ 0,26) W/m^2 zur Erwärmung bei. Die Forscher schreiben, dass der Grad des wissenschaftlichen Verständnisses bezüglich des Einflusses solarer Variabilität vom Dritten zum vierten Sachstandsbericht von „sehr gering" auf „gering" zugenommen hat.

Neben Treibhausgasen beeinflussen auch die Sonnenaktivität sowie sog. Aerosole, feine Partikel in der Atmosphäre, das Erdklima. Aerosole liefern von allen festgestellten Beiträgen zum Strahlungsantrieb die größte Unsicherheit, und unser Verständnis über sie wird von den Forschern als „gering" bezeichnet. Die Wirkung eines Aerosols auf die Lufttemperatur ist abhängig von seiner Flughöhe in der Atmosphäre. In der untersten Atmosphärenschicht, der Troposphäre, sorgen Rußpartikel für einen Temperaturanstieg, da sie das Sonnenlicht absorbieren und anschließend Wärmestrahlung abgeben. Die verringerte Reflektivität von Schnee- und Eisflächen infolge von darauf niedergegangenen Rußpartikeln wirkt ebenfalls erwärmend. In höheren Luftschichten hingegen sorgen Mineralpartikel durch ihre abschirmende Wirkung dafür, dass es an der Erdoberfläche kühler wird.

Einen großen Unsicherheitsfaktor bei der Bemessung der Klimawirkung von Aerosolen stellt ihr Einfluss auf die ebenfalls nicht vollständig verstandene Wolkenbildung dar. Trotz der Unsicherheiten wird Aerosolen insgesamt eine deutlich abkühlende Wirkung zugemessen.

Die Annahme, das Ozonloch sei eine wesentliche Ursache der globalen Erwärmung, ist falsch. Eine veränderte kosmische Strahlung ist ebenfalls nicht für die gegenwärtig beobachtete Erwärmung verantwortlich.

Als Hauptbeweis für die derzeitige globale Erwärmung gelten die seit etwa 1860 vorliegenden weltweiten Temperaturmessungen sowie die Auswertungen verschiedener Klimaarchive. Verglichen mit den Schwankungen der Jahreszeiten sowie beim Wechsel von Tag und Nacht erscheinen die im Folgenden genannten Zahlen klein; als globale Änderung des Klimas bedeuten sie jedoch sehr viel, wenn man die um nur etwa 6 Grad Celsius niedriger liegende Durchschnittstemperatur auf der Erde während der letzten Eiszeit bedenkt.

Seit 1979 ergänzen Satellitendaten die Messungen an Bodenstationen. Zwischen 1906 und 2005 nahmen die global gemittelten, bodennahen Lufttemperaturen um 0,74 Grad Celsius ± 0,18 Grad Celsius bzw. seit Beginn der Industrialisierung (ca. 1750) um 0,7 Grad Celsius zu. Eine deutliche Erwärmungsphase war zwischen 1910 und 1945 zu beobachten, in der aufgrund der noch vergleichsweise geringen Konzentration von Treibhausgasen auch natürliche Schwankungen einen deutlichen Einfluss hatten.

Am ausgeprägtesten ist die Erwärmung von 1975 bis heute. Nach Daten der NASA war 2005 das wärmste Jahr seit Beginn der Aufzeichnungen, dicht gefolgt von 1998. Wissenschaftler des US-amerikanischen National Research Council gehen von den gegenwärtig höchsten erlebten Temperaturen seit mindestens 400 Jahren aus, wahrscheinlich sogar seit wenigstens 1.000 Jahren. In den zurückliegenden 30 Jahren nahm die globale Durchschnittstemperatur nach Bodenmessungen um ca. 0,17 Grad Celsius pro Jahrzehnt zu.

Eine vergleichbare Größenordnung wurde durch Satellitenmessungen ermittelt. Die Daten werden von verschiedenen Forschungsgruppen ausgewertet, die zu leicht unterschiedlichen Ergebnissen kommen. Nach der Gruppe RSS beträgt der Trend 0,16 Grad Celsius und nach Messungen an der University of Alabama in Huntsville 0,14 Grad Celsius pro Jahrzehnt für die letzten 30 Jahre. In einer 2007 erschienenen Studie konnte der natürliche Anteil der Erwärmung des 20. Jahrhunderts auf unter 0,2 Grad Celsius eingegrenzt werden.

Neben der Luft haben sich auch die Ozeane erwärmt. Während sich diese insgesamt seit 1955 aufgrund ihres enormen Volumens und ihrer großen Temperaturträgheit nur um 0,037 Grad Celsius aufgeheizt haben, erhöhte sich ihre Oberflächentemperatur im selben Zeitraum um 0,6 Grad Celsius. Der Energieinhalt der Weltmeere nahm zwischen Mitte der 1950er Jahre bis 1998 um ca. $14,5 \times 10^{22}$ Joule zu, was einer Heizleistung von 0,2 Watt pro m² der gesamten Erdoberfläche entspricht. Im Jahr 2005 wurde u.a. aufgrund der gemessenen Temperaturzunahme der Meere über eine Dekade errechnet, dass die Erde 0,85 Watt pro Quadratmeter mehr Energie aufnimmt als sie ins All abstrahlt. Die Energiezunahme der Weltmeere in Höhe von $14,5 \times 10^{22}$ Joule entspricht der Energie von 100 Millionen Hiroshima-Atombomben; diese Energiemenge würde die unteren 10 Kilometer der Atmosphäre um 11 Grad Celsius erwärmen.

Luft über Landflächen erwärmt sich allgemein stärker als über Wasserflächen. Wegen des Flächenanteils der Ozeane von 71 Prozent ist die Erwärmung der Landflächen im Mittel mehr als doppelt so groß wie über dem Meer. Dementsprechend stiegen die Temperaturen auf der Nordhalbkugel, auf der sich der Großteil der Landflächen befindet, in den vergangenen 100 Jahren stärker an als auf der Südhalbkugel.

Die Nacht- und Wintertemperaturen stiegen etwas stärker an als die Tages- und Sommertemperaturen. Aufgeteilt nach Jahreszeiten wurde die größte Erwärmung während der Wintermonate gemessen, und dabei besonders stark über dem westlichen Nordamerika, Skandinavien und Sibirien.

Im Frühling stiegen die Temperaturen am stärksten in Europa sowie in Nord- und Ostasien an. Im Sommer waren Europa und Nordafrika am stärksten betroffen, und im Herbst entfiel die größte Steigerung auf den Norden Nordamerikas, Grönland und Ostasien. Besonders markant fiel die Erwärmung in der Arktis aus, wo sie im jährlichen Mittel etwa doppelt so hoch ist wie im globalen Durchschnitt. Mit Ausnahme weniger Regionen ist die Erwärmung seit 1979 weltweit nachweisbar.

Für die verschiedenen Luftschichten der Erdatmosphäre wird theoretisch eine unterschiedliche Erwärmung erwartet und faktisch auch gemessen. Während sich die Erdoberfläche und die niedrige bis mittlere Troposphäre erwärmen sollten, lassen Modelle für die höher gelegene Stratosphäre eine Abkühlung vermuten. Tatsächlich wurde genau dieses Muster in Messungen gefunden.

Die Satellitendaten zeigen eine Abnahme der Temperatur der unteren Stratosphäre von 0,314 Grad Celsius pro Jahrzehnt während der letzten 30 Jahre. Diese Abkühlung wird zum einen durch den verstärkten Treibhauseffekt und zum anderen durch Ozonschwund durch FCKWs in der Stratosphäre verursacht. Wäre die Sonne maßgebliche Ursache, hätten sich sowohl die oberflächennahen Schichten, die niedere bis mittlere Troposphäre wie auch die Stratosphäre erwärmen müssen. Nach dem gegenwärtigen Verständnis heißt dies, dass der überwiegende Teil der beobachteten Erwärmung durch menschliche Aktivitäten verursacht sein muss.

Die Phase globaler Abkühlung zwischen 1940 und 1975 wird hauptsächlich mit einer erhöhten Konzentration von Sulfat-Aerosolen in der Atmosphäre erklärt. Eine 2008 veröffentlichte Studie hat gezeigt, dass die Temperaturabnahme von etwa 0,3 Grad Celsius um 1945, die in den Daten des britischen Hadley Centre vorkommt, möglicherweise auf eine nicht korrigierte Abweichung bei der Messung der Meerestemperaturen zurückzuführen ist.

Bei einer Verdoppelung der CO_2-Konzentration in der Atmosphäre gehen Klimaforscher davon aus, dass die Erhöhung der Erdmitteltemperatur innerhalb von 2 Grad Celsius bis 4,5 Grad Celsius liegen wird. Dieser Wert ist auch als Klimasensitivität bekannt und ist auf das vorindustrielle Niveau von 1750 bezogen, ebenso wie der dafür maßgebende Strahlungsantrieb. Man rechnet abhängig von den Zuwachsraten aller Treibhausgase und dem angewandten Modell bis 2100 mit einer Zunahme der globalen

Durchschnittstemperatur um 1,1 Grad Celsius bis 6,4 Grad Celsius.

Der dabei Maßgebliche, allerdings auch der mit der größten Unsicherheit behaftete Parameter ist die Prognose über die zukünftige Entwicklung der Weltwirtschaft. Da das Wirtschaftswachstum der Welt in der Vergangenheit stark mit dem Verbrauch an fossilen Energieträgern korrelierte und dies auch in der näheren Zukunft erwartet werden kann, erklärt sich hieraus die relativ große Bandbreite der von den Klimatologen prognostizierten globalen Erwärmung.

Ein weiterer wahrscheinlicher Einfluss ist ein Rückgang der Förderung konventionellen Erdöls aufgrund des Eintretens des globalen Erdölfördermaximums, das sog. „Peak Oil", das von vielen Experten bis etwa 2030, möglicherweise jedoch auch deutlich früher, erwartet wird. Wird das dann fehlende Öl durch nichtkonventionelles Erdöl wie z. B. Ölsände ausgeglichen, so kann sich die Menge an Treibhausgasen bis zu einem Faktor von 2.5 vergrößern und Anstrengungen zur Reduktion von Emissionen zunichtemachen.

Das globale Klimasystem ist von Rückkopplungen geprägt, die die globale Erwärmung entweder verstärken oder abschwächen. Beispielsweise wirkt die schmelzende Eisdecke der Arktis direkt auf die Eis-Albedo-Rückkopplung. Das an die Stelle des weggeschmolzenen Eises tretende dunklere Meerwasser absorbiert erheblich mehr Wärme und führt so zu **weiterem Abschmelzen des Polareises.** Aus diesem und anderen Gründen schätzt man, dass die zukünftige Erwärmung über den genannten Bandbreiten hinausgehen könnte. Man nennt acht Gründe für die Vermutung, darunter unter anderem:

- den Rückgang der globalen Verdunkelung,
- das ungeahnt schnelle Zurückweichen des arktischen Meereises und
- Rückkopplungs-Effekte durch Biomasse.

Eine Berechnung unter Annahme von derartigen Rückkopplungen wurde von Wissenschaftlern erstellt, die annahmen, dass der Kohlendioxidgehalt der Atmosphäre sich von den derzeitigen etwa 385 ppmV bis 2100 auf etwa 550 ppmV erhöhen wird. Dies sei allein der von der Menschheit bewirkte anthropogene Zuwachs. Die erhöhte Temperatur selbst stößt dann Prozesse an, die zu zusätzlicher Freisetzung von Treibhausgasen, insbesondere Kohlendioxid und Methan, führen. Bei ansteigender Temperatur erfolgt eine erhöhte Freisetzung von Kohlendioxid aus den Weltmeeren und die beschleunigte Verrottung von Biomasse, welche zusätzliches Methan und Kohlendioxid freisetzt. Durch diese positive Rückkopplung könnte die globale Erwärmung um 2 Grad Celsius stärker ausfallen als gegenwärtig angenommen wird.

Globale Prognosen werden in der Arktis u. a. durch schwer modellierbare, lokale Rückkopplungsprozesse in der unmittelbaren Nachbarschaft von sich zurückziehenden Gletschern erschwert.

Im Permafrost Westsibiriens lagern **70 Milliarden Tonnen Methan, in der Tiefsee ungleich größere Mengen Gashydrat vorkommen.**

Siehe „Die Wirklichkeit des Lebens", in diesem Buch zeige ich bereits diesen, bisher fast unbekannten Energieträger der Zukunft auf.

Durch lokale Klimaveränderungen, z. B. +3 Grad Celsius innerhalb von 40 Jahren in Westsibirien, können auch bei geringer globaler Erwärmung regional kritische Grenzwerte erreicht werden.

Nach einer im Jahr 2009 erschienenen Studie wird die gegenwärtig bereits angestoßene Erwärmung noch für mindestens 1.000 Jahre irreversibel sein, selbst wenn heute alle Treibhausgasemissionen vollständig gestoppt würden. In weiteren Szenarien wurden die Emissionen schrittweise bis zum Ende unseres Jahrhunderts fortgesetzt und dann ebenfalls abrupt beendet. Dabei wurden wesentliche Annahmen und Aussagen, die im 4. IPCC-Bericht über die folgenden 1.000 Jahre gemacht wurden, bestätigt und verfeinert. Implizit wurde dabei ein nahezu verschwindendes Wachstum der anthropogenen Abwärmeproduktion vorausgesetzt, die anderenfalls in den nächsten Jahrhunderten zu noch höheren Temperaturen führen würde.

Wegen der Auswirkungen auf menschliche Sicherheit, Gesundheit, Wirtschaft und Umwelt ist die globale Erwärmung mit Risiken behaftet. Einige, schon heute wahrnehmbare Veränderungen, wie die verringerte Schneebedeckung, der steigende Meeresspiegel oder die **Gletscher/Polschmelze** gelten neben den Temperaturmessungen als Belege für den Klimawandel. Konsequenzen der globalen Erwärmung wirken nicht nur direkt auf den Menschen, sondern auch auf Ökosysteme. Um die vielfältigen Auswirkungen quantitativ erfassen zu können, wurde der sog. Klimawandelindex geschaffen.

Experten prognostizieren verschiedene direkte und indirekte Auswirkungen auf Hydrosphäre, Atmosphäre und Biosphäre. Im IPCC Bericht werden diesen Prognosen jeweils Wahrscheinlichkeiten zugeordnet.

Achtes Kapitel

Nachfolgend zeige ich die vorausgesagten Prognosen verschiedener Art, aus dem IPCC-Bericht auf und es soll uns alle zum Denken anregen, sich ein Bild der Zukunft zu machen.

Im Zeitraum von 1992 bis 2009 stieg der Meeresspiegel um 3,3 mm pro Jahr. Dies sind 50 Prozent mehr als der durchschnittliche Anstieg im 20. Jahrhundert.

- Durch die steigenden Lufttemperaturen verändern sich weltweit Verteilung und Ausmaß der Niederschläge. Weil wärmere Luft mehr Wasser aufnehmen kann, erhöht sich die Verdunstungsrate, wodurch die durchschnittliche Niederschlagsmenge steigt, in einzelnen Regionen jedoch auch die Trockenheit zunehmen könnte.

- Die zunehmende Verdunstung führt zu einem höheren Risiko für Starkregen, Überschwemmungen und Hochwasser. Bestens bestätigt durch die verheerenden Überschwemmungen in Australien und Brasilien, Sri Lanka und dem deutschen Hochwasser zu Beginn des Jahres 2011.

- Es kommt weltweit zu einer verstärkten Gletscherschmelze. Siehe in diesem Buch die Ausführungen über Grönland und die Pole.

- Im Zuge der globalen Erwärmung kommt es zu einem Anstieg des Meeresspiegels. Dieser erhöht sich aktuell um 3 cm pro Jahrzehnt. Bis zum Jahr 2100 geht das IPCC von einem Meeresspiegelanstieg zwischen 0,19 m und 0,58 m, neuere Quellen sogar von bis zu 2 m aus. Auch hier liegen bereits eindeutige Daten aus der Südsee vor.

- Laut der World Meteorological Organization gibt es bislang Anhaltspunkte für und wider ein Vorhandensein eines anthropogenen Signals in den bisherigen Aufzeichnungen über tropische Wirbelstürme, doch bislang können keine gesicherten Schlussfolgerungen gezogen werden. Die Häufigkeit tropischer Stürme wird wahrscheinlich abnehmen, ihre Intensität aber zunehmen. Die Risiken für Ökosysteme auf einer sich erwärmenden Erde wachsen mit jedem Grad des Temperaturanstiegs.

- Die Risiken unterhalb einer Erwärmung von 1 Grad Celsius gegenüber dem vorindustriellen Wert sind vergleichsweise gering. Zwischen 1 Grad Celsius und 2 Grad Celsius Erwärmung liegen auf regionaler Ebene mitunter substanzielle Risiken vor. Eine Erwärmung oberhalb von 2 Grad Celsius birgt erhöhte Risiken für das Aussterben zahlreicher Tier- und Pflanzenarten, deren Lebensräume nicht länger ihren Anforderungen entsprechen. Bei über 3 Grad Celsius droht der völlige Kollaps von Ökosystemen.

- Durch gestiegene Niederschlagsmengen, Temperatur und CO_2-Gehalt der Atmosphäre hat das Pflanzenwachstum in den letzten Jahrzehnten zugenommen. Es stieg zwischen 1982 und 1999 um sechs Prozent im weltweiten Durchschnitt, besonders in den Tropen und der gemäßigten Zone der Nordhalbkugel.

- Ozeane versauern durch Aufnahme des Kohlendioxids aus der Atmosphäre zunehmend. Korallen und andere Meeresbewohner können dadurch ihr Kalkskelett nicht mehr bilden.

- Risiken für die menschliche Gesundheit sind teils unmittelbare Folge steigender Lufttemperaturen. Hitzewellen werden häufiger, während extreme Kälteereignisse wahrscheinlich seltener werden. Während die Zahl der Hitzetoten wahrscheinlich steigen wird, wird die Zahl der Kältetoten abnehmen.

- Die landwirtschaftliche Produktivität wird sowohl von einer Temperaturerhöhung als auch von einer Veränderung der Niederschläge betroffen sein. Global ist, grob gesehen, mit einer Verschlechterung des Produktionspotenzials zu rechnen. Das Ausmaß dieses Negativtrends ist jedoch mit Unsicherheit behaftet, da unklar ist, ob durch gestiegene Kohlenstoffkonzentration ein Düngungseffekt eintritt oder nicht. Tropische Regionen werden Modellrechnungen zufolge jedoch stärker betroffen sein als gemäßigte Regionen, in denen mit Kohlenstoffdüngung sogar teilweise deutliche Produktivitätszuwächse erwartet werden. Zum Beispiel wird für Indien mit einem Einbruch von ca. 30-40 Prozent bis 2080 gerechnet, während die Schätzungen für die Vereinigten Staaten und China je nach Kohlenstoffdüngungs-Szenario zwischen -7 Prozent und +6 Prozent liegen. Hinzu kommen wahrscheinliche Veränderungen der Verbreitungsgebiete und Populationen von Schädlingen.

- Es wird zu Änderungen von Gesundheitsrisiken für Menschen und Tiere infolge von Veränderungen des Verbreitungsgebiets, der Population und des Infektionspotenzials von Krankheitsüberträgern kommen. Inwieweit sich dadurch die tatsächliche Ausbreitung der übertragenen Krankheiten ändert, hängt dabei weniger vom Klima als vom medizinischen Standard und der wirtschaftlichen Leistungsfähigkeit der betroffenen Regionen ab.

Der Militärexperte Gwynne Dyer stellt in einem aktuellen Buch die These auf, dass mit den Folgen des Klimawandels geopolitische Verwerfungen einhergehen könnten, die sich schließlich bis zur Austragung von „Klimakriegen" steigern könnten.

Die wirtschaftlichen Folgen der globalen Klimaerwärmung sind nach gegenwärtigen Schätzungen beträchtlich. Das Deutsche Institut für Wirtschaftsforschung schätzt, dass ein ungebremster Klimawandel bis zum Jahr 2050 bis zu 200 Billionen US-Dollar volkswirtschaftliche Kosten verursachen könnte. Der 2006 veröffentlichte Stern-Report der britischen Regierung nennt an zu erwartenden Schäden durch den Klimawandel bis zum Jahr 2100 Werte zwischen 5 Prozent bis 20 Prozent an der globalen Wirtschaftsleistung.

Das Ausmaß der möglichen Konsequenzen der globalen Erwärmung führt zur Frage, wie diese politisch verhindert oder ihre Folgen zumindest gemildert werden können. Die Emissionsminderung aller Treibhausgase ist Hauptgegenstand der umfassenden Klimarahmenkonvention der Vereinten Nationen als der völkerrechtlich verbindlichen Regelung zum Klimaschutz.

Sie wurde 1992 in New York City verabschiedet und im gleichen Jahr auf der UN-Konferenz für Umwelt und Entwicklung in Rio de Janeiro von den meisten Staaten unterschrieben. Mit der Rahmenkonvention geht als neu entstandenes Prinzip der Staatengemeinschaft einher, das auf eine massive Bedrohung der globalen Umwelt auch ohne endgültige Beweise für ihr genaues Ausmaß reagiert werden soll. Auf der Riokonferenz wurde auch die Agenda 21 verabschiedet, die seitdem Grundlage für viele lokale Schutzmaßnahmen ist.

Die derzeit 192 Vertragsstaaten der Rahmenkonvention treffen sich jährlich auf der UN-Klimakonferenz. Die bekannteste dieser Konferenzen fand 1997 im japanischen Kyoto statt und brachte als Ergebnis das sogenannte Kyotoprotokoll hervor. Hierin wurde die Reduktion der Treibhausgasemissionen aller industrialisierten Staaten auf ein bestimmtes Niveau festgeschrieben. Einigen dieser Staaten wurden noch begrenzte Steigerungen ihres Ausstoßes zugestanden. Das Kyotoprotokoll enthält aus Sicht des Klimaschutzes nur vergleichsweise geringe und unzureichende Reduktionsverpflichtungen bis zum Jahr 2012.

Als Grenze von tolerablem zu „gefährlichem" Klimawandel wird in der Klimapolitik gemeinhin eine durchschnittliche Erwärmung um 2 Grad Celsius gegenüber dem vorindustriellen Niveau angenommen. Da 0,7 Grad Celsius bereits erreicht sind, verbleiben damit noch 1,3 Grad Celsius. Das 2-Grad-Ziel wurde etwa beim G-8-Gipfel im Juli 2009 anerkannt. Es ist auch Teil des Copenhagen Accord. Einzelne Staaten, besonders Mitglieder der Europäischen Union, hatten sich diesem Ziel bereits länger verschrieben.

In Deutschland empfiehlt der Wissenschaftliche Beirat der Bundesregierung globale Umweltveränderungen bereits seit 1994, die mittlere Erwärmung auf höchstens 2 Grad Celsius zu begrenzen. Das 2-Grad-Ziel ist jedoch nur als eine politische Absichtserklärung zu verstehen, da es bislang nicht in völkerrechtlich bindender Form verabschiedet worden ist.

Der Anstieg des Meeresspiegels wäre mit der 2-Grad-Begrenzung nicht gestoppt. Besonders stark zunehmende Temperaturen werden über der Arktis erwartet. Beispielsweise erklärten indigene Völker das 2-Grad-Ziel für zu schwach, weil es ihre Kultur und ihre Lebensweise immer noch zerstören würde, sei es in arktischen Regionen, in kleinen Inselstaaten sowie in Wald- oder Trockengebieten.

Bis zur Mitte des 21. Jahrhunderts müsste der CO_2-Ausstoß um etwa 80 Prozent bis 90 Prozent im Vergleich zu 2005 reduziert werden, damit die Konzentration der Treibhausgase nicht über 450 ppm CO_2-Äquivalente steigt. Bis dahin können global noch **etwa 640 Milliarden Tonnen CO_2** ausgestoßen werden, um das 2-Grad Celsius-Ziel mit einer Wahrscheinlichkeit von 75 Prozent zu erreichen. Die Staats- und Regierungschefs der Europäischen Union haben sich 2007 auf das Ziel verständigt, den CO_2-Ausstoß bis zum Jahr 2020 um mindestens 20 Prozent zu senken, im Vergleich zu 2004.

Aktuell werden jährlich etwa 36 Milliarden Tonnen CO_2 emittiert. Die Verbrennung der bekannten Reserven an fossilen Rohstoffen, heute technisch und ökonomisch förderbar, würde dagegen CO_2-Emissionen in Höhe von **ca. 2.800 Milliarden Tonnen** verursachen.

Bislang zeigt die Entwicklung der weltweiten Treibhausgas-Emissionen allerdings weiterhin einen deutlichen Anstieg. Einen entgegengerichteten Trend zeigen allein die Halogenkohlenwasserstoffe. Das Montrealprotokoll von 1987 ist mit seinen Änderungsabkommen das „bis heute vielleicht erfolgreichste internationale Abkommen", wie Kofi Annan im Zusammenhang mit der Verleihung des Friedensnobelpreises 2001 sagte. Dieses gegen das Ozonloch gerichtete Abkommen gilt im Zusammenhang mit globalen Wachstumsgrenzen als allgemeines Vorbild. Die Bekämpfung des Klimawandels ist hingegen weitaus schwieriger. Das Montrealprotokoll hat, weil FCKW auch sehr mächtige Treibhausgase sind, gewissermaßen nebenbei die globale Erwärmung bis heute wesentlich stärker gemildert als die Maßnahmen im Rahmen des Kyotoprotokolls.

Politische Vorgaben zum Klimaschutz müssen durch entsprechende Maßnahmen umgesetzt werden. Auf der technischen Seite existiert eine Vielzahl von Optionen zur Verminderung von Treibhausgasemissionen. So ließe sich theoretisch auch mit heutigen Mitteln ein effektiver Klimaschutz realisieren.

Vor allem die Kosten einer solchen Vermeidungsstrategie hemmen bislang die notwendigen Investitionen in Klimaschutztechnik, auch wenn wie schon beschrieben diese Kosten teilweise deutlich niedriger geschätzt werden, verglichen mit den ansonsten eintretenden Schäden durch den Klimawandel.

Eine verbesserte Energieeffizienz ist ein zentrales Element technischer Klimaschutzlösungen. Nimmt die Energieeffizienz zu, kann eine Dienstleistung oder ein Produkt mit weniger Energieverbrauch als zuvor angeboten oder hergestellt werden. Das heißt beispielsweise, dass in einer Wohnung weniger geheizt werden muss, ein Kühlschrank weniger Strom benötigt oder ein Auto einen geringeren Benzinverbrauch hat. In all diesen Fällen führt die zunehmende Effizienz zu einem abnehmenden Energieverbrauch und damit zu einem verringerten Treibhausgas-Ausstoß.

McKinsey berechnete zudem, dass zahlreiche Energieeffizienz-Maßnahmen gleichzeitig einen volkswirtschaftlichen Gewinn abwerfen. In einer globalen Bilanz betrachtet, bedeutet eine gesteigerte Energie- bzw. Ressourceneffizienz jedoch nur, dass mit den verbrauchten Ressourcen mehr Produkte- oder Dienstleistungen hergestellt werden. Der weltweite Ressourcenverbrauch hängt in erster Linie von den verfügbaren Förderkapazitäten und deren Ausbau ab.

Der Umbau des Energiesystems von fossilen auf erneuerbaren Energiequellen wird als ein weiterer unverzichtbarer Bestandteil effektiver Klimaschutzpolitik angesehen. Im Gegensatz zu fossilen Energieträgern wird bei der Nutzung der meisten erneuerbaren Energien kaum Kohlendioxid ausgestoßen, sie sind deshalb weitgehend CO_2-neutral.

Der Einsatz erneuerbarer Energien bietet sowohl ökologisch als auch ökonomisch großes Potenzial, vor allem durch das Vermeiden der mit anderen Energieformen verbundenen Folgeschäden. Ob die erhofften ökologischen Vorteile im Einzelfall realistisch sind, kann durch eine Ökobilanz festgestellt werden. So müssen bei der Biomasse-Nutzung zum Beispiel Landverbrauch, chemischer Pflanzenschutz und Reduzierung der Artenvielfalt der erwünschten CO_2-Reduzierung gegenübergestellt werden. Die Abschätzung wirtschaftlicher Nebeneffekte ist ebenfalls mit erheblichen Unsicherheiten behaftet.

Für den Betrieb von fossilen Kraftwerken wird eine CO2-Abcheidung und -Speicherung angestrebt, die aber frühestens 2020 kommerziell einsetzbar werden kann, die den Wirkungsgrad solcher Kraftwerke deutlich mindert und dadurch die Kosten fossil erzeugten Stroms erhöht.

Durch diese Verteuerung wird sich der Strompreis weiter demjenigen aus regenerativen Quellen annähern, die gleichzeitig beständig günstiger werden. Zumindest für Länder wie Deutschland mit seiner begrenzten geologischen Endlagerkapazität für CO_2 dürfte es sich auch bei CCS nur um eine Übergangslösung für wenige Jahrzehnte handeln.

Die globalen Reserven für regenerative und nicht regenerative Energie sind im IPCC-Bericht dargestellt. Nahezu unbegrenzt sind demnach nur die Brennstoff-Reserven für die experimentelle Kernfusion, die frühestens ab Mitte des 21. Jahrhunderts betriebsreif sein kann und dann theoretisch zur Ablösung fossil befeuerter Großkraftwerke beitragen soll. Zum jetzigen Zeitpunkt ist unklar, ob Kernfusion jemals kommerziell einsetzbar sein wird. Zudem stellt sich bei dem entstehenden **radioaktiven Abfall** genau wie bei Kernspaltungsreaktoren die Frage, wie die **Endlagerung** bewerkstelligt werden soll. Obwohl sie bislang noch nicht zur Stromerzeugung beiträgt, wird die Fusion in der EU seit Jahren mit vergleichbaren Forschungsmitteln gefördert wie die Gesamtheit der ebenfalls emissionsfreien regenerativen Energien.

Weitere technische Maßnahmen gegen die Erderwärmung fallen unter den Begriff Geo-Engineering. Dabei könnten beispielsweise große Mengen Sulfate in die Stratosphäre geblasen werden, die wie eine Art Schirm die einfallende Sonnenstrahlung blocken sollen. Die Teilnehmer des Kopenhagen Konsensus empfehlen Geo-

Engineering, vor allem das Cloud-Whitening, bei dem Meerwasserpartikel in die Wolken gespritzt werden, als eine möglicherweise billige, effektive, und schnelle Maßnahme.

Die britische Royal Society zieht Geo-Engineering als eine Art „Plan B" in Betrachtung, sollten Emissionsreduktionen keine ausreichende Wirkung zeigen. Kritiker weisen auf die noch nicht nachgewiesene Wirksamkeit solcher experimenteller Maßnahmen hin und warnen vor den vermuteten wie heute noch unabsehbaren Folgen des Geo-Engineering. Die amerikanische meteorologische Gesellschaft empfiehlt deshalb umfassende Forschungsarbeiten und weitreichende Abwägungen, bevor Geo-Engineering im großen Maßstab angewendet wird.

Siehe auch meine Ausführungen über CERN und HAARP in „Die Wirklichkeit des Lebens".

Individuelle Möglichkeiten für Beiträge zum Klimaschutz bestehen in Verhaltensumstellungen und verändertem Konsum mit Energieeinsparungen. Hierzu gehören unter anderem der Einsatz energieeffizienterer Geräte, der Umstieg auf umweltfreundlichere Verkehrsmittel, der Kauf von saisonalen Produkten der eigenen Region, was emissionsintensive weite Transportwege vermeidet, die Verkürzung der Nahrungskette durch Umstieg von tierischen auf pflanzliche Nahrungsmittel, sowie die Investition in erneuerbare Energieträger im privaten Bereich.

Das Worldwatch Institute weist im Bericht zur Lage der Welt 2010 darauf hin, dass der **weltweite Konsum** „Klimakiller Nummer Eins" sei. Wenn alle Erdenbürger beispielsweise wie die US-Amerikaner leben würden, könnte der Planet nur rund 1,4 Milliarden Menschen ernähren.

Es macht schon Angst, was wir so alles hören. Doch auf der anderen Seite wird der allgemeine Wissensstand größer und mehr

Menschen fühlen am eigenen Tagesablauf die unaufhaltsamen Veränderungen auf sie zukommen und viele beginnen sich Gedanken über die Zukunft zu machen. So möchte ich nochmals auf den schon vorher angeführten Militärexperten Gwynne Dyer zurückkommen. Er beschreibt im „Schlachtfeld Erde, Klimakriege im 21. Jahrhundert" ein Szenario des Klimawandels, bei dem es zu geopolitische Verwerfungen kommt und letztlich in einem Klimakrieg endet.

Im Jahr 2036 ist die EU unter dem Druck der Massenmigration aus den südlichen Staaten der Gemeinschaft nach Norden zusammengebrochen. Der neu gebildeten nördlichen Union ist es gelungen, ihre Grenzen gegen weitere Flüchtlinge aus dem von Hungersnöten geplagten Mittelmeerraum abzuriegeln. Süditalien wurde größtenteils von Flüchtlingen aus den nordafrikanischen Ländern überrannt. Spanien, Norditalien und die Türkei hingegen verfügen über Atomwaffen und versuchen, die nordeuropäischen Länder zu zwingen, ihren Reichtum an Nahrungsmitteln mit ihnen zu teilen. Wir leben gerademal im Jahr 2011 und können dieses Szenario bereits jetzt hautnah erleben.

Was sich wie eine Beschreibung aus einem Science-Fiction-Roman anhört, ist in Wahrheit eines der sieben Szenarien, das Gwynne Dyer in seinem Buch „Schlachtfeld Erde" für die Zeit zwischen 2019 und 2050 entwirft. Üblicherweise beschäftigen sich Naturwissenschaftler mit dem Klimawandel. Welche Auswirkungen dieser aber auf das soziale Zusammenleben der Menschen hat, bleibt meist ausgespart.

Wer sich allerdings von Berufs wegen mit solchen strategischen Fragen beschäftigen muss, sind die Militärs. Sie haben in den vergangenen Jahren Modelle möglicher Ereignisse entwickelt, aus denen hervorgeht, wie die innere Sicherheit künftig aufgrund von Überschwemmungen, Hungerkatastrophen, Nahrungsmittelknappheit, daraus resultierenden Flüchtlingsströmen und neuen

Formen von Terrorismus bedroht ist. Insofern ist der Militär-experte Dyer der richtige Autor, um die bisher öffentlich wenig thematisierten Folgen des Klimawandels durchzubuchstabieren.

Das Militär zeichnet sich vor allem in den Großmächten, die auf eine lange Geschichte zurückblicken, durch einen tiefen Pessi-mismus aus. Die Erfahrung hat gelehrt, dass sich Menschen und Nationen unter Stress mit allergrößter Wahrscheinlichkeit nicht anständig verhalten werden. Dyers Buch ist durchgängig von diesem Pessimismus bestimmt, und er geht das Thema ziemlich ruppig und ohne große Skrupel an. Es stehe unstrittig fest, dass die Menschen ihre Nachbarn angriffen, bevor sie verhungerten, meint Dyer. Zur Illustration entwirft er ein Szenario, wonach die Gletscher des Himalajas schmelzen, die dort entspringenden Flüsse nach einigen Jahren kaum noch Wasser führen, und es zu einem Grenzstreit zwischen Indien und Pakistan um die ver-bleibende Wassermenge kommt. Ein durchaus realistischer Kon-flikt, den Dyer in seiner düsteren Vision zu einem regionalen Atomkrieg ausweitet.

Sein Pessimismus erstreckt sich auch auf die Möglichkeiten der internationalen Staatengemeinschaft, diesen Entwicklungen gegen-zusteuern: Im Grunde sieht der Autor den Zeitpunkt für ver-strichen an, die Emissionen von Treibhausgasen weltweit entscheidend zu reduzieren, also etwa bis 2030 um 80 Prozent. Auf die internationale Klimadiplomatie könne man nicht setzen. Dyer schreibt:

Wir haben als Gattung den Punkt kritischer Masse erreicht. Wollen alle Menschen auf dem Niveau des westlichen Stan-dards leben, bräuchten wir drei bis vier Planeten.

Mit einem Umsteuern der Politik rechnet Dyer also nicht. Von einer Veränderung des Lebensstils hält er auch nichts. Das Wort „Energieeffizienz" kommt bei ihm genauso wenig vor, wie der

250

Begriff „Energiewende", das sind für ihn Schlachten der Vergangenheit. Sein Kommentar:"

Kommen Sie mir nicht mit umgehenden, umfangreichen Emissionseinsparungen, an Klima-Märchen glaube ich nicht".

Es geht bei dem Militärexperten etwas grobschlächtig, bisweilen auch furchterregend zu. In seiner Verzweiflung setzt Dyer auf die Technik, genauer gesagt: auf den Ausbau der Atomenergie und auf Methoden des sogenannten „Geo-Engineering". Dabei handelt es sich um großtechnische Lösungen, um das Klima der Erde vom Weltall aus zu beeinflussen, etwa indem man Ballons mit Schwefelpartikeln hochsteigen lässt, die die Sonnenstrahlen von der Erde abhalten sollen. Dyer weiß zwar, welche Gefahren für die gesamte Menschheit mit solchen Versuchen verbunden wären, aber das hält ihn nicht ab, zu fordern: Wir müssen für eine Weile den fatalen Job eines Welt-Wartungstechnikers übernehmen.

Der Mensch, der als Klempner des Weltalls die Natur bekämpfen will, diese Vorstellung ist in ihrer Hilflosigkeit geradezu rührend. Aber sie ist nicht anders zu verstehen als ein verzweifelter Aufschrei! Dyer möchte mit seinem Buch „Schlachtfeld Erde" durch markige Szenarien den Leser aufrütteln, und das mag ihm auch gelingen. Immerhin sollte seine Einschätzung nachdenklich stimmen, dass die globale Kooperation angesichts gehäufter Klimakatastrophen zu bröckeln beginnt. Gwynne Dyer hat ein unbequemes Buch geschrieben, er prophezeit uns einen „langen, bitteren Erfahrungsprozess". Sein Buch ist ein Teil davon.

Diesen langen und bitteren Erfahrungsprozess werden wir in den kommenden Jahren erleben und überwinden müssen. Alle Kräfte müssen zusammengeführt werden und auf internationaler Ebene die Bühne errichtet werden.
Die Folgen der Klimaerwärmung sind vielfältig und schon jetzt bemerkbar. Durch die vermehrte Energie in der Atmosphäre neh-

men Extremwetterereignisse, wie Stürme, Orkane, Hurrikane, Starkregen, Hochwasser, Dürre- und Hitzeperioden in Intensität und Häufigkeit zu, entsprechend werden die Schäden drastisch steigen. Die Meere werden wärmer und saurer, viele Fischarten werden dezimiert. Vegetationszonen verschieben sich; manche Nutzpflanzen werden sich nicht schnell genug anpassen können, wodurch insgesamt die Ernährungssicherheit bedroht wird. Flora und Fauna verändern sich; manche Arten werden aussterben, während andere sich ausbreiten und bisher funktionierende Ökosysteme beeinträchtigen. Tropenkrankheiten wie Malaria und Denguefieber werden sich ausbreiten, aber auch auf dem Agrarsektor entwickeln sich neue Erreger, wie UG 99. Die wird die Lebensmittelpreise in Zukunft stark anschwellen lassen.

Es sind nicht nur die menschlichen Erreger, wie Grippe oder AIDS, die zu großen globalen Problemen führen können. Auch Pflanzenpathogene können Millionen Menschen bedrohen. Ein solches Pathogen ist der **Schwarzrost-Pilz Puccinia graminis**, der bis weit ins 20. Jahrhundert hinein Weizenernten überall auf der Welt vernichtete. Dann allerdings kamen dank moderner Pflanzenzucht resistente Weizensorten auf, und seither galt das Problem als gelöst. Doch jetzt ist der Schwarzrost zurück, und er ist gefährlicher als je zu vor.

Der Erreger mit der Bezeichnung **Ug99** unterscheidet sich von anderen Schwarzrost-Pilzen darin, dass er offenbar um die gängigen Resistenzen moderner Weizensorten herumkommt. Zudem sind unsere Nahrungsquellen heutzutage viel verwundbarer als früher. Denn von den meisten Feldfrüchten werden nur noch wenige, optimierte Sorten angebaut.

Ein Virus oder Pilz, der sich durch die Getreidefelder der Welt frisst, kann eine globale Krise ungeahnten Ausmaßes auslösen. Forscher warnen jetzt, dass **Ug99** vier Fünftel der weltweiten Weizenernte auslöschen könnte.

Unter Beobachtung ist der Pilz seit ein paar Jahren. Beschrieben wurde er 1999 in Uganda, 2003 traf man ihn schon im Jemen, zwei Jahre später im Sudan. Wirklich alarmiert sind Wissenschaftler allerdings, seit **Ug99** letztes Jahr auch im Nordiran auftauchte, über 2.000 Kilometer weiter nördlich und in Reichweite der Weizengürtel von Russland und Indien.

Inzwischen sind US-Forscher nach Angaben der LA Times überzeugt, dass es nur eine Frage der Zeit ist, bis **Ug99** weltweit auftaucht.

Die Sporen des Pilzes verbreiten sich überwiegend mit dem Wind und können auf diese Weise Tausende Kilometer zurücklegen. Sie haften auch an Kleidung und anderen Gegenständen und können so in andere Erdteile gelangen. Die Weizenfelder der Welt sind dem neuen Killer derzeit wehrlos ausgeliefert. Etwa 70 bis 100 Prozent der Weizenernte in den USA sind anfällig für den Pilz und die beiden in Pakistan und Indien weitverbreiteten Weizenkultivare Inqalab-91 und PBW343 besitzen ebenfalls keinerlei Resistenz. Ein Gegenmittel ist so schnell nicht in Sicht.

Natürliche Weizenvarianten besitzen verschiedene Gene und Genkomplexe, die den Befall mit spezifischen Rostpilzen verlangsamen oder ganz verhindern. Durch sorgfältige Züchtung ist es gelungen, kommerzielle Weizensorten mit Clustern einer Handvoll verschiedener Resistenzgene auszurüsten, die in ihrer Gesamtheit eine Resistenz gegen alle bekannten Schwarzrost-Varianten mit sich brachten. Dank dieser Genkombinationen war der Schwarzrost in den 90er Jahren fast überall verschwunden. Bis **Ug99** kam, der mit nahezu allen vorhandenen Resistenzgenen klarkommt.

Dummerweise haben die Wissenschaftler bei der Produktion der modernen schwarzrostresistenten Pflanzen ihr Pulver praktisch verschossen. Nachdem der Schwarzrost praktisch verschwunden war, wurden die Investitionen in die Forschung drastisch zurückgefahren, mit weitreichenden Folgen. Plötzlich sind bis zu 90 Prozent der Weizenernten in den bedrohten Gebieten anfällig für den Pilz.

Bereits 2006 warnten Forscher, dass die verwundbaren Weizenkultivare im Nahen Osten und Indien gegen resistente Formen ausgetauscht werden müssten, bevor der Pilz sich weiter ausbreitet. Nun ist es so weit, **Ug99** ist im Iran angekommen und werde von dort aus nach Osten weiterziehen. Historische Beispiele zeigen, dass der Iran ein klassisches Sprungbrett für Pilze aus Ostafrika ist. Zu Beginn der 90er Jahre breitete sich ein verwandter Gelbrost-Pilz innerhalb einer Saison von Nordiran nach Nordindien aus und verursachte Ernteausfälle von etwa einer Milliarde Dollar. Wobei Gelbrost als deutlich harmloser gilt als Schwarzrost.

Die Ernteverluste durch die neue Schwarzrost-Variante können nach Untersuchungen in Kenia bis zu 70 Prozent betragen. Experten rechnen nun mit Ernteverlusten im Milliardenbereich, auch wenn der Pilz auf Afrika und Asien beschränkt bleibt.

Betroffen wären vor allem die armen Länder. Schon jetzt hat die Zahl der Hungernden weltweit die Milliardengrenze überschritten. Die Ursachen sind derzeit vor allem ökonomischer Natur. **Wegen der Finanzkrise sinken die Realeinkommen, während die Preise für Lebensmittel weiter hoch sind und zurzeit ins Uferlose steigen.**

Siehe mein Buch „ Globalisierte Armut" eine Beschreibung über die neue, arme Armut unserer Welt.

Eine echte Verknappung durch die Seuche würde diese Probleme besonders in den Städten der Entwicklungsländer drastisch verschärfen.

Ein Wettlauf mit der Zeit hat begonnen, und es sieht nicht gut aus. Die Forschungsprogramme, die in den 90er Jahren drastisch zurückgefahren wurden, mussten völlig neu aufgelegt werden. Seit 2005 haben Forscher etwa 16.000 Weizenvarianzen auf Resistenzen gegen den neuen Pilz getestet und neu gefundene Gene in kommerzielle Weizenkultivare eingezüchtet.

Die ältesten dieser Varianten sind etwa drei Jahre alt und vom Ertrag her modernen Hochleistungssorten noch in vielerlei Hinsicht unterlegen. Normalerweise dauert die Entwicklung einer neuen Sorte bis zur Marktreife etwa ein Jahrzehnt. Dass diese neue Weizensorte bereits jetzt im US-Bundesstaat Oklahoma auf Felder ausgebracht wurde, zeigt deutlich, wie nervös der neue Pilz die Wissenschaftler macht.

Nur ein kleiner Abschweif, doch auch dieser zeigt, wie bedenklich es um unsere Natur bestellt ist.

Am folgenreichsten sind das Abschmelzen der Polkappen und der Gletscher. Der Meeresspiegel wird in der Folge bis 2100 um ca. 100 bis 200 cm und danach noch weiter steigen, wodurch weite Küstengebiete und flache Inseln unbewohnbar werden. Die UN rechnet daher mit Millionen von Klimaflüchtlingen. Die Konflikte um knapper werdende Lebensräume und Ackerflächen werden sich verstärken, insbesondere auch um Wasser, da die Gletscher in den Gebirgen bisher als Wasserspeicher dafür sorgen, dass Flüsse auch in regenarmen Zeiten nicht austrocknen.

Sollten z. B. die Gletscher des Himalajas und der Anden zu sehr abschmelzen, drohen zunächst häufige katastrophale Überschwemmungen und später dann ein Versiegen der größten Ströme der Erde während regenarmer Perioden, wodurch die Wasserversorgung von Milliarden Menschen gefährdet wäre.
Das Abfließen des Süßwassers aus den schmelzenden Eismassen in die Weltmeere verringert dort den Salzgehalt, was große Meeres-

strömungen, z. B. den Golfstrom verlagern oder schwächen könnte, mit weitreichenden Folgen für das gesamte Klimasystem der Erde, da es wesentlich durch Meeresströmungen bestimmt wird. In erdgeschichtlichen Zeiträumen hat sich das Klima häufig stark gewandelt; so wechselten Warmzeiten mit Kaltzeiten, in denen Gletscher und Vereisung der Polkappen zunahmen. Die letzte Eiszeit endete vor rund 12.000 Jahren.

Aber auch seitdem hat sich das Klima mehrfach in vergleichsweise kurzen Zeiträumen gewandelt. So wurde in einer wärmeren Phase auf der Nordhalbkugel zu Beginn des letzten Jahrtausends Grönland besiedelt. In England wurde sogar Weinanbau betrieben. Dagegen war es von 1200 bis 1400 wieder deutlich kälter „Kleine Eiszeit".

Große Vulkanausbrüche haben immer wieder das Klima für einige Jahre abgekühlt, etwa der Ausbruch des Tambora 1815, ein indonesischer Stratovulkan, auf der Insel Sumbawa, östlich von Java gelegen, der eine weltweite Kälteperiode bis 1819 auslöste, oder des Pinatubo 1991, er ist ein aktiver **Vulkan** auf den Philippinen im Zentrum der Insel Luzon, wo die Temperatur in den darauf folgenden zwei Jahren im Sommer um 0,5 Grad Celsius sank.

Die Ursachen für den Klimawandel sind vielfältig und komplex vernetzt, wobei von zentraler Bedeutung ist, welche Zeiträume betrachtet werden. In großen Dimensionen sind Faktoren wie Neigung der Erdachse, Umlaufbahn der Erde um die Sonne, Sonnenaktivität und möglicherweise auch die Bahn der Sonne in der Milchstraße von Bedeutung.

Diese Ursachen haben Einfluss auf zentrale Faktoren wie die Energieeinstrahlung von der Sonne, kosmische Strahlung, Zusammensetzung der Atmosphäre, insbesondere das Ausmaß der Wasserdampfbildung, die wiederum maßgeblich ist für den Treibhauseffekt.

Dieser wird aber nicht nur durch kosmische Ursachen beeinflusst, sondern vor allem durch Prozesse auf der Erde selbst, z. B. durch Vulkanausbrüche, bei denen massiv Treibhausgase freigesetzt werden. Der Ausbruch des Pinatubo 1991 z. B. hat das Klima um 0,5 Grad Celsius in den beiden folgenden Jahren abgekühlt, was viel ist im Vergleich zur globalen Erwärmung um 0,8 Grad Celsius seit vorindustrieller Zeit, etwa seit 1750.

Auch die Plattentektonik und Gebirgsbildung haben Einfluss auf den Treibhausgas-Kreislauf, vor allem beeinflussen sie aber die großräumigen Strömungssysteme in der Atmosphäre und in den Weltmeeren.
Der Golfstrom bestimmt maßgeblich das Klima West- und Nord-Europas.
All diese Faktoren wirken wiederum auf die Austauschprozesse zwischen der Atmosphäre, den Meeren und der Landmasse, die ihrerseits den globalen Treibhausgas-Kreislauf und damit wieder auf den Treibhauseffekt stark beeinflussen.

Neuntes Kapitel

Tödliche Hitzewellen, versinkende Küstenstädte, Dürren, Hungersnöte, die Folgen der globalen Erwärmung drohen katastrophal zu werden. Trotz aller Warnungen bläst die Menschheit immer mehr Treibhausgase in die Luft. Kann die Kehrtwende noch gelingen?

Südasien und Südamerika werden besonders schnell und stark von der Gletscherschmelze betroffen sein. Der Klimawandel macht den Hochgebirgsgletschern in großen Teilen der Welt stark zu schaffen. In einigen Regionen könnten die Gletscher bis zum Ende des Jahrhunderts komplett verschwunden sein. Besonders schlecht sind die Prognosen für viele niedrig gelegene Eisfelder.

Es zeigt einen globalen Trend, der in manchen Teilen der Erde seit Jahrzehnten beobachtet wird. Tatsächlich schrumpfen viele Gletscher seit rund 150 Jahren, doch steigende Temperaturen lassen den Schwund seit den achtziger Jahren vielerorts im Zeitraffer ablaufen. Weitere Faktoren verschärfen die Lage. Rußablagerungen aus verpesteter Luft sorgen nicht zuletzt in Asien dafür, dass die Oberflächen vieler Gletscher die einströmende Sonnenstrahlung nur schlecht wieder abgeben können. Sie erwärmen sich noch stärker und lassen das Eis schneller schwinden.

Die schmelzenden Eismassen gefährden die Bewohner betroffener Regionen gleich mehrfach. Zum Beispiel in den Anden und dem Himalaja. Dort erhöht sich den Experten zufolge, die Flutgefahr. Bereits jetzt sind jährlich zwischen 100 und 250 Millionen Menschen betroffen. Und wenn die Gletscher einmal verschwunden sind, kommen Probleme durch Wasserknappheit dazu. Dieses Problem droht laut dem Bericht zum Beispiel in Teilen der Anden und in Zentralasien.

Gletscherschwund selbst bei sofortiger Stabilisierung des Weltklimas bringt keine Entwarnung.

Je nach Weltregion unterscheidet sich das Schicksal der Gletscher allerdings deutlich. So schwinden die Eismassen im Süden von Argentinien und Chile überdurchschnittlich schnell, ebenso diejenigen in Alaska. Gefährdet sind auch Gletscher im Nordwesten der USA und im Südwesten Kanadas. Auch in Asien, etwa im Himalaja, dem Hindukusch oder dem Tian Shan, geht viel Eis verloren. In Europa hingegen wuchsen die Gletscher zeitweise sogar — schrumpfen nun aber auch an vielen Stellen.

Vor wenigen Tagen warnten Forscher, dass sich der Schwund der Schweizer Gletscher nicht mehr aufhalten ließe, selbst wenn das Weltklima von einem Tag auf den anderen stabilisiert werden könne. Das Verhalten der Eismassen würde Klimaänderungen um Jahrzehnte hinterherhinken. Langfristig wird der Gletscherschwund große Auswirkungen auf den gesamten Wasserhaushalt haben. Manche Eisansammlungen legen dagegen noch heute zu, zum Beispiel im Westen Norwegens, auf der Südinsel Neuseelands und in Teilen Feuerlands. Schuld sind zusätzliche Niederschläge, die sich durch eine Änderung der Klimamuster ergeben könnten.

Einem Gletscher kann sich nichts widersetzen. Die Kraft, mit der er in die Landschaft vordringt, ist einzigartig in der Natur. Doch so mächtig die kalten Riesen auch sind: Da sie aus Eis bestehen, haben Gletscher einen Feind, dem auch sie nichts entgegensetzen können, die Wärme. Weltweit werden Gletscher immer kleiner und verschwinden zum Teil sogar ganz. In Zeiten des Klimawandels sind die Eiskolosse Zeugen der Erderwärmung.

Werden sie vollständig verschwinden oder nicht? Inwieweit kann man den Zusammenhang zwischen einer Klimaerwärmung und der Gletscherschmelze berechnen?

Das sind die Fragen, mit denen sich Gletscherforscher mehr und mehr auseinandersetzen müssen.

Untersuchten sie früher noch die Wirkung des vorstoßenden Eises auf Fels und Boden, so verwenden sie heute ihre schmelzenden Forschungsobjekte mehr und mehr als **„Fieberthermometer des Weltklimas"**. Denn sobald die Temperaturen der Erde steigen, schmelzen die Gletscher und das fast weltweit. Doch ein Thermometer muss geeicht sein. Im Falle der Gletscher heißt das, die Ursachen des Rückzugs müssen detailliert geklärt sein. Denn eine einfache Kurve, die etwa den Rückgang des Eises mit dem Verlauf der Temperatur vergleicht, wäre schlichtweg verfälscht. Der Grund dafür liegt im Verhalten des Gletschers. Zuwachs und Schmelze werden nicht alleine durch die Temperatur, sondern vor allem auch durch die Niederschlagsmengen bestimmt.

Außerdem gleicht kein Gletscher dem anderen. Hangneigung und Bodenbeschaffenheit sind weitere Faktoren, die über Wachsen und Schrumpfen der Eisriesen entscheiden. Somit ist klar, dass Gletscherforschung eine langfristige Angelegenheit ist, die viele Faktoren berücksichtigen muss. Wer also glaubt, dass ein kalter Winter und nicht allzu heiße Sommer bereits ausreichen, um die weißen Riesen wieder in neuer Pracht erscheinen zu lassen, der irrt. Denn die Wissenschaftler haben festgestellt, dass für eine sogenannte positive Massenbilanz vor allem kühle und niederschlagsreiche Sommer notwendig wären.

Wenn Gletscher tauen, verändert sich die Landschaft. Ehemalige Gletschertäler verwandeln sich in öde Gesteinswüsten, in denen sich nur wenige Lebewesen wohlfühlen. Der Grund dafür liegt in der Wasserknappheit. Bäche von Schmelzwasser versorgten einstmals Pflanzen und es konnte sich in den Randlagen des Eises Boden bilden, der wiederum Pflanzenwuchs ermöglichte und damit auch Lebensraum für viele Kleintiere schuf. Verschwinden die Gletscher, verschwindet auch ein Teil der Artenvielfalt.

Die steigenden Temperaturen wirken sich aber auch fatal auf die Geologie der Alpen aus. Denn der dauerhaft gefrorene Permafrostboden der Alpen verliert an Stabilität. Erdrutsche und Bergabgänge sind die Folge. Solche Wandlungen verändern nicht nur das Bild der Alpen, sondern sind für die Menschen auch extrem gefährlich, da etwa Berghütten und Skilifte, die ehemals fest auf dauerhaft vereistem Boden standen, ins Rutschen geraten.

Ein Blick in die Schweiz zeigt: Messungen zeigen, dass die Schweizer Gletscher so stark schmelzen wie nie zuvor. Von 100 im Herbst 2005 untersuchten Gletschern waren 86 kürzer als in den Jahren zuvor. Der Triftgletscher hatte sich gar um 216 Meter zurückgezogen. Kein einziger Gletscher dieser Region ist in diesem Zeitraum gewachsen.

Der Zusammenhang zwischen Gletscherschmelze und Wasserverknappung wurde bislang wissenschaftlich kaum diskutiert. Ein fataler Fehler, denn nur ein Viertel der weltweiten Süßwasserreserven entfällt auf Grundwasser, Seen, Flüsse oder Wasser in der Atmosphäre.

Drei Viertel bestehen dagegen aus Eis und Schnee der Polargebiete und Gletscherregionen.

Die Glaziologen fürchten, dass infolge der Gletscherschmelze die Wasserreserven zurückgehen werden. So haben etwa zwischen 1985 und 2000 die Zungen des Vernagtferners bis zu 40 Meter an Dicke verloren. Und dieser Gletscher ist kein Einzelfall.

Da bisher noch genügend Schmelzwasser im Sommer aus den Gletschern abfließen kann, wurde auch in Rekordsommern wie 2003 noch keine ernste Wasserknappheit registriert.

Wenn aber das Verschwinden der weißen Riesen anhält, werden in manchen Sommern die Brunnen im Alpenraum leer bleiben, denn das Süßwasser aus der Gletscherschmelze ist das Haupttrinkwasser-Reservoir dieser Region. In Rekordsommern wie 2003 kommt etwa vom Vernagtferner fast doppelt so viel Wasser in die Täler geflossen, wie in den 60er oder 70er Jahren. Allein in den vergangenen 20 Jahren verlor der Gletscher 110 Millionen Kubikmeter Wasser, eine Menge, die dem Trinkwasserverbrauch der Region München innerhalb eines Jahres entspricht.

Allein in den Alpen gibt es rund 5.000 Gletscher. Berechnungen der Glaziologen zeigen, dass sich ihre Anzahl in den nächsten 20 Jahren halbieren dürfte. Alternativen für die Versorgung der Alpenregion mit Trinkwasser werden zurzeit abgeschätzt, aber noch bietet sich keine Möglichkeit, das fehlende Trinkwasser aus den nicht mehr vorhandenen Gletschern durch andere Quellen zu ersetzten.

Was für die Alpen gilt, gilt fast uneingeschränkt weltweit. Auf Exkursionen nach Kasachstan und China haben Geografen aus dem Team der Bayerischen Akademie der Wissenschaften die Gletscherschmelze und ihre Folgen für die Entwicklung der Trinkwasserreserven untersucht.

Die Beobachtungen zeigen alarmierende Ergebnisse: Für Zentralasien gilt dasselbe Szenario wie für die Alpen. Zunächst herrscht ein Überangebot an Wasser, weil die Eisvorräte aufgezehrt werden. Sobald aber die Gletscher abgeschmolzen sind, beginnt die Zeit der Wasserknappheit. Täler, die einst mächtige Flüsse führten, werden dann ausgetrocknet sein.

Doch welches Klima bräuchten die Gletscher, um auf die beachtlichen Größen von einst anzuwachsen? Die Prognose ist ernüchternd. Mindestens 200 kühle, feuchte Sommer, so wie sie unregelmäßig in den 70er Jahren vorkamen, bräuchte der Vernagtferner, um das ganze Tal wie noch vor gut 100 Jahren auszufüllen. Doch mit einem solchen Klimawandel rechnen die Forscher nicht. Vielmehr prognostizieren sie, dass das Klima wärmer wird und die Gletscher weiter schmelzen.

Keine guten Aussichten für die Zukunft.

Es ist Januar. Ich sitze an meinem Computer und schreibe über Klimawandel und andere Erlebnisse. Das heutige Wetter ist heiß und meine Schreibideen sind am versiegen. Mir kommen einige Gedanken über das neue Jahr und die bevorstehende Zeit. Ich möchte mich auf eine Zeitreise begeben, am besten in die Vergangenheit, oder nein, doch besser in die Zukunft. Was auch immer, erst muss ich wissen, was Zeit eigentlich in meinem Leben bisher bedeutet hat.

1915 stellte Einstein der Welt eine Theorie vor, in der Raum und Zeit zu einem einzigen Gebilde, der Raumzeit, verschmolzen waren. Ihre Auswirkungen in den fernen Weiten des Universums sind so überraschend, dass selbst Einstein sie nicht in ihrer vollen Tragweite erkannte. Es gibt viele Fragen, auf die wir noch immer keine Antwort wissen.

Was geschieht mit den Objekten und Informationen, die in ein schwarzes Loch hineinfallen? Sind Wurmlöcher physikalisch möglich oder nur mathematische Merkwürdigkeiten? Können wir Raum und Zeit so stark krümmen, dass es möglich wird, in die Vergangenheit zu reisen? Es sind Fragen und ein Teil unserer fortdauernden Bemühungen um ein besseres Verständnis des Universums.

Schon wieder hat ein neues Jahr hat begonnen. Und viele wundern sich, wo denn nur die Tage geblieben sind. Das wissen wir auch nicht. Dafür beantworten wir aber ein paar andere Fragen zum Thema Zeit. Immerhin liegen ja jetzt zwölf frische Monate vor uns.

Wann hat die Zeit begonnen?

Tick tack. Tick tack. Die Zeit vergeht ohne unser Zutun, und sie ist unendlich. Unendlich? Stimmt das? Und gibt es sie schon immer? Physiker kommen da ins Grübeln. Die Standardtheorie der Physiker sieht tatsächlich einen Beginn der Zeit vor. Die Rede ist vom „Big Bang", dem Urknall vor ziemlich genau 13,7 Milliarden Jahren. Damals soll unser ganzes Universum mit all dem Zeugs darin entstanden sein, und seit der Zeit dehnt es sich immer weiter aus.

Vor dem Urknall ist für Physiker eine unsinnige Formulierung, denn die Gleichungen der allgemeinen Relativitätstheorie brechen für diesen Zeitpunkt in sich zusammen. Die Physiker sprechen daher von Singularität. Der Beginn unseres Universums ist ein unendlich kleiner Punkt mit unendlich hoher Dichte. Nun gibt es aber andere Physiker, die durch den Urknall hindurchschauen. Etwa den 36 Jahre alten Deutschen Martin Bojowald, einen der wichtigsten theoretischen Physiker. Mit anderen mathematischen Gleichungen kann er beschreiben, was vor dem Urknall war. Nämlich ein schrumpfendes Universum. Seiner Ansicht nach leben wir also in einem über Milliarden Jahre pulsierenden Raum. Leider verschiebt sich damit wieder die Frage, wann das Ganze mit dem Aufblähen und dem Schrumpfen denn nun angefangen hat.

Liegt die Zukunft vorn oder hinten?

Na, ist doch klar, wo die Zukunft liegt: vor uns. Wir stellen uns die Zeit als einen Weg vor, auf dem wir in eine Richtung schlendern. Alles, was vor uns liegt, ist die Zukunft, in die wir hineingehen. Der Weg hinter uns ist die Vergangenheit. Dieses sprachliche Muster ist uns so geläufig, dass wir es gar nicht mehr hinterfragen. Und nicht nur wir. So gut wie alle Völker, egal ob in Europa, Afrika, Asien oder Polynesien, knüpfen diese Verbindung.

Nicht so die Aymara, ein Volk in den südamerikanischen Anden. Deren Zeitkonzept ist genau andersherum gestrickt. In der Sprache, aber auch in der Gestik, blicken die Aymara in die Vergangenheit und kehren der Zukunft den Rücken zu. Schließlich ist die Zukunft noch unbekannt, niemand kann sie sehen, während die Vergangenheit bekannt ist. Bei genauerer Betrachtung ist unser Sprachgebrauch übrigens auch nicht korrekt. Denn wenn wir beispielsweise einen Termin in der Zukunft, sagen wir am kommenden Mittwoch, um einen Tag vorverlegen, wird dieser Termin nicht etwa am Donnerstag, also weiter in der Zukunft stattfinden, sondern bereits am Mittwoch.

„Verweile doch! Du bist so schön!" So hat Goethes Faust schon versucht, den Augenblick festzuhalten. Aber das „Jetzt" ist eine ziemlich flüchtige Angelegenheit, oder? Anders gefragt: Wie lange dauert die Gegenwart? Drei Sekunden sagt die Wissenschaft. Mehr „Gegenwart" kann unser begrenztes Bewusstsein nicht verkraften, fand ein Münchner Hirnforscher heraus. So lange kann das menschliche Kurzgedächtnis Eindrücke speichern, bevor die Informationen entweder weiterverarbeitet werden oder entschwinden. Dann ist der Augenblick für unser Hirn schon wieder Vergangenheit. Auch wenn er noch so schön war.

Von Zeitreisen träumen Menschen immer wieder, auch ich möchte mich manchmal auf eine dieser Reisen begeben. Im Rom Cäsars spazieren zu gehen, oder einen mittelalterlichen Kreuzzug zu beobachten, wäre reizvoll. Auch wäre es interessant, wie die Debatte im Jahr 2119 über die Verlagerung des Stuttgarter Bahnhofs an die Erdoberfläche verläuft. Viele Schriftsteller und Filmemacher haben schon mit der Idee einer Zeitreise gespielt.

Bisher hat es aber noch kein Wissenschaftler geschafft, eine Zeitmaschine zu bauen. Zumindest ist es bisher nicht bekannt geworden. Und ein Besucher aus der Zukunft ist bisher auch noch nicht aufgefallen. Theoretisch scheinen Physiker die Möglichkeit von Zeitreisen nicht auszuschließen. Um das zu verstehen, müsste man Einsteins Relativitätstheorie kapiert haben. Die besagt wohl, dass sich die Zeit bei sehr hohen Geschwindigkeiten ausdehnt, und dass ihr Lauf auch von Gravitation und Beschleunigung abhängt.

Laut Internetlexikon Wikipedia ist der am weitesten „zeitgereiste" Mensch der Kosmonaut Krikaljow. Er habe 784 Tage in der Raumstation Mir verbracht und sei dabei im Vergleich zu seiner erdgebundenen Verwandtschaft etwa eine Fünfzigstelsekunde in die Zukunft gereist.
Zeitreisen in die Vergangenheit, heißt es, sind nach dem Stand der Wissenschaft prinzipiell nicht möglich. So wird auch die Überlegung ein Gedankenspiel bleiben, wie sich Eingriffe eines Zeitreisenden in die Vergangenheit auf seine Gegenwart auswirken würden. Was also zum Beispiel passiert, wenn ein Zeitreisender in der Vergangenheit verhindert, dass sich seine, späteren Eltern überhaupt kennenlernen.

Zeitreisen bleiben aber eine faszinierende Vorstellung. Zu Grundschulzeiten erschienen einem die großen Ferien mit ihren sechs Wochen unendlich lange. Ist man ein paar Jahrzehnte älter, scheint die Zeit hingegen zu rasen. Gerade hat man noch Silvester gefeiert, da ist schon wieder Weihnachten. Diese verbreitete Empfindung hat mehrere Gründe, sagt ein Münchner Zeitforscher. Einer davon ist die Endlichkeit des Lebens. Einem 17-Jährigen erscheine die Wartezeit auf seinen Führerschein mit 18 sehr lange, während ein 80-Jähriger sich mit einer Fernreise besser beeilen sollte, so der Pädagoge.
Außerdem begegnet einem im Alter Vieles, das man schon kennt. Es bleibt also nicht mehr im Gedächtnis. Das heißt, die Zeit verrinnt „wie in einem Loch". In der Jugend hingegen erlebt man viel Neues, das man sich merkt, weshalb die Zeit einem dann im Rückblick länger erscheint.
Älter werden besteht darin, langsamer zu werden. Auch deshalb scheint dann die Zeit schneller zu vergehen. Um diesen Effekten ein Schnippchen zu schlagen, empfiehlt der Pädagoge, „das Neue im Alten zu sehen". Man solle sich vor Sätzen wie „Das kenne ich

schon" oder „Das ist so wie ..." hüten und sich stattdessen mehr auf die Unterschiede, die Andersartigkeiten konzentrieren.

Heute gibt es fast alles „to go": Internet für unterwegs, Kaffee zum Mitnehmen, Handys, um permanent erreichbar zu sein. Wir wollen alles immer mit uns herumtragen, um jederzeit darauf zurückgreifen zu können. Warum das so ist, erklärt der Zeitforscher: „Wir wollen mehr von der Welt mitbekommen."

Dass wir heute eine Vielzahl von Möglichkeiten dazu haben, definieren wir als Freiheit. Mit den Freiheiten steigen aber auch die Zwänge, sich damit zu beschäftigen, sagt der Zeitforscher. „Wir versuchen, die Zeit zu verdichten und wollen so mindestens zwei Leben in eines packen. Wir leben in einer Spirale, die kein Genug kennt." Genug ist nicht genug, ein zeitkritisches Lied von Konstantin Wecker kommt mir in den Sinn. Wie wahr, wir haben nie genug.

Man spricht sogar von einer Form, den Tod zu verdrängen. „Wir tun so, als ob wir unsterblich wären, um nicht am Leben selbst zu verzweifeln." Dabei, ist er sich sicher, belügen wir uns jedoch nur selbst. Statt Zeit zu sparen, indem wir alles gleichzeitig erledigen und noch mehr in den Tag stopfen, **verlernen wir, uns bewusst Zeit für etwas zu nehmen.** Auf lange Sicht sind die Konsequenzen dieses Stresses gesundheitliche Probleme und somit steuern wir eher schneller auf unser Ende zu, als es herauszuzögern.

An der internationalen Datumsgrenze im Pazifik ist die Sache mit der Zeit ganz schön kompliziert. Für mich, der ja hier, direkt an der Datumsgrenze lebt, eigentlich nicht so. Doch am Beginn meiner Zeit hier gab es schon öfters die Frage, kann morgen schon gestern sein? Als auf der Insel Samoa in der Südsee am Silvesterabend die Sektkorken knallten, war der Neujahrstag auf Tonga ein paar Inseln weiter schon 24 Stunden alt.

Zwischen den Inseln im Pazifik liegen rund 900 Kilometer. Sie haben zwar die gleiche Uhrzeit, aber andere Wochentage. Will heißen: von Tonga aus gesehen ist es am Freitag noch gestern auf Samoa, also Donnerstag. Die Samoaner können ihrerseits am Freitag die Freunde in Tonga schon „morgen" anrufen, also

Samstag, weil es dort auf dem Kalender immer einen Tag später ist. Verwirrt?

Es funktioniert so: Vom Nullmeridian durch Greenwich in London wird die Uhrzeit rund um den Globus berechnet: Nach Westen wird es immer früher, nach Osten später. Um 11:00 Uhr in London ist es in Deutschland schon 12:00 Uhr, in Singapur 19:00 Uhr und auf Tonga Mitternacht. Westlich von London, auf den Azoren etwa, ist es dann erst 10:00 Uhr, in New York erst 06:00 Uhr, an der US-Westküste 03:00 Uhr, und auf Samoa bricht der Tag mit 00:00 Uhr gerade erst an. Zwischen Tonga und Samoa verläuft die internationale Datumsgrenze. Da kann man also leicht zwei Tage hintereinander Geburtstag oder Silvester feiern.

Diese kleine Unterbrechung sollte zeigen, wie kompliziert einfache Dinge in unserem täglichen Leben sein können. Welche Energie benötigen wir aber erst um Verträge, zum Beispiel von der Klimakonferenz in Mexiko, zu verstehen. Hierbei geht es überwiegend um Überlebens- und Umweltfragen, also um die Zukunft der Welt.

Die UN-Klimakonferenz in Cancun hat nach zähem Ringen Entscheidungen getroffen, die Klimaschutz und Anpassung an Klimafolgen voranbringen sollen.

Die wichtigsten Ergebnisse im Überblick:

Die Beschlüsse gelten für alle Unterzeichnerstaaten der UN-Klimarahmenkonvention. Das sind, anders als bei den Emissionspflichten des Kyotoprotokolls, auch die USA sowie China und weitere Schwellen- und Entwicklungsländer.

Grundsätze

Alle Staaten bekennen sich zu dem Ziel, die Erderwärmung auf zwei Grad zu begrenzen. Die Gefahren des Klimawandels werden noch einmal ausdrücklich anerkannt, und es wird festgestellt, dass die globale Erwärmung „sehr wahrscheinlich" auf die zunehmende, menschengemachte Konzentration von Treibhausgasen in der Atmosphäre zurückzuführen ist. Eine „gemeinsame Vision" enthält neben der Emissionsminderung auch gleichrangig ein Bekenntnis zur Anpassung an die Folgen des Klimawandels, zu deren Finanzierung, zur technischen Entwicklung und zum Technologietransfer.

Emissionen

Verlangt wird eine substanzielle Verringerung der weltweiten Treibhausgasemissionen bis 2050. Ein konkretes Ziel dafür soll auf der nächsten Klimakonferenz Ende 2011 im südafrikanischen Durban festgelegt werden. In den Jahren 2013 bis 2015 soll eine Revision der bis dahin geltenden Ziele erfolgen, ausdrücklich mit der Option, sich dann für eine Begrenzung der Erwärmung auf 1,5 Grad zu entscheiden. Von den Staaten freiwillig vorgelegte nationale Minderungsziele werden in einer gesonderten Liste erfasst. Auch Schwellen- und Entwicklungsländer sollen freiwillig nationale Beiträge zur Emissionsminderung leisten und das UN-Klima-Sekretariat darüber informieren.

Finanzen

Zur Finanzierung von Klimaschutz und Anpassung wird ein „Green Climate Fund" errichtet. Er soll von einem Gremium verwaltet werden, dem jeweils zwölf Vertreter der Industrie- und der Entwicklungsstaaten angehören. Das Vermögen des Fonds soll einem Treuhänder übertragen werden. Für eine Übergangzeit soll zunächst die Weltbank diese Aufgabe übernehmen. In den Fonds sollen ab 2020 jährlich 100 Milliarden Dollar fließen, sowohl aus öffentlichen Geldern als auch aus privaten und sonstigen Quellen. Das vor einem Jahr in Kopenhagen unterbreitete Angebot von Industriestaaten, 30 Milliarden Dollar als Soforthilfe bis 2012 zur Verfügung zu stellen, wird zur Kenntnis genommen.

Anpassung an Klimafolgen

Internationale Unterstützung soll Entwicklungsländer in die Lage versetzen, durch Anpassungsmaßnahmen die Auswirkungen von Folgen des Klimawandels zu mindern. Dazu soll eine neue Institution, das „Cancún Adaptation Framework" geschaffen werden, die Bedürfnisse feststellt und Anpassungsstrategien koordiniert. Konkrete Maßnahmen sollen aber in nationaler oder regionaler Verantwortung geplant und umgesetzt werden.

Waldschutz

Die Entwicklungsländer werden aufgefordert, CO2-Emissionen durch Entwaldung und Waldzerstörung zu verringern. Ziel soll es sein, Entwaldung zu stoppen und sogar rückgängig zu machen. Industriestaaten werden aufgefordert, dies angemessen zu unterstützen. Die Interessen indigener Völker sollen ebenso berücksichtigt werden wie der Schutz der Artenvielfalt. Eine Einbeziehung in den Emissionshandel ist nicht vorgesehen.

Kyotoprotokoll

In einem weiteren Beschluss nur für die Mitglieder des Kyotoprotokolls, das Emissionspflichten nur für Industriestaaten ohne die USA vorsieht, wird bekräftigt, dass die Unterzeichnerstaaten insgesamt bis 2020 ihre CO2-Emissionen um 25 bis 40 Prozent unter den Stand von 1990 absenken sollen. Eine zweite Verpflichtungsperiode des Protokolls wird erwähnt. Eine Entscheidung soll jedoch darüber erst später fallen, allerdings so, dass nach dem Auslaufen der ersten Periode 2012 keine Lücke entsteht. Auch der Umgang mit überschüssigen Emissionsrechten aus der ersten Periode soll später geregelt werden.

Kopenhagenprotokoll

Die wichtigsten neuen Ergebnisse der Klimaforschung sind:
Treibhausgas-Emissionen nehmen zu: Im Jahr 2008 wurden rund 40 Prozent mehr Kohlendioxid aus fossilen Quellen freigesetzt als im Jahr 1990. Selbst wenn die Emissionen ab jetzt stabil blieben, würde schon innerhalb von 20 Jahren so viel CO2 ausgestoßen, dass dadurch die globale Erwärmung mit einer Wahrscheinlichkeit von 25 Prozent 2 Grad Celsius überschreiten würde, selbst bei

Nullemissionen ab 2030. Mit jedem Jahr, in dem nichts unternommen wird, steigt die Wahrscheinlichkeit, dass 2 Grad Celsius Erwärmung überschritten werden.

Aktuelle globale Temperaturen zeigen die von menschlichen Aktivitäten verursachte Erwärmung:
Während der vergangenen 25 Jahre sind die Temperaturen im Mittel um 0,19 Grad pro Jahrzehnt angestiegen. Das stimmt sehr gut mit den Vorhersagen aufgrund der wachsenden Treibhausgas-Konzentration in der Atmosphäre überein. Selbst im letzten Jahrzehnt hat sich der Erwärmungstrend fortgesetzt, obwohl die Sonneneinstrahlung abgenommen hat. Natürliche, kurzzeitige Schwankungen treten wie immer weiterhin auf, am darunter liegenden Erwärmungstrend sind jedoch keine signifikanten Veränderungen zu beobachten.

Satelliten- und direkte Messungen belegen eindeutig, dass sowohl der grönländische als auch der antarktische Eisschild immer rascher an Masse verlieren. Seit 1990 hat sich auch das Abschmelzen von Gletschern in anderen Regionen der Welt beschleunigt.

Das arktische Meereis schwindet sommers deutlich schneller als nach den Projektionen von Klimamodellen zu erwarten war. Der Eisausdehnung in den Sommern der Jahre 2007 bis 2009 war jeweils rund 40 Prozent kleiner als der Mittelwert der Simulationsrechnungen für den vierten Sachstandsbericht des Weltklimarats IPCC von 2007.
Satellitenmessungen belegen, dass der Meeresspiegel in den letzten 15 Jahren um 3,4 Millimeter pro Jahr gestiegen ist, das ist rund 80 Prozent rascher als in früheren IPCC-Projektionen. Diese Beschleunigung des Anstiegs ist konsistent mit einer Verdoppelung des Beitrags schmelzender Gebirgsgletscher sowie des grönländischen und des westantarktischen Eisschildes.

Bis zum Jahr 2100 wird der Meeresspiegel wahrscheinlich mindestens doppelt so stark steigen wie von der Arbeitsgruppe 1 des 4. IPCC-Berichts projiziert; bei unverminderten Treibhausgas-Emissionen könnte er um mehr als einen Meter steigen. Die Obergrenze wurde als ca. zwei Meter bis 2100 abgeschätzt. Der Anstieg wird sich noch Jahrhunderte lang fortsetzen, nachdem die globalen Temperaturen stabilisiert wurden, und es muss mit einem weiteren Anstieg um mehrere Meter in den kommenden Jahrhunderten gerechnet werden.

Ungebremst fortschreitende Erwärmung könnte noch in diesem Jahrhundert abrupte oder irreversible Veränderungen mehrerer empfindlicher Elemente des Klimasystems anstoßen. Zum Beispiel der kontinentalen Eisschilde, des Regenwaldes im Amazonasgebiet, des westafrikanischen Monsuns und anderen. Das Risiko, kritische Schwellenwerte, sogenannte Kipppunkte zu überschreiten, wird bei ungebremstem Klimawandel im Verlauf dieses Jahrhunderts stark ansteigen. Auf größere wissenschaftliche Gewissheit zu warten könnte zur Folge haben, dass solche kritischen Punkte überschritten werden, bevor man sie als solche erkannt hat.

Der Wendepunkt muss bald erreicht werden.

Wenn die globale Erwärmung auf 2 Grad Celsius gegenüber vorindustriellen Werten begrenzt werden soll, müssen die globalen Emissionen zwischen 2015 und 2020 ihren Gipfel erreicht haben und anschließend rasch abnehmen. Um das Klima zu stabilisieren, muss die Dekarbonisierung der Gesellschaft, die Verringerung des Ausstoßes von Kohlendioxid und anderen langlebigen Treibhausgasen auf fast null, deutlich vor Ende des Jahrhunderts erreicht werden.

Die durchschnittlichen jährlichen Pro-Kopf-Emissionen müssen bis zum Jahr 2050 auf weit unter eine Tonne CO_2 reduziert werden. Dieser Wert liegt 80 bis 95 Prozent unter den Pro-Kopf-Emissionen der Industriestaaten im Jahr 2000.

Wir werden durch die Nachrichtensender auf dem Laufenden gehalten. Es wird von den Konferenzen weltweit berichtet und die täglichen Warnungen überfordern uns oftmals. Wir haben schon die einfachsten Naturgesetze vergessen. In meiner Zeit als Schüler sprach unser Lehrer oft über den Golfstrom.

Er ist die Meeresströmung der Superlative: Der Golfstrom transportiert mehr Wasser als alle Flüsse der Erde zusammen. Seine Energie übersteigt die Kapazitäten aller europäischen Kraftwerke um ein Tausendfaches und an der wärmsten Stelle ist sein Wasser bis zu 30 Grad Celsius warm.

Auf seinem Weg von der Karibik nach Nordeuropa bringt er unserem Kontinent ein mildes Klima, das in diesen Breitengraden auf der ganzen Welt einzigartig ist. Ohne den Golfstrom könnten wir uns jedes Jahr auf einen Winter einstellen, der so hart und kalt wie in Sibirien wäre.

Die Ozeane sind ständig in Bewegung. Manche dieser Bewegungen sind für das bloße Auge kaum sichtbar, andere hingegen äußern sich in reißenden Strömungen und Strudeln. Selbst auf einer scheinbar ruhigen Wasseroberfläche können Schiffe von ihrer gewählten Route abgetrieben werden. Die frühen Seefahrer im 15. und 16. Jahrhundert konnten sich dieses Phänomen noch nicht erklären.

Im Großen und Ganzen unterscheidet man zwischen drei Meeresbewegungen: der Gezeitenbewegung, der Oberflächenströmung und der Tiefenströmung. Während die Gezeitenbewegung die Meere in ihren Becken nur ein wenig hin- und herschwappen lässt, umspannen Oberflächen- und Tiefseeströmungen die gesamte Erde. Man spricht vom Förderband der Meere.

Die größtenteils sichtbaren Meeresbewegungen sind die Oberflächenströmungen. Sie entstehen durch die Kraft des Windes und durch Reibung. Der Wind setzt die Wassermassen der Meere in Bewegung. Diese fließen jedoch nicht, wie erwartet, mit der Richtung des Windes, sondern werden durch die Corioliskraft abgelenkt. Die von dem Franzosen Gaspard de Coriolis 1835 beschriebene Kraft besagt, dass sich Objekte, die sich auf einem rotierenden Körper bewegen, abgelenkt werden. Die Erde ist hierbei der rotierende Körper, die Meeresströmung das sich bewegende Objekt. Am besten nachvollziehen kann man die Corioliskraft, wenn man daheim einen Globus in Bewegung setzt und anschließend einen Bindfaden vom Äquator Richtung Polkappen leicht über den Globus zieht. Der Bindfaden wird auf der Nordhalbkugel nach rechts, auf der Südhalbkugel nach links abgelenkt. Nach diesem Prinzip funktionieren auch die Oberflächenströmungen.

Tiefseeströmungen entstehen hingegen durch die unterschiedliche Dichte von Wasser. Hierbei spielen die Temperatur und der Salzgehalt die entscheidende Rolle. Kaltes Wasser ist schwerer als warmes; salzhaltiges Wasser schwerer als salzarmes. Dementsprechend zieht es kaltes, salzhaltiges Wasser in die Tiefe.

Dieses Phänomen ist im Nordatlantik am stärksten ausgeprägt. Auf ihrem Weg Richtung Nordpol sind die Oberflächenströmungen durch Verdunstung deutlich salzhaltiger und kälter geworden. Zudem treffen sie auf Kaltwasserströmungen, die vom Pol kommen. Die Schichtung des Wassers wird instabil, die schwerer gewordenen Wassermassen sinken in tiefere Gefilde ab. Dort fließen sie in mehreren Tausend Metern Tiefe ganz langsam in entgegengesetzter Richtung durch die Meeresbecken bis in den Südatlantik.

Hier treffen sie auf den Zirkumpolarstrom, der im Süden den gesamten Globus umströmt und die Wassermassen der drei Ozeane miteinander vermischt. Die so vermischten Wassermassen bewegen sich wieder an die Oberfläche, wo sie auf ihrem Weg, Richtung Äquator, wieder erwärmt werden. Der Kreislauf beginnt von vorne.

Der Golfstrom ist also nur ein kleiner Teil des globalen Förderbandes, wenn auch ein sehr bedeutender. Er ist eine der schnellsten, mächtigsten und wärmsten Oberflächenströmungen der Meere. Gespeist wird er durch Wasser vom Nord- und Südäquatorialstrom, das durch die starke Sonneneinstrahlung in Äquatornähe erwärmt wird. Dieses Wasser wird dann durch Passatwinde von der Küste Afrikas bis in die Karibik getrieben. Auf bis zu 30 Grad Celsius hat sich das Meer an diesem Punkt erwärmt. Durch die natürliche Landbarriere des amerikanischen Kontinents muss sich das Wasser nun einen anderen Weg suchen.

Es wird durch den Golf von Mexiko gepresst, der im Norden nur einen Ausgang hat. Die Straße von Florida. Mit einer Geschwindigkeit von zwei Metern pro Sekunde gelangt der sogenannte Floridastrom zurück in den Atlantik. Dort trifft er auf den aus Süden kommenden Antillenstrom. Erst hier bekommt der Strom seinen Namen, unter dem er bekannt ist. **Der Golfstrom.**
Auf den folgenden gut 1.000 Kilometern fließt der Golfstrom an der amerikanischen Ostküste entlang, bevor er beim Kap Hatteras in North Carolina nach Osten abzweigt. Die Ablenkung der Corioliskraft und die in dieser Gegend vorherrschenden Westwinde zwingen ihn auf diesen Weg. Nun geht es geradewegs Richtung Nordosten. Da der Golfstrom schon an Geschwindigkeit verloren hat, bewegt er sich nicht gradlinig, sondern in geschwungenen, wellenartigen Bewegungen fort. Nach etwa 1.500 Kilometern fährt dem Golfstrom der aus Norden kommende, eiskalte Labradorstrom in die Seite.

Die Folge:

Die Wassermassen vermischen sich, der Golfstrom verliert an Kraft und Wärme.

Wissenschaftler sprechen nun vom Nordatlantikstrom, während sich im allgemeinen Sprachgebrauch immer noch die Bezeichnung

Golfstrom gehalten hat. Schon kurze Zeit nach dem Aufeinander-treffen mit dem Labradorstrom teilen sich die Wassermassen in zwei große Ströme auf. Der Kanarenstrom biegt Richtung Süden ab, fließt an der westafrikanischen Küste entlang und mündet schließlich wieder in den Nordäquatorialstrom.

Dieser wärmt das Wasser wieder auf und transportiert es erneut Richtung amerikanische Küste. Der erste Kreis schließt sich. Der Nordatlantikstrom hingegen bewegt sich auf die Küste Irlands zu, fließt an Nordschottland vorbei und trifft zu guter Letzt auf die Küste Norwegens. Auf dem Weg hat er mittlerweile viel Wärme verloren. Zudem ist der Salzgehalt des Stroms durch die ständige Verdunstung stark angestiegen.

Das Wasser wird immer dichter, es wird förmlich in die Tiefe gezogen. Der oberflächennahe Nordatlantikstrom löst sich auf, das Wasser fließt als Tiefenströmung zurück in den Atlantik, überquert den Äquator, landet im antarktischen Zirkumpolarstrom und er-scheint alsbald wieder an der Oberfläche. Der zweite Kreis schließt sich.

Der Klimamotor Europas

Die Reise der Wassermassen an sich ist schon spektakulär, doch seine wirklich sichtbare Bedeutung erhält der Golfstrom erst durch den Einfluss, den er auf das Klima Europas ausübt. Der Westen Norwegens liegt auf gleicher geografischer Breite wie der Süden Grönlands und der Osten Kanadas. Während in Grönland und Kanada nur sehr spärliche Vegetation auf dauerhaft gefrorenem Boden wächst, gedeihen an den Küsten Norwegens Obstbäume, Erdbeeren und Gemüse.

An Irlands Südwestküste wachsen Palmen, in Nordschottland üppige Rhododendren. All diese Pflanzen haben so weit im Nor-den eigentlich nichts verloren. Nur der Golfstrom macht es mög-lich. Durch das warme Wasser, das er mit sich führt, erwärmt sich auch die Luft an den Küsten, an denen er vorbeifließt. Das sorgt für so ein mildes Klima, dass zum Beispiel an der gesamten Westküste Norwegens die Häfen das ganze Jahr über eisfrei bleiben. Besuchen Sie einmal Ende Mai/Juni die blühenden Fjorde Südwestnorwegens und erleben die Natur mit Musik von Edvard Grieg. Ein unvergessliches Erlebnis erwartet Sie. Doch was würde passieren, wenn der Golfstrom eines Tages versiegen würde? Wissenschaftler beschäftigen sich schon länger mit dieser Frage. Durch die globale Erderwärmung regnet es mehr und Gletscher schmelzen schneller. Der Salzgehalt des Meeres verringert sich und somit kann das Wasser nicht mehr so leicht in die Tiefe gelangen. Das globale Förderband wäre damit unterbrochen. Die schrecklichsten Szenarien lassen vermuten, dass es in Europa im Winter durchschnittlich um mehrere Grad kälter wäre. In Nord- und Westeuropa wären dann im Winter Temperaturen und Schnee wie in Sibirien zu erwarten.

Roland Emmerich hat in seinem Katastrophenfilm „The Day After Tomorrow" schon mit diesem Szenario gespielt und Nordamerika einer neuen Eiszeit ausgesetzt. Wissenschaftler streiten dagegen noch, ob es überhaupt zu so einem Szenario kommen könnte. Die meisten Ozeanografen sehen in dieser Frage noch dringenden Forschungsbedarf. Zwar hat man den Golfstrom in den letzten Jahrzehnten immer besser kennengelernt, viele Antworten hält er jedoch noch in seinen Wassermassen verborgen. Überhaupt hält sich tief in den Weltmeeren noch so vieles unerforschtes Leben versteckt.

Es besteht daher nach wie vor großer Nachholbedarf in der Erkundung der Ozeane. Die Forscher bestätigten, dass das Klima die Weltmeere verändert hat. Haie vor Mallorca, Sardinen und Tintenfische in der Nordsee. Der Klimawandel wirbelt die Meeresökologie ganz schön durcheinander. Bisher wenig beachtet von der Öffentlichkeit schlägt die globale Erwärmung auch in den Weltmeeren hohe Wellen. Allein die Nordsee hat sich in den letzten hundert Jahren um zwei Grad aufgeheizt, Tendenz steigend. Da flüchtet der Kabeljau lieber in den kühleren Norden.

Warmes Wasser hat einen geringeren Sauerstoffgehalt als kaltes Wasser. Für das Leben im Meer hat das unangenehme Folgen, denn eine wärmebedingte Unterversorgung mit Sauerstoff beeinflusst den Fischbestand. Das konnten Wissenschaftler des Alfred Wegener Instituts nachweisen.

Mit ihren Untersuchungen an der „Aalmutter", einem Fisch, der fast in allen Weltmeeren vorkommt, haben die Forscher gezeigt, dass die Erwärmung der Nordsee den Bestand der Aalmutter dezimiert. Das liegt daran, dass Fische nur innerhalb eines begrenzten Temperaturfensters auf Veränderungen reagieren können. Bei steigender Temperatur verschlechtert sich die Sauerstoffversorgung des Organismus. In der Folge bricht die Sauerstoffversorgung zusammen und der Organismus ist nicht mehr lebensfähig.

Noch wesentlich empfindlicher als in der Nordsee reagieren Fische in den Polarregionen, weil die eine kleinere Wärmetoleranz besitzen. Die Tendenz ist eindeutig: Überall dort, wo es den Meeresbewohnern zu mollig wird, wandern sie nach Norden. Im Mittelmeer wurden bereits weiße Haie und in der Nordsee Sardinen, Doraden und Tintenfische gesichtet. Damit ist die Klimaerwärmung auch auf unseren Tellern angekommen.

Auch das Phytoplankton, pflanzliches Plankton, das am Anfang der Nahrungskette vieler Meerestiere steht, ist durch die Erwärmung der Meere auf dem Rückzug. Das klingt zunächst paradox, denn Algen und Plankton vermehren sich besonders gut bei höheren Wassertemperaturen, aber nur bis zu einem gewissen Grad. Der Grund ist, die Erwärmung der Ozeane erschwert den für das Plankton lebenswichtigen Nähstoffaustausch zwischen den Wasserschichten.

Plankton kommt in den oberen Schichten der Ozeane vor, wo es perfekte Bedingungen für die Fotosynthese findet. Aber die Schwebeteilchen brauchen zum Leben auch Eisen. Doch das befindet sich in tieferen Wasserschichten und wird normalerweise durch Strömungen nach oben transportiert.

Immer häufiger legt sich aber warmes Oberflächenwasser über die kühleren Schichten der Tiefe und verhindert so den Nährstoffaustausch. In der Folge gehen die Bestände von Fischen und Schalentieren zurück. Davon ist insbesondere die Fischerei in den Tropen und mittleren Breiten betroffen und auf lange Sicht ist das Leben im Meer ernsthaft bedroht.

Satellitendaten zeigen, dass der globale Meeresspiegel in der jüngeren Vergangenheit um etwa drei Millimeter jährlich stieg. Die Prognosen für lange Zeiträume sind wegen vieler Unsicherheitsfaktoren wiederholt geändert worden. Für eine Überraschung sorgten im Frühjahr 2010 Wissenschaftler der Universität Iowa. Sie zeigten anhand von Gesteinsproben, dass der Meeresspiegel während der Eiszeit vor 81.000 Jahren bis zu anderthalb Meter über dem heutigen Niveau lag. Bei uns hier in Tonga kann man diese Angaben genau in der Natur beobachten. An unseren Küstenabschnitten mit steiniger Felsformation ist klar erkennbar, wie der Meeresspiegel sich zurückgezogen hat und nun wieder zu steigen beginnt. Die Auswaschungen der Felsen zeigen ein klares Bild der Vergangenheit.
Für Bangladesch gab das Informationszentrum für Umwelt und Geografie in Dhaka 2008 bekannt, dass die Landesfläche sich trotz des Meeresspiegelanstiegs nicht verkleinert hat. Grund sind Milliarden Tonnen Geröll, die jährlich aus **dem Himalaja** in Richtung Meer gespült werden und sich ablagern. Ganz ähnlich ist die Situation vieler tropischen Inseln, die durch die Aufspülung von Korallensand beständig wachsen. Im Sommer 2010 publizierte ein internationales Team von Geomorphologen eine Studie, für die Luft-

aufnahmen aus dem Zweiten Weltkrieg mit Satellitenaufnahmen von heute verglichen wurden.

Trotz des in der Südseeregion seit den 50er-Jahren um mehrere Zentimeter angestiegenen Meeresspiegels erwiesen sich die meisten untersuchten Inseln als größer oder zumindest unverändert. Seit drei Jahrzehnten werden die Gletscher der Erde systematisch vermessen. An vielen Orten wurde seither ein starker Rückgang der Eismassen beobachtet. Der Universität Zürich zufolge sind die Alpengletscher nur noch etwa halb so groß als gegen Ende der Kleinen Eiszeit um 1850. Auch im argentinischen Patagonien, in Alaska, dem Nordwesten der USA und im südwestlichen Kanada schrumpfen die Gletscher. Auch hierbei gibt es Ausnahmen und gegenläufige Trends. In Norwegen und Neuseeland sind einige Gletscher gewachsen, weil die Schneefälle in diesen Regionen zugenommen haben.

Das Schrumpfen der Eismassen ist jedoch kein neues Phänomen. Allein in den vergangenen 10.000 Jahren, seit dem Abklingen der letzten großen Eiszeit, hat es schon acht vergleichbare und teilweise sogar heftigere Gletscherrückzüge gegeben. Forscher der Universität Fribourg erachten natürliche Faktoren wie **schwankende Strömungen** im Nordatlantik und **Sonnenaktivitäten** mittlerweile als so bedeutend, dass sie den Gletscherrückgang der letzten Jahre nur mehr zur Hälfte als von Treibhausgasen verursacht sehen.

Mit 4,2 Millionen Quadratkilometern wurde im Sommer 2007 die historisch kleinste arktische Eisfläche gemessen. Als die alljährliche Eisschmelze im Folgejahr zu Ende ging, war die Eiskappe jedoch wieder um zehn Prozent gewachsen. Es zeigte sich, dass die Temperaturtrends regional sehr unterschiedlich verlaufen. Vermutlich spielen die Zuflüsse von warmem Nordatlantikwasser dabei eine Rolle. Dass die nördliche Polarkappe wegen des Klimawandels vollständig abschmilzt, ist unwahrscheinlich. Sie hat Warmperioden überstanden, in denen die Temperatur deutlich über dem heutigen Niveau lag.

Am Südpol ist es in den letzten Jahrzehnten kälter geworden, wobei es auch hier regionale Unterschiede gibt. In der westlichen Antarktis sind große Schelfeisgebiete verschwunden und Gletscher geschrumpft. Anderswo sind die Eismassen gewachsen. Untersuchungen des Deutschen Geoforschungszentrums zufolge ist all dies nicht unwesentlich auch auf Niederschlagsschwankungen zurückzuführen, die durch den El Nino hervorgerufen werden, eine warme Strömung im Pazifik, die alle paar Jahre auftritt.

Der Golfstrom ist ein zentraler Faktor im globalen Klimageschehen. Diese rasch fließende atlantische Strömung bringt warmes Meerwasser aus dem Golf von Mexiko in den Nordatlantik. Durch die Erwärmung der Weltmeere, das Abschmelzen von Gletschern und Polarkappen und andere Folgen des Klimawandels, so eine These der Klimafolgenforschung, könnte dieser Strom versiegen.

Eisige Zeiten in Europa und Nordamerika wären die Folge.

Seit 2005 häufen sich Meldungen, dass der Golfstrom zum Erliegen kommen könnte. Die Ahnung, Europa könne bald trotz der globalen Erwärmung eine Eiszeit bevorstehen, hielt sich bis zum Frühjahr 2010. Vor wenigen Monaten entkräftete ein Forscherteam der NASA diese Ideen. Mit Hilfe von Satellitenaufnahmen und Messungen durch moderne Bojensysteme konnten sie nachweisen, dass der Golfstrom intakt ist und sich seit 1993 sogar verstärkt hat. Gemäß der gängigen Klimamodelle führt die globale Erderwärmung zu einer Verringerung der Temperaturdifferenz zwischen den kalten Polen und der heißen Äquatorregion. Die logische Schlussfolgerung daraus lautet, dass es weniger Stürme geben sollte, weil starke Luftströmungen durch Temperaturunterschiede verursacht werden.

Anfang 2010 wurde diese These durch eine Studie des National Hurricane Center in Miami bestätigt. Tropische Stürme würden in der Zukunft eher in ihrer Häufigkeit abnehmen oder aber auf einem praktisch gleichen Niveau bleiben, verkündeten die Forscher. Man hatte bereits 2005 dem Weltklimarat den Rücken gekehrt, weil sich dort die Meinung durchgesetzt hatte, die schweren Hurrikans der vorausgegangenen Jahre seien auf die Erderwärmung zurückzuführen gewesen.

Es ist sogar unklar, ob es heutzutage überhaupt mehr Stürme und Unwetter gibt oder ob ihnen lediglich mehr öffentliche Aufmerksamkeit geschenkt wird. Wenn Rückversicherer Jahr für Jahr höhere Schadensummen ausweisen, liegt dies in erster Linie daran, dass sich immer mehr Menschen in riskanten Küstenregionen ansiedeln und dass der Wohlstand in vielen Ländern steigt, weshalb Versicherungssummen zunehmen. Das Bild eines dahindriftenden Bären auf einer schmelzenden Eisscholle ist zu dem Symbolbild des Klimawandels geworden. Dabei nahm der Gesamtbestand an Eisbären seit Mitte des 20. Jahrhunderts erfreulich zu, auch wenn einzelne Populationen geschrumpft sind. Aufgrund des Abschmelzens des arktischen Eismantels verkleinerten sich manche Lebensräume. Doch die Tierart Eisbär existiert seit circa 150.000 Jahren und hat seither bereits eine Warmzeit überstanden.

Gefährdet war der Eisbär Mitte des vorigen Jahrhunderts, weil er damals übermäßig gejagt wurde. Seit er unter Schutz steht, Jagd ist nur noch in geringem Maße erlaubt, haben sich die Bestände erholt. Nach einer Zählung 1950 schätzten Naturschützer den Gesamtbestand auf nur 5.000. Seither ist ihre Zahl auf 20.000 bis 25.000 gewachsen.

Zwischen der Meereisausdehnung und der Anzahl der Eisbären konnte in der Vergangenheit kein direkter Zusammenhang nachgewiesen werden. So ist auch zukünftig nicht automatisch mit Bestandsverlusten zu rechnen, wenn die Temperaturen weiter steigen und Eisflächen verloren gehen. Denn Eisbären jagen Robben auch an eisfreien Stränden, und im Sommer tummeln sie sich seit jeher in der blühenden Tundra, wo sie sich von Lemmingen und Wühl-mäusen ernähren.

Seit geraumer Zeit wird vermutet, dass sich Malaria und andere tropische Krankheiten, infolge der Erderwärmung nach Norden verbreiten. Ein Entomologe vom Pasteurinstitut in Paris hat diese Hypothese im vergangenen Jahr zurückgewiesen. Eine direkte Beziehung zwischen der Verbreitung von Malaria und der Tem-peratur existiert in seinen Augen nicht. Die wirtschaftliche Situa-tion ist entscheidend. In vielen Weltregionen fehlen die finan-ziellen Mittel zum Schutz vor Ansteckungen und für den Kampf gegen die Überträger, während es in den reichen Industrieländern viele malariafreie Gebiete gibt, die klimatisch für die Anopheles-Mücke geeignet wären.

Dass die Verbreitung dieser Malaria übertragenden Stechmücke in den vergangenen Jahrzehnten zunahm, liegt wesentlich auch am Verbot des Insektenmittels DDT, dem Abholzen von Wäldern und dem Entstehen neuer Feuchtgebiete durch Reisanbau.

Wie wir nun sehen können, bestehen auch auf dem Gebiet des Klimawandels unterschiedliche Anschauungen.

Doch wie dem auch sei, unsere Natur, die Umwelt braucht Hilfe. Ich habe die Zeit der Entstehung des Ozonlochs sehr bewusst miterlebt. In meiner Erinnerung ist fest der unüberlegte Gebrauch von Spraydosen jeder Art verankert. Erst spät, zu spät kam die Aufklärung über die Schädlichkeit der FCKWs. Die Verbraucher wussten nichts über deren Kraft die Ozone zu zerstören oder zu schädigen.

Ozon spielt unterschiedliche Rollen. Während es in der Stra-tosphäre nötig ist, um die Erde vor schädlicher ultravioletter (UV) Strahlung zu schützen, gefährdet es in Bodennähe als sogenannter Sommersmog die Gesundheit von Menschen und Tieren. Ozon hat die chemische Bezeichnung O3. Dahinter steckt ein drei-atomiges Sauerstoffmolekül. Als Ozonschicht tritt das Gas in der Stratosphäre auf, das ist die Luftschicht in rund 20 bis 35 Kilometern Höhe, die sich an die erdnahe Troposphäre, in der das Wetter stattfindet, anschließt. Ozon entsteht, wenn sehr energiereiche, kurzwellige UV-Strahlung auf Sauerstoffmoleküle (O2) trifft. In der Atmosphäre ist Ozon unterschiedlich verteilt und spielt somit im Klimakreislauf verschiedene Rollen.

In der Stratosphäre sorgt das Gas dafür, dass ein Großteil der ultravioletten Strahlung der Sonne absorbiert wird. Hierdurch nimmt Ozon eine Schutzfunktion wahr. Die UV-B-Strahlung kann Zellen von Pflanzen und Tieren zerstören und bei Menschen Schäden wie Hautkrebs verursachen. Hier ist das Ozon also durchaus unerwünscht. Doch die schützende Ozonschicht in der Stratosphäre ist vor allem durch Fluorchlorkohlenwasserstoffe (FCKW) bedroht. Das Chlor greift die Ozonmoleküle an und zerstört sie. Ein Chloratom kann bis zu 100.000 Ozonmoleküle zerstören.

In der tiefer liegenden Troposphäre wird Ozon aber auch als Klimagas wirksam und trägt zum anthropogenen Treibhauseffekt bei. Es ist ungleichmäßig über den Globus verteilt und entsteht aus sogenannten Vorläufergasen, das sind vor allem Stickoxide und Kohlenmonoxid, die bei Verbrennungsprozessen entstehen. Seit Beginn des Industriezeitalters hat sich Ozon nach Kohlendioxid und Methan zum drittwichtigsten Klimagas entwickelt. Zusätzlich wirksam wird das Gas in Bodennähe, wo es durch Abgase aus dem Autoverkehr und Emissionen der Industrie vor allem in Ballungsgebieten entsteht. Auch hier verstärkt es den Treibhauseffekt und kann als Sommersmog in besonders hoher Konzentration zur Reizung der Atmungsorgane und der Augen führen.

Wenn die Ozonschicht auf mehr als die Hälfte ihrer Dicke reduziert ist, spricht man von einem Ozonloch. Da sich FCKW und andere Ozon abbauende Substanzen über die ganze Welt verteilen, sind fast alle Gebiete der Erde betroffen. Das erste „Loch" in der Ozonschicht entdeckten britische Forscher jedoch Ende der 1960er Jahre über der Antarktis. Der Grund hierfür: In der Kälte des antarktischen Winters sammeln sich die schädlichen Treibhausgase auf den Eiskristallen in der Stratosphäre.

Im antarktischen Frühjahr tauen die Kristalle unter Sonneneinstrahlung auf, die Treibhausgase werden nach und nach freigesetzt. In dieser Zeit wird ein großer Teil des Ozons abgebaut. Inzwischen beobachten Forscher ein Ozonloch auch über der Arktis, jedoch ist es weniger stark ausgeprägt und unterliegt stärkeren Schwankungen. Als Folge des Ozonlochs stieg die Gefahr, in den betroffenen Gebieten auf der Südhalbkugel an Hautkrebs zu erkranken, stark an. Betroffen sind vor allem die Menschen in Australien und Neuseeland.

Mit der Unterzeichnung des Montrealprotokolls 1987 wurde der Beginn des internationalen FCKW-Verbots eingeleitet. Verwendet wurde FCKW vor allem als Treibgase in Spraydosen, als Kältemittel in Kühlschränken und Klimaanlagen sowie als Lösungsmittel. 195 Staaten haben das Montrealprotokoll inzwischen ratifiziert, der FCKW-Einsatz weltweit ging laut Bundesumweltministerium um rund 95 Prozent zurück, in Deutschland sogar um 98 Prozent.

Inzwischen sind die Erfolge des FCKW-Verbots deutlich messbar und der Chlorgehalt in der Stratosphäre nimmt ab. Zwischen 1996 und 2002 ist die Zerstörung der Ozonschicht Messungen zufolge nicht weiter vorangeschritten. 2006 dann der Schock: Das Ozonloch erreichte eine Rekordgröße über der Antarktis. Diese basierte jedoch auf relativ normalen Schwankungen der Höhentemperatur. Auch 2008 war das Loch fast so groß wie im Rekordjahr 2006. Insgesamt bleiben die Experten aber optimistisch, auch wenn sie Zahlen relativieren müssen. Ursprünglich hatten viele von ihnen prognostiziert, dass es noch bis Mitte dieses Jahrhunderts dauern werde, bis sich die Ozonwerte in der Stratosphäre wieder stabilisieren können.

Der Klimawandel werde die Erholung der Ozonschicht aber vermutlich hinauszögern, sagte die Weltorganisation für Meteorologie.

Drei Wissenschaftler haben sich um die Erforschung der chemischen Prozesse bei Bildung und Abbau des Ozons besonders verdient gemacht. Für das Verständnis darüber, wie empfindlich die Ozonschicht als **„Achillesferse der Menschheit"** reagiert, ehrte das Stockholmer Komitee Paul Crutzen, Mario Molina und Sherwood Rowland 1995 mit dem Nobelpreis für Chemie.

Eigentlich ist Klimawandel nichts Neues. Immer wieder gab es in der Erdgeschichte Wechsel zwischen Kalt- und Warmzeiten, doch die hatten natürliche Ursachen. Wenn man heute von Klimawandel spricht, sind Veränderungen gemeint, die zusätzlich durch den Menschen, also anthropogen, verursacht werden. Inzwischen gibt es in der Wissenschaft kaum noch Zweifel daran, dass der Mensch zum Treibhauseffekt und Klimawandel entscheidend beiträgt. Die Sonne schickt kurzwellige Strahlung auf die Erde.

Dort wird sie auf der Erdoberfläche in langwellige Strahlung verwandelt und wieder zurückgestrahlt. Treffen diese langwelligen Strahlen auf eine Barriere, wie das Glasdach in einem Treibhaus, werden sie zurückreflektiert. Ein ganz natürlicher Vorgang, bei dem ein gewisser Prozentsatz der Strahlung zurück ins All gelangt, während der andere Teil reflektiert und zurück auf die Erde geworfen wird.

Dies geschieht durch eine natürliche Schutzschicht. Die Gasschicht der Atmosphäre, die auch natürliches Kohlendioxid (CO_2) enthält, lässt die langwellige Strahlung nicht durch und schickt sie zurück zur Erde. Ohne diesen natürlichen Treibhauseffekt läge die Durchschnittstemperatur auf der Erde bei minus 18 Grad Celsius, Leben wäre unmöglich.

Die richtige Menge CO2 und anderer Treibhausgase bestimmt unser Klima. Nimmt der Gehalt dieser Gase zu, heizt sich die Atmosphäre zu stark auf, als wäre in einem Treibhaus das Glas zu dick. Seit Beginn der Industrialisierung haben die Treibhausgase stark zugenommen, seitdem spricht man vom anthropogenen, vom Menschen verursachtem Treibhauseffekt.

Zehntes Kapitel

Was macht der Mensch?

Verschiedene Gase sind für das Klima und den Treibhauseffekt relevant. Mehr als die Hälfte des von Menschen verursachten Effekts geht auf Kohlendioxid (CO_2) und Kohlenmonoxid (CO) zurück, beide entstehen bei der Verbrennung fossiler Energieträger wie Öl, Kohle und Gas.

Vor allem in hohen Konzentrationen. Außerdem relevant für den Treibhauseffekt ist Methan (CH_4). Es entsteht in Landwirtschaft und Massentierhaltung, in Klärwerken und auf Mülldeponien. Auch in Permafrostböden ist Methan erhalten. Wenn also die globale Temperatur steigt und die Permafrostböden auftauen, wird die Atmosphäre zusätzlich weiter aufgeheizt.

Ein Großteil der Methankonzentration stammt aus dem Magen von Wiederkäuern, außerdem entsteht es beim Reisanbau. Ähnlich klimawirksam ist Lachgas, das ebenfalls in der Landwirtschaft entsteht, beispielsweise beim Abbau von Stickstoffverbindungen in den Böden. Stickstoff ist in den meisten gängigen Düngemitteln enthalten.

Das laut Weltklimarat IPCC stärkste Treibhausgas ist Schwefelhexafluorid, das in Hochspannungsschaltanlagen eingesetzt wird. Dieses Gas stammt aus industriellen Prozessen und kommt in der Natur nicht vor. Zwar ist das Potenzial, zum Treibhauseffekt beizutragen, groß, es ist aber nur zu einem sehr geringen Anteil in der Atmosphäre enthalten, daher ist der Einfluss auf die Erderwärmung eher gering.

Lange Zeit stritten sich die Experten über Existenz und Ausmaß des Klimawandels. Inzwischen herrscht weitgehend Einigkeit darüber, dass sich die Erde aufheizt und dass der Mensch durch den Ausstoß, vor allem von Kohlendioxid, dazu entscheidend beiträgt. Jedoch sind genaue Vorhersagen, wie sich das Klima weltweit verändern wird, schwierig. Klar ist, dass es große regionale Unterschiede gibt und geben wird.

Das globale Klima wird wärmer. Die zweite Hälfte des 20. Jahrhunderts war sehr wahrscheinlich die wärmste 50-Jahres-Periode der letzten 500 Jahre. Abzulesen ist dies an den steigenden Mitteltemperaturen weltweit, den Temperaturen der Ozeane und **dem Schmelzen von Eis und Schnee**, was am steigenden Meeresspiegel sichtbar wird.

Satellitenaufnahmen zeigen, dass die Bedeckung der beiden Pole mit Meereis zwischen 1980 und 2007 um rund 40 Prozent abgenommen hat. Auf sogar rund 50 Prozent beziffern Wissenschaftler den Verlust **von Gletscherflächen in den Alpen**. Gleichzeitig ist der Meeresspiegel zwischen 1902 und 2005 im globalen Mittel um circa 17 Zentimeter angestiegen. Dadurch ist nicht nur die Existenz einiger Inselstaaten und tief liegender Küstenregionen bedroht. Weltweit müssen die Menschen häufiger mit extremen Wetterphänomenen wie Wirbelstürmen, Überschwemmungen und Dürreperioden rechnen.

Hitzewellen werden sich vermutlich häufen und länger andauern. Die Zahl der Frosttage nimmt ab und vor allem in kontinentalen Gebieten drohen Dürreperioden. Bisher zeichnet sich ab, dass Niederschläge vor allem in den hohen Breiten zunehmen, über den Kontinenten in den Subtropen höchstwahrscheinlich abnehmen. Der Meeresspiegel wird weiter ansteigen.

Für Deutschland gehen die Klimaforscher davon aus, dass strenge Winter und kühle Sommer als Extremereignisse seltener werden. Vor allem im Westen und Süden des Landes steigt die Gefahr von Starkregenfällen im Winter, die Hochwasser auslösen können. Die Trends sind also regional unterschiedlich. Während sich aller

Voraussicht nach im Südwesten Hitzewellen häufen werden, ist vor allem im Osten mit Dürreperioden zu rechnen.

Die Eiszeit (Glazial) ist eine über mehrere Jahrhunderte oder Jahrtausende anhaltende Periode stark reduzierter Temperaturen auf der Erde, bei der es zu einer enormen Ausbreitung der kontinentalen Eisschilde kommt. Die Periode zwischen zwei Eiszeiten heißt Warmzeit oder Interglazial.

Die Suche nach den Ursachen für Eiszeiten gehört heute zu den spannendsten Fragen der Paläoklimatologie, einem Teilgebiet der Geologie, das die unterschiedlichen klimatischen Verhältnisse in der Vergangenheit untersucht und daraus Rückschlüsse auf die klimatische Zukunft zieht. Seit etwa drei Millionen Jahren ist es weltweit nicht nur bedeutend kühler, sondern das Klima wechselt auch zwischen zwei Extremen, den Eis- und Warmzeiten, mit einer Periode von etwa 100.000 Jahren.

Die letzte Eiszeit hatte ihren Höhepunkt vor etwa 21.000 Jahren und ging vor etwa 10.000 Jahren zu Ende. Es gab bis zu drei Kilometer mächtige Eisschilde. Da so viel Wasser als Eis gebunden war, lag der Meeresspiegel etwa 130 Meter unter dem heutigen Niveau. Die globale Durchschnittstemperatur war fünf bis sechs Grad Celsius niedriger.

Aus den Gaseinschlüssen im polaren Eis weiß man, dass die Konzentration der Treibhausgase Kohlendioxid (CO_2) und Methan (CH_4) nur 50 Prozent des vorindustriellen Wertes betrug. Auf dem Höhepunkt der letzten Eiszeit waren 32 Prozent der Erdoberfläche von Eis bedeckt, heute sind es noch etwa 10 Prozent.

In Eiszeiten breiteten sich innerhalb weniger Hundert Jahre die Eismassen von Arktis, Antarktis und den Gebirgen stark aus und bedeckten große Teile Europas, Asiens, Japans und Nordamerikas. Zu den Spuren der Eiszeiten gehören zum Beispiel Moränen,

Gletscherschrammen und Findlinge. Auch die heutigen Gletscher sind Reste der letzten Vereisungen.

Wie kommen Eiszeiten zustande?

Eine der Hauptursachen für die zyklisch auftretenden Eis- und Warmzeiten sind Veränderungen der Erdbahngeometrie. Diese wird durch wechselseitige Gravitationskräfte im System Sonne, Erde, Mond beeinflusst. Die Form der elliptischen Erdumlaufbahn um die Sonne ändert sich mit einer Periode von etwa 100.000 Jahren, die Neigung der Erdachse zur Umlaufbahn mit einer Periode von etwa 40.000 Jahren, während die Tag-Nacht-Gleiche auf der elliptischen Umlaufbahn etwa nach 20.000 Jahren wieder dieselbe Position auf der Ellipse einnimmt.

Durch diese Zyklen verändert sich die Verteilung der Sonnenenergie auf der Erde. Die Vermutung der Wissenschaftler ist, eine Eiszeit tritt immer dann auf, wenn die Sommersonnen-Einstrahlung in hohen nördlichen Breiten minimal wird. Kühle Sommer sind danach für den Eisaufbau entscheidender als kalte Winter.

Meeresströmungen haben ebenfalls großen Einfluss auf unser Klima. Angetrieben von Erdumdrehung und Winden wirken sie wie Förderbänder für Warm- und Kaltluft. Ihre Temperatur und der Salzgehalt des Wassers regulieren das Klima. Eine dieser Meeresströmungen ist der Golfstrom. Er transportiert warmes Wasser aus dem Golf von Mexiko quer über den Atlantik bis nach Nordnorwegen.

Dort sinkt das warme Wasser ab und fließt als Tiefenströmung zurück. Eine klassische Fernwärmeheizung. Sie beeinflusst die arktische Kaltluft sowie Azorenhochs und Islandtiefs. Aber das System ist empfindlich. Steigen die Temperaturen, zum Beispiel durch den Treibhauseffekt, schmilzt das Eis der Pole, das Salzwasser wird durch Süßwasser verdünnt.

Schon die geringste Verdünnung des Salzgehalts bewirkt aber ein Abtauchen des Golfstroms weiter südlich. Die Wärmequelle versiegt. Die Folge sind Überschwemmungen, Stürme, die Winter werden immer länger, Vegetationsperioden immer kürzer.

Weitgehend noch ungeklärt ist die Ursache sogenannter **Rapide Climate Changes**, Klimaänderungen in extrem kurzen Zeiträumen. Dabei kann die Temperatur innerhalb von 40 Jahren um zehn Grad fallen. Wissenschaftler vermuten, dass Zyklen verstärkter beziehungsweise zurückgehender Sonnenaktivität dafür verantwortlich sind.

Diese Zyklen wiederholen sich nach heutigem Kenntnisstand etwa alle 1.500 Jahre. So ein schneller Klimawechsel ist vermutlich auch die Ursache der sogenannten Kleinen Eiszeit, die im 17. und 18. Jahrhundert für sehr kalte Winter und die Ausbreitung der Gletscher sorgte.

Als erkannt wurde, dass durch das Verbrennen von fossilen Brennstoffen die Umwelt belastet wurde und nach anderen, weniger Umweltbelastenden alternativen Energieträgern geforscht wurde, entwickelte sich weltweit eine Kernenergielobby, die von dem Nonplusultra der Energieversorgung sprach. Man begann, in den 1960er Jahren aktiv die Kernkraft auszubauen. Nachfolgend möchte ich aufzeigen, welche Vor-und Nachteile der Bau von AKWs für unsere Versorgung mit Strom hat.

Seit den 1960er Jahren spielen Atomkraftwerke (AKW) weltweit eine bedeutende Rolle in der Energiegewinnung. Zunächst hatte die Kernkraft das Image einer sicheren, sauberen und unerschöpflichen Energiequelle. Doch dieses positive Bild ist schon seit Langem angekratzt. Besonders das ungelöste Problem des Atommülls und die Katastrophe von Tschernobyl und Fukushima in Japan haben aus der Kernkraft einen umweltpolitischen Zankapfel gemacht.

Ein Kernkraftwerk (KKW) wird unter anderem oft als Atombrenner, Kernreaktor oder Atomofen bezeichnet. Diese Bezeichnungen meinen zwar verschiedene Teile der Kernkraftgewinnung, spielen aber alle auf die grundlegende Funktionsweise an. **Die Atomspaltung.** Entdeckt wurde sie 1938 von den deutschen Chemikern Otto Hahn und Friedrich Wilhelm Strassmann. Sie merkten schnell, dass dabei immense Energien freigesetzt werden. In Kernkraftwerken wird diese Energie benutzt, um Wasserdampf, also Wärmeenergie zu erzeugen. Die Turbinen eines Generators wandeln die Wärmeenergie schließlich in die nutzbare elektrische Energie um, die an die Haushalte weitergeleitet wird. Das Kernkraftwerk ist also im Grunde ein Dampfkraftwerk, das mithilfe der Atomspaltung betrieben wird.

Das spaltbare Material, welches in den Kraftwerken benutzt wird, ist in der Regel Uran, ein radioaktives Schwermetall. Es befindet sich in Brennstäben, die zu Brennelementen zusammengebündelt werden. Durch den Beschuss mit Neutronen wird das Uran in kontrollierten Kettenreaktionen gespalten. Dies geschieht im Kernreaktor. Dieser ist von einer dicken Betonkammer umhüllt, die verhindern soll, dass radioaktive Strahlung nach außen dringt.

Sauber, leistungsstark und kostengünstig. Dies sind die wichtigsten Argumente der Kernkraftbefürworter. Mit einem Kilogramm Uran lassen sich etwa 350.000 Kilowattstunden (kWh) Strom erzeugen. Als Vergleich, ein Kilogramm Öl reicht für etwa zwölf kWh. Besonders die „Schnellen Brüter" erreichen eine sehr hohe Brennstoffausnutzung, weil sie auch die normalerweise unspaltbaren Bestandteile des Urans verwenden können. Im „Schnellen Brüter" werden diese in Plutonium umgewandelt. Das führt dazu, dass in diesen Werken mehr Spaltstoff hergestellt wird, als zur Wärmeerzeugung nötig ist.

Während ein Braunkohlekraftwerk pro erzeugter Kilowattstunde Strom 1,040 Kilogramm des Treibhausgases Kohlenstoffdioxid

(CO2) ausstößt, ist der Wert bei Kernkraftwerken mit 25 bis 50 Gramm gering.

Lässt sich also mit Kernenergie die Klimaerwärmung stoppen?

Nach Angaben des „Infokreises Kernenergie Bonn" setzten im Jahr 2006 weltweit 31 Länder Kernkraftwerke zur Stromproduktion ein. Von insgesamt 437 Werken wurden allein 104 in den USA, 59 in Frankreich und 56 in Japan betrieben. Wissenschaftler des „Öko-Instituts" haben errechnet, dass weltweit also mit Kernenergie rund 15 Prozent des Strombedarfs produziert werden, insgesamt rund sechs Prozent des globalen Primärenergie-Verbrauchs. Um einen wirklich spürbaren Klimaeffekt zu erreichen, müssten etwa 1.000 bis 1.500 neue AKWs weltweit gebaut werden. Doch Uran ist ein endlicher Rohstoff und die Reserven sind begrenzt. Bei einer Verdopplung der Nuklearkapazitäten in den nächsten 40 Jahren wären die Uranvorräte bald erschöpft.

Den Vorteilen der Kernenergie steht ein hohes Risiko gegenüber. Durch die Spaltung des atomaren Materials wird neben der gewünschten Energie radioaktive Strahlung erzeugt. Welche verheerenden Auswirkungen diese auf Mensch und Umwelt haben können, ist seit dem Abwurf der ersten US-Atombomben auf die japanischen Städte Hiroshima und Nagasaki ins öffentliche Bewusstsein gelangt. Kernkraftwerke aber, so wurde jahrelang beteuert, seien absolut sicher.

Dieses Vertrauen wurde am 26. April 1986 zum ersten Mal erschüttert. Rund 600.000 Menschen wurden infolge eines Reaktorunfalls in Tschernobyl in der heutigen Ukraine starken radioaktiven Strahlungen ausgesetzt. Allein unter den Bergungsmannschaften gab es circa 7.000 Tote, Hunderttausende Menschen mussten umgesiedelt werden. Die Umwelt war verseucht, Menschen erkrankten in Folge der Bestrahlung und starben. Im

Moment sehen und erleben wir die Machtlosigkeit der Verantwortlichen bei dem zweiten Reaktorstörfall in der Geschichte mit der höchsten Gefahrenstufe 7 in Fukushima, Japan.

Doch auch im Normalbetrieb sind Kernkraftwerke gesundheitlich nicht vollkommen unbedenklich. Im Jahr 2001 sorgte eine Studie vom „Umweltinstitut München" für Aufsehen, die erhöhte Kinderkrebsraten in der Umgebung von Kernkraftwerken nachwies. Das Bundesamt für Strahlenschutz bestätigte nach anfänglichen Zweifeln die Richtigkeit der Untersuchung. Neueste Zahlen weisen für Deutschland eine Sterberate von 25 Prozent aller Todesfälle durch Krebserkrankungen aus.

Ein weiteres Problem und Gefahrenpotenzial stellt der anfallende atomare Müll dar, für den bis heute weltweit kein geeignetes Endlager gefunden wurde. Hinzu kommt die Angst vor terroristischen Anschlägen auf Atomanlagen. Außerdem befürchten Atomgegner die Verbreitung von atomwaffentauglichem Material, das zum Beispiel Terroristen in die Hände fallen könnte. Nicht nur Terroristen, auch radikale, durch religiöse Wahnvorstellungen getriebene Regierungen stellen ein Gefährlichkeitspotenzial des Weltfriedens dar.

Der **„größte anzunehmende Unfall" (GAU)** ist der schlimmste denkbare Störfall beim Betrieb eines Kernkraftwerkes, für den die Sicherheitssysteme der Anlage ausgelegt sein müssen.

Durch den Normalbetrieb eines Kernkraftwerkes ist die Belastung durch radioaktive Strahlungen eher gering, sodass zu Beginn der Atomenergienutzung Einrichtungen zum Abschalten der Reaktoren quasi die einzigen Sicherheitsvorkehrungen waren. Nachbesserungen kamen mit einem US-Konzept, das als GAU den plötzlichen Bruch einer Hauptkühlmittelleitung festlegte. Die Notkühlung und die äußere Schutzhülle des Reaktorgebäudes, eine große Umhüllung aus Metall oder Beton, wurden damit zu gängigen

Sicherheitssystemen. 1979 kam es im amerikanischen Atomkraftwerk „**Three Mile Island**" zum ersten Mal zum **GAU.** Die Brennstäbe konnten nicht mehr gekühlt werden, und es setzte die sogenannte Kernschmelze ein.

Bei der Kernschmelze erhitzen sich die Brennstäbe im Kraftwerk so stark, dass sie schmelzen und die Gefahr einer Explosion besteht. Diese trat im amerikanischen Kraftwerk aber nicht ein. So blieben die Gefahren durch austretende, radioaktive Substanzen für die Bevölkerung relativ gering.

Welcher Glücksfall.

Ist eine Reaktorkatastrophe dagegen nicht mehr beherrschbar, spricht man von einem **Super-GAU,** Gefahrenklasse 7. Im April 1986 trat er in **Tschernobyl** in der heutigen Ukraine ein. Während eines Experiments geriet Block 4 des Atomkraftwerkes außer Kontrolle. Die Hitze verbog Metall und Reaktorstäbe und der Kern konnte nicht mehr gekühlt werden. Wie zuvor in „**Three Mile Island**" kam es zur Kernschmelze. In **Tschernobyl** konnte die Situation aber nicht mehr unter Kontrolle gebracht werden.

Durch die folgende Explosion gerieten innerhalb des Reaktors 1.500 Tonnen Grafit in Brand. Ein regelrechter Feuersturm riss radioaktive Materialien kilometerhoch in die Atmosphäre, wo sie von starken Winden erfasst wurden. Die radioaktive Wolke verteilte verseuchtes Material über weite Teile Europas. Nach Schätzungen wurden 600.000 Menschen einer starken Strahlenbelastung ausgesetzt, unter den Bergungsmannschaften gab es circa 7.000 Tote. 125.000 Helfer erkrankten nach Informationen der Weltgesundheitsorganisation schwer. Ein Gebiet halb so groß wie die Bundesrepublik wurde in der Ukraine, Weißrussland und Russland verseucht, 375.000 Bewohner mussten umgesiedelt werden. 3,5 Millionen Menschen sind allein in der Ukraine offiziell als Opfer des Unglücks registriert.

In Tschernobyl waren verschiedene Umstände daran schuld, dass aus dem GAU ein Super-GAU wurde. Als schwerwiegendstes Merkmal des Unfalls wurde später der Grafitbrand bezeichnet, der die radioaktiven Substanzen weiträumig verteilte.

Der offiziellen Version zufolge führten eine Reihe menschlicher Irrtümer zum Unfall. So wollten die Techniker des Kraftwerkes am Tag des Unglücks einen Turbinentest bei noch laufenden Reaktoren durchführen und legten dafür das automatische Steuerungssystem und die Notkühlung still. Außerdem hatte das Kraftwerk keine Schutzhülle, um das Reaktorgebäude, die möglicherweise das Austreten radioaktiven Materials hätte verhindern oder begrenzen können.

Wie wir erfahren können, ist die so viel gepriesene Kernkraft nicht die Sicherste. Unveröffentlicht bleiben nach wie vor die starke Erhöhung der Krebserkrankungsraten und genetische Veränderungen der Menschen, welche in unmittelbarer Umgebung von AKWs leben müssen.

Die Sonne bezieht ihre ungeheure und schier unerschöpfliche Energiemenge aus der Kernfusion, der Verschmelzung von Atomkernen. Die Verlockung, das Sonnenfeuer auch auf der Erde zu entzünden, ist groß. Das dafür benötigte Brennmaterial, Wasserstoff, ist auf dem Blauen Planeten reichlich vorhanden.

Im Vergleich zur Kernspaltung hat die Kernfusion einige Vorteile. Bei beiden Techniken entstehen nur wenig Treibhausgase. Fusionskraftwerke wären sicherer und radioaktiver Abfall entsteht in geringeren Mengen. Der gilt zudem als erheblich ungefährlicher. Schon nach etwa 100 Jahren soll keine Gefahr mehr von ihm ausgehen, während die Abfälle aus der Kernspaltung uns eine „strahlende Zukunft" auf Jahrtausende hinaus bescheren und das Endlagerproblem nach wie vor ungelöst ist.

Der Brennstoff für ein Fusionskraftwerk ließe sich aus Meerwasser und dem häufig vorkommenden Metall Lithium gewinnen. Bei der Kernfusion verschmelzen Wasserstoffisotope, Deuterium und Tritium, zu Helium. Dabei wird ungeheuer viel Energie frei. Der Haken aber, Wasserstoffatome verschmelzen nicht freiwillig. Man muss sie auf 100 Millionen Grad erhitzen, sie in ein sogenanntes Plasma überführen.

Die enorme Hitze, die man für das Plasma braucht, ist ein Problem. Mit gewaltigen Elektromagneten muss man das Plasma von den Reaktorwänden fernhalten, weil es sich sonst zu stark abkühlt und das Fusionsfeuer wieder ausgeht.

In bisherigen Testanlagen kann der Fusionsprozess deshalb nur kurze Zeit am Laufen gehalten werden, etwa eine Minute und man muss auch noch mehr Energie reinstecken, als bei der Fusion wieder frei wird. Deshalb wurde 2005 der Bau des internationalen Forschungsreaktor „ITER", lateinisch: „der Weg" beschlossen, der seit 2008 im französischen Cadarache gebaut wird. Japan, Russland, die USA, Südkorea, Indien und die Europäische Union sind Partner in dem „Weltprojekt". Damit soll es erstmals gelingen, die technischen Probleme in den Griff zu bekommen.

Und der Reaktor soll, auch zum ersten Mal, mehr Energie produzieren, als zu seinem Betrieb notwendig ist. Die Anlage wird etwa zehn Milliarden Euro verschlingen und soll 2018 in Betrieb gehen.

Ziel des Projekts ist es, die wissenschaftliche und technische Machbarkeit der Energieerzeugung aus Kernfusion zu demonstrieren. Kritiker bezweifeln, dass dies gelingt, und selbst wenn, ist mit einem kommerziellen Fusionskraftwerk nicht vor dem Jahr 2060 zu rechnen. Die beteiligten Forscher und Ingenieure indes sehen bislang keinen wissenschaftlichen Grund, warum diese Form der Energieerzeugung nicht erfolgreich sein sollte.

Seit rund 50 Jahren betreiben Wissenschaftler Fusionsforschung, und es wird mindestens noch weitere 50 Jahre dauern, bis ein kommerziell erfolgreicher Reaktor ans Netz gehen könnte. Wer auf Kernfusion setzt, braucht einen langen Atem. Als energiepolitische Option kommt die Technik aller Wahrscheinlichkeit nach zu spät. Bis der erste Fusionsreaktor läuft, könnten erneuerbare Energiequellen wie Sonne, Wind und Biomasse längst den Hauptteil der Stromerzeugung übernommen haben.

Seit dem Einsatz der Kernenergie in den 1950er Jahren hat die Technologie ein bislang ungelöstes Problem, den hoch radioaktiven Atommüll. Jährlich fallen in deutschen Kernkraftwerken Hunderte Tonnen ausgedienter Brennelemente an. Hinzu kommen Abfälle aus Wiederaufbereitungsanlagen, Brennfabriken, Urananreichungsanlagen und stillgelegten Reaktoren.

Nach dem deutschen Atomgesetz darf kein Kernkraftwerk ohne Entsorgungsnachweis betrieben werden. Ein Export deutschen Atommülls ist nicht erlaubt. Immer wieder weisen Atomkraftgegner deshalb darauf hin, dass die derzeitige Entsorgung des Atommülls nicht den Anforderungen des Atomgesetzes entspricht, welches eine schadlose Verwertung oder geordnete Beseitigung radioaktiver Abfälle fordert. Die gängigen Praktiken erfüllen diese Anforderungen nicht. Ein Großteil der Brennstäbe wurde bis 2005 zur Wiederaufbereitung ins Ausland, nach Großbritannien oder Frankreich, geschickt. Der bei der Wiederaufbereitung anfallende Müll muss zurückgenommen und in Zwischenlager transportiert werden.

Seit Mitte 2005 sind Transporte zur Wiederaufbereitung gesetzlich verboten. Heute bleibt also nur die Aufbewahrung der Brennstäbe in Zwischenlagern, bis der radioaktive Abfall irgendwann in ein Endlager transportiert werden kann. Die Zwischenlager sind riesige überirdische Hallen. Sie befinden sich zum Großteil direkt auf dem Gelände der Kernkraftwerke.

Außerdem gibt es abseits von Kernkraftwerksstandorten drei zentrale Zwischenlager in Ahaus, Greifswald und Gorleben. Die Zwischenlager haben eine Betriebserlaubnis für 40 Jahre, da die Bundesregierung davon ausgeht, dass bis 2030 ein betriebsbereites Endlager verfügbar sein wird.

Ursprünglich ging die Nutzung der Kernenergie von einer Wiederaufbereitung der Kernbrennstoffe aus, dem sogenannten Brennstoffkreislauf. Die Wiederaufbereitung hat sich jedoch nur als Verschiebung des Atommüll-Problems herausgestellt. Nur ein Teil des Materials kann in neu hergestellten Brennelementen wieder verwertet werden, als Rest bleibt atomarer Müll, der vom Volumen her noch größer als die ursprünglichen Brennelemente ist und von Deutschland wieder zurückgenommen werden muss.

In einer Wiederaufbereitungsanlage werden die verbrauchten Brennelemente in ihre Bestandteile zerlegt. Das Ziel ist, aus den Elementen soll wieder spaltbares Material gewonnen werden, wie etwa Uran 235 und Plutonium 239. Nachdem die Brennelemente in ihre einzelnen Brennstäbe zerlegt worden sind, wird ihr Inhalt in Salpetersäure aufgelöst. Durch chemische Prozesse werden anschließend Uran und Plutonium isoliert.

Technisch haben sich Wiederaufbereitungsanlagen als gefährlichster Schritt in der Atomenergienutzung erwiesen. Im Vergleich zu Kernkraftwerken geben sie im Normalbetrieb erheblich größere Mengen radioaktiver Substanzen an die Umwelt ab. Hinzu kamen die Transporte. In die Wiederaufbereitungsanlagen ebenso wie zurück in die deutschen Zwischenlager, die immer wieder große Proteste in der Bevölkerung hervorriefen. In Europa sind zwei Wiederaufbereitungsanlagen in Betrieb: Sellafield in Großbritannien und La Hague in Frankreich.

Je höher die Zahl der Transporte und je länger die Transportstrecken, desto größer die Gefahr von Unfällen. So lautet ein

Hauptargument der Atomkraftgegner gegen die Transporte. Atommaterial ist weltweit ständig unterwegs. Auf der Straße, der Schiene, in der Luft oder im Wasser. Auf dem Weg zum Brennelement wird Uran aus Abbaugebieten in Kanada, Australien oder Afrika in sogenannte Konversionsanlagen befördert, anschließend in eine Urananreicherungsanlage, die es auch in Deutschland gibt. Von dort wird das Material in Brennelementfabriken geschickt. Die hergestellten Brennstäbe müssen ihrerseits in Kernkraftwerke transportiert werden. Sind sie nach drei bis fünf Jahren „ausgebrannt", müssen sie in Zwischenlager transportiert werden. Kurzum gesagt, jährlich finden mehrere Hunderttausend Transporte mit radioaktivem Material statt.

Neben Unfallgefahren haben Atomkraftgegner die grundsätzliche Sicherheit der Transportbehälter im Visier. Die Castoren können die radioaktive Strahlung nicht vollständig abschirmen, insbesondere die Neutronenstrahlung, die nach Untersuchungen des Marburger Nuklearmediziners Professor Horst Kuni von 1995 wesentlich gefährlicher ist als bis dato angenommen.

Grundsätzlich senden radioaktive Stoffe zwei Arten von Strahlung aus, deren sogenannte ionisierende Wirkung in lebenden Zellen verschiedene schädliche Folgen haben kann, etwa Krebs auslösen oder zu Genveränderung führen. Neutronen-, Alpha- oder Betastrahlungen zählen zur Teilchenstrahlung. Alpha- und Betastrahlen haben nur eine geringe Reichweite.

Bei Alphastrahlung einige Zentimeter in der Luft und im menschlichen Gewebe Bruchteile von Millimetern, und eine Reichweite bis zu einem Zentimeter bei Betastrahlung. Sie sind vor allem dann schädlich, wenn sie eingeatmet oder über die Nahrung aufgenommen werden. Sind die Transportbehälter undicht, können sie zur Gefahr werden.

Neutronenstrahlungen haben dagegen in der Luft eine Reichweite von mehreren Hundert Metern und wirken von außen auf den Körper ein. Es wird daher befürchtet, dass die Belastung des Begleitpersonals von Castor-Transporten durch die Neutronenstrahlung erheblich unterschätzt wird. Zur Strahlenbelastung von Castor-Behältern tragen auch Gammastrahlen bei, die wie Röntgenstrahlen als elektromagnetische Wellenstrahlung mit sehr hoher Reichweite auftreten. Sie können das menschliche Gewebe leicht durchdringen und wirken von außen auf den Körper ein.

Bei der Entsorgungsproblematik geht es nicht nur um eine mehr oder weniger akute Gefahr.

Die Schlüsselrolle spielt die Zeitdimension. Radioaktive Stoffe müssen auf Dauer sicher eingelagert werden und das kann Millionen von Jahren dauern. Als radioaktiv werden die chemischen Elemente bezeichnet, die unter Aussendung einer unsichtbaren Strahlung zerfallen. Diese Strahlung ist so lange gefährlich, bis die radioaktiven Stoffe in andere, nicht radioaktive Stoffe zerfallen sind.

Der damit verbundene Zeitraum gibt die Halbwertzeit an. Die Zeit, in der eine gegebene Menge eines radioaktiven Strahlers zur Hälfte zerfallen ist. Für die im Zusammenhang mit der Tschernobylkatastrophe bekannt gewordenen Stoffe Cäsium-137 und Strontium-90 liegt sie bei 30 und 28,1 Jahren. Andere Bestandteile vieler radioaktiver Abfälle brauchen wesentlich länger, etwa Technetium-99, benötigt 210.000 Jahre oder Neptunium-237, mit 2,1 Millionen Jahre.

Angesichts dieser Zeitdimensionen erscheint die Suche nach einem geeigneten Endlager nahezu aussichtslos. Wer kann schon vorhersagen, was in 500.000 Jahren am Standort X passiert? Dennoch, im März 2010 veranlasste Umweltminister Norbert Röttgen eine

erneute Erkundung des Salzstocks Gorleben als potenzielles Endlager.

Zehn Jahre zuvor war die Prüfung von der rot-grünen Umweltre-
gierung gestoppt worden. Röttgen betonte, dass das Ergebnis des
Verfahrens noch offen sei und dass auch über Standortalternativen
nachgedacht werde. Parallel dazu solle Ton- und Granitgestein auf
seine Eignung als Endlager untersucht werden. Die Untersuchungen werden voraussichtlich bis 2017 dauern.

Im Betrieb von Kernreaktoren fällt radioaktiver Müll nicht nur
durch Brennelemente an. Allein bei der jährlichen Revision kommen regelmäßig schwache und mittelaktive Abfälle durch Kleidung, Putzwolle, Papier, Wischtücher, Messgeräte, Schrauben, Fo-
lien, Werkzeug und Ähnliches zusammen. Auch Materialfehler und
-Mängel erhöhen den Müllberg. In einigen Kernkraftwerken waren
beispielsweise die Frischdampf- und Speisewasserleitungen aus un-
geeignetem Material gefertigt. In Brunsbüttel mussten Ende der
80er Jahre deshalb 12.900 Meter Rohrleitungen und 760 Armatu-
ren ausgetauscht werden, was nebenbei einige Hundert Millionen
Euro kostete.

Nach durchschnittlich 32 Jahren hat ein deutscher Kernreaktor
sein Soll erfüllt. Für die anschließende Stilllegung gibt es zwei Varianten. Den direkten Rückbau nach der Abschaltung und den
Rückbau nach sicherem Einschluss über 30 Jahre. Für das Atomkraftwerk Stade bei Hamburg, das im Herbst 2003 abgeschaltet
wurde, ist ein direkter Rückbau vorgesehen.

Nach Angaben des Betreibers „E.ON Kernkraft GmbH" in
Hannover soll der Abriss Ende 2015 komplett beendet sein. Die
Kosten belaufen sich auf mindestens eine halbe Milliarde Euro.
Solche Ausgaben werden übrigens kalkulatorisch im Strompreis
berücksichtigt. Im Zuge des Rückbaus fallen Castor-Transporte
von 35 bis 40 Behältern allein für die abgebrannten Brennelemente

und hoch radioaktiven Abfälle für die Wiederaufbereitung und in die zentralen Zwischenlager an.

Insgesamt müssen etwa 100.000 Tonnen Beton und Stahl beseitigt werden. 2.000 bis 3.000 Tonnen schwach- und mittelradioaktiven Materials sollen für etwa 40 Jahre in einem neuen Zwischenlager auf dem Gelände untergebracht werden. E.ON kann auf Erfahrungen in Würgassen (Nordrhein-Westfalen) zurückgreifen. Dort wurde 1997 damit begonnen, den zwei Jahre zuvor stillgelegten Reaktor abzubauen.

Auch das 1990 stillgelegte KKW Rheinsberg befindet sich im Abbruch, der voraussichtlich 2014 vollständig abgeschlossen ist. Mit 70 Megawatt (MW) Bruttoleistung war das Werk aber wesentlich leistungsschwächer als die KKWs in Stade und Würgassen mit jeweils rund 670 MW Leistung. Die zweite Variante der Stilllegung wurde für den Hochtemperaturreaktor Hamm-Uentrop (NRW) gewählt. Nach nur dreijährigem Betrieb wurde er 1988 stillgelegt.

Schon damals wurden die reinen Abbruchkosten auf 400 Millionen Mark geschätzt, wofür die Rücklagen aus dem reinen Stromverkauf nicht ausreichten. Wesentlich kostengünstiger ist der „sichere Einschluss". Nachdem die hochaktiven Brennelemente ins Zwischenlager Ahaus transportiert worden waren, wurden alle Zugänge zum ehemals heißen Bereich hermetisch abgeschlossen, sodass eine Wiederinbetriebnahme nicht möglich ist.

Die Wiederaufbereitung atomaren Mülls gilt als gefährlichster Schritt in der Atomenergie. Und der Name trügt: Wiederaufbereitung meint kein Recycling. Ziel der Technologie ist, hochgiftiges, waffentaugliches Plutonium zu gewinnen. Sie ist damit der Schlüssel für den Plutonium-Umlauf, für Kraftwerke vom Typ „Schneller Brüter" und den Atomwaffenbau.

In Kernkraftwerken kann Plutonium nur in geringen Mengen als Spaltstoff eingesetzt werden. In Brennelementfabriken wird es Uran beigemischt und zu sogenannten Mox-Brennelementen weiterverarbeitet, die in Leichtwasserreaktoren verwendet werden können. Sie sind aber wesentlich teurer als herkömmliche Brennelemente.

Die Menge des Atommülls wird durch Wiederaufbereitung nicht geringer. Das Volumen wird sogar noch erheblich vergrößert und die Handhabbarkeit erschwert. So fällt der größte Teil der radioaktiven Stoffe nach der Aufbereitung als Flüssigkeit an, die selbst nach ihrer Verglasung für eine Endlagerung weniger geeignet ist als die ursprünglichen Brennelemente. Letztere werden in Wiederaufbereitungsanlagen mechanisch zerkleinert und in Salpetersäure aufgelöst, um dann durch chemische Prozesse Plutonium vom übrigen Atommüll abzutrennen.

Aufgrund der extrem hohen Strahlungsbelastung müssen diese Prozesse teilweise vollautomatisch hinter meterdicken Betonwänden ablaufen. Verglichen mit Kernkraftwerken geben Wiederaufbereitungsanlagen im Normalbetrieb erheblich größere Mengen radioaktiver Substanzen an die Umwelt ab. In Europa gibt es zwei Wiederaufbereitungsanlagen.

Eine in England und eine in Frankreich; die zweite englische Wiederaufbereitungsanlage in Dounreay wurde inzwischen stillgelegt. Sellafield haftet ein miserabler Ruf an. Der Atomkomplex liegt an der Westküste Großbritanniens in einem dünn besiedelten Gebiet an der Irischen See.

An dem Standort befinden sich verschiedene militärisch und zivil genutzte Atomanlagen, darunter eine Brennelementefabrik, Atomreaktoren und mehrere Wiederaufbereitungsanlagen.

In der Wiederaufbereitungsanlage THORP, seit 1994 in Betrieb, sind auch deutsche Atomkraftwerksbetreiber Kunden. In Sellafield, früher Windscale genannt, ereignete sich 1957 der weltweit erste schwere Atomunfall. Radioaktive Verseuchungen waren bis nach Irland nachzuweisen. Seitdem reißen die Schlagzeilen über Pannen in Sellafield nicht ab. Hunderte von mehr oder weniger gravierenden Zwischenfällen sind bekannt geworden.

Im November 1983 gerieten beispielsweise aufgrund eines „Irrtums" radioaktive Lösungsmittel und Chemikalien in die Irische See und weite Strandabschnitte mussten gesperrt werden. Zehn Jahre später lief bei einer Unfallserie plutoniumverseuchte Flüssigkeit aus. Sellafield setzt auf die „Verdünnungsentsorgung", das heißt, radioaktive Stoffe werden ins Meer und in die Luft abgelassen. Eine Untersuchung stellte 1984 fest, dass die Zahl der **Leukämieerkrankungen in der Umgebung des Atomkomplexes um etwa das Zehnfache über dem Landesdurchschnitt liegt. 1997 fanden britische Forscher Plutonium in den Zähnen von Kindern und Jugendlichen.** Mehr als die Hälfte der in deutschen KKWs ausgedienten Brennelemente wurden lange ins französische La Hague mit seinen zwei Wiederaufbereitungsanlagen geliefert. Die Atomanlage liegt im Nordwesten Frankreichs an der Atlantikküste und kann nach Angaben von Greenpeace pro Jahr 1.600 Tonnen Atommüll aufbereiten.

Wie in **Sellafield** werden Teile der radioaktiven Substanzen in La Hague in die Luft und ins Gewässer abgeführt. Allein 230 Millionen Liter radioaktiven Abwassers gelangen jährlich in den Ärmelkanal und von dort in die Nordsee. Anfang 1997 löste die Veröffentlichung eines britischen Ärzteblattes eine lang anhaltende Debatte, um die von der Anlage ausgehende Strahlengefahr aus.

In Studien wurde ein direkter Zusammenhang zwischen der Strahlenbelastung und einer überdurchschnittlichen Häufigkeit von Leukämiefällen im Umland der Anlage nicht ausgeschlossen.

Greenpeace-Taucher waren außerdem auf im Meer versenkte Betonmassen gestoßen, deren Strahlungsaktivität um **das 100- bis 4.000-fache über** der Umgebung lag.

Die Betreiberfirma der Anlage, die Cogema gab daraufhin zu, ein altes Einleitungsrohr für radioaktive Abfälle in den 1980er Jahren in Beton gegossen und versenkt zu haben. Auch bei Greenpeace-Tauchgängen im April 2000 wurden unerlaubte Mengen radioaktiver Teilchen gefunden, die illegal in die Abwässer von La Hague eingeleitet wurden. Über die verseuchte Fischnahrungskette erreicht die Strahlung den Menschen und dies nicht nur in Frankreich, sodass **verständlich wird**, warum so **viele Menschen an Krebs erkranken** und, wie schon gesagt, **jeder vierte Todesfall in Deutschland krebsbedingt ist.**

Nicht nur die Aufbereitungsanlagen bescheren uns die Strahlung als kostenloses Geschenk, auch bisher unbekannte, andere Chemieprozesse helfen für eine Erkrankung tatkräftig mit. Die Entsorgung des strahlenden Mülls ist ein weltweites Problem, wovon die meisten Menschen nichts oder nur sehr wenig wissen. Die Profitgier und allgemeines Desinteresse der Politiker geben einigen den Schlüssel für gesetzlich abgedeckten Mord in die Hand.

Die erste Wiederaufbereitungsanlage der Bundesrepublik ging im September 1971 in Betrieb. Die kleine Versuchsanlage in Karlsruhe sollte als Pilotanlage für die großtechnische Wiederaufbereitung dienen.

Schon die Suche nach einem geeigneten Platz dafür dauerte wegen der Widerstände von Landesregierungen und der Bevölkerung Jahre. 1982 schließlich stellte die „Deutsche Gesellschaft zur Wiederaufbereitung von Kernstoffen mbH" einen offiziellen Antrag für ein Zentrum im Taxöldener Forst bei Wackersdorf in Bayern. Drei Jahre später erteilte das Bayerische Staatsministerium für Landesentwicklung und Umweltfragen die erste Teilerrichtungsgenehmigung für den Anlagenkomplex Wackersdorf.

Neben der eigentlichen Wiederaufbereitungsanlage waren eine MOX-Brennelementefabrik sowie große Lagerhallen für den Atommüll aus neun bis zwanzig Betriebsjahren geplant.

1987 musste die DWK zugeben, dass ihr bisheriges Planungskonzept unzureichend war. Unter anderem war klar geworden, dass das Hauptprozessgebäude erheblich größer werden musste. Das neue Konzept unterschied sich so maßgeblich von dem alten, dass die Unterlagen erneut öffentlich ausgelegt werden mussten. Im Frühjahr 1988 waren rund 880.000 Einsprüche gegen die Wiederaufbereitungsanlage beim Bayerischen Umweltministerium eingetroffen, mehr als 400.000 davon aus Österreich. An diesem Widerstand scheiterte das Projekt letztlich. Am 31. Mai 1989 wurden die Bauarbeiten an der Anlage eingestellt.

Aufgrund der Risiken und Gefahren der Wiederaufbereitung ist in Deutschland seit Juli 2005 der Transport von abgebrannten Brennstäben zur Wiederaufbereitung verboten. Die Entsorgungsmisere hat sich zum größten Problem der Kernenergienutzung entwickelt.

Anfang des Jahres 2010 gibt es noch in keinem der 30 Staaten, die Kernenergie nutzen, ein geeignetes Endlager für hochaktiven Atommüll, obwohl entsprechende Planungen und Vorarbeiten in vielen Ländern seit etwa vier Jahrzehnten laufen. Stattdessen wird wieder aufbereitet oder direkt zwischengelagert. Seit dem 1. Juli 2005 ist die Wiederaufbereitung deutschen Atommülls verboten. Bleibt die Zwischenlagerung für 30 bis 40 Jahre.

Heißer Atommüll fällt fast nur in Kernkraftwerken als Brennelemente, Wiederaufbereitung, Rückbau an. Er enthält rund 95 Prozent aller zu entsorgenden Radioaktivität. Den größten Anteil am Volumen aller radioaktiven Abfälle, rund 90 Prozent, hat sogenannter kalter Müll, der aus Kernkraftwerken, aber auch aus Forschung und Medizin stammt. Auch dieser Müll bereitet Sorgen. Ein Großteil wird in Landessammelstellen, privaten Sammelstellen und stillgelegten Kernkraftwerken zwischengelagert.

Zwischen 1970 und 2000 wurde ein Teil dieses Mülls im Endlager Morsleben in Sachsen-Anhalt eingelagert. Ein umstrittenes Vorgehen, weil nachweislich Grundwasser in die Lagerstollen eindringt. Am 17. April 2001 beschloss das Bundesamt für Strahlenschutz, unwiderruflich auf weitere Einlagerungen in Morsleben zu verzichten. Als weiteres Endlager für schwach- oder mittelaktiven Müll ist seit Jahrzehnten der Schacht Konrad in einem ehemaligen Eisenerzbergwerk bei Salzgitter im Gespräch.

Seit einem Gerichtsbeschluss im März 2006 steht der geplanten Nutzung des Schachts nichts entgegen. Diesem Beschluss war ein 20 Jahre dauerndes Planfeststellungsverfahren vorausgegangen, das 2002 mit einer Genehmigung zur Endlager-Einrichtung durch das niedersächsische Umweltministerium endete. Klagen gegen diesen Beschluss wies das Oberverwaltungsgericht in Lüneburg im Frühjahr 2006 ab und gab damit endgültig grünes Licht für das Atommüll-Endlager. Die Vorbereitungen zum Umbau des Schachtes haben mittlerweile begonnen. Das Bundesamt für Strahlenschutz rechnet damit, dass erste radioaktive Abfälle im Jahr 2013 endgelagert werden können.

Eigentlich sollte das ehemalige Salzbergwerk in Niedersachsen Atommüll für die Ewigkeit aufbewahren. Doch schon nach 40 Jahren ist die Ewigkeit vorbei: Der radioaktive Abfall soll wieder herausgeholt werden.

Ein kurzer Blick zurück: Von 1967 bis 1978 wurden rund 126.000 Fässer mit leicht und mittelschwer radioaktiv belastetem Material eingelagert. Tatsächlich nutzten die Kernkraftwerksbetreiber die Asse jedoch, um ihren „normalen" radioaktiven Abfall dort

ebenfalls günstig zu entsorgen. Nach Angaben des Umweltbundes-
ministeriums kommen 71 Prozent der Abfälle im Atommülllager
Asse aus der Wiederaufbereitungsanlage des Karlsruher Kernfor-
schungszentrums.

Dieser Abfall wurde von den Kernkraftwerksbetreibern dorthin
geliefert und aufbereitet. Weitere drei Prozent radioaktiven Mülls
stammten direkt von den Kernkraftwerken. Seit 1978 dringen in
über 600 Meter Tiefe täglich rund zwölf Kubikmeter Wasser ein.
Ohne Konsequenzen, über 30 Jahre lang fast unbeachtet von der
Öffentlichkeit. Erst als dies 2009 einer breiteren Öffentlichkeit
bekannt wurde, wurde gehandelt.

Ein Grund für die lange Untätigkeit könnte folgender sein. Das
Atommülllager wurde bis Ende 2008 unter Bergrecht geführt. Betreiber war die Münchener Helmholtzgesellschaft unter Aufsicht
des Bundesforschungsministeriums. Nach Bekanntwerden immer
neuer Pannen und Verstöße gegen den Strahlenschutz ersetzte die
Bundesregierung 2008 das Helmholtzzentrum als Betreiber der
Asse durch das Bundesamt für Strahlenschutz (BfS).

Seitdem steht die Asse unter Atomrecht und unter Aufsicht des
Bundesumweltministeriums. Dieses gab neue Gutachten in Auftrag, und die Untauglichkeit der Asse als Endlager wurde mit
immer neuen Schreckensnachrichten Schritt für Schritt deutlicher.

Nun muss gehandelt werden, und zwar schnell. Denn die Sicherheit des Salzbergwerkes ist nach einem Gutachten des
Leipziger „Instituts für Gebirgsmechanik" höchstens noch bis
2014 gewährleistet. Danach droht der Einsturz verschiedener
Bereiche. Optionen wären die Vollverfüllung der Schachtanlage
mit Spezialbeton und anschließende Flutung mit Magnesium-
chlorid sowie die Umlagerung der Abfälle in tiefere Schichten der
Asse. Das BfS plädierte Anfang 2010 jedoch dafür, den Atommüll
wieder aus der Asse herauszuholen.

Dies sei „nach jetzigem Kenntnisstand die beste Variante beim weiteren Umgang mit den dort eingelagerten radioaktiven Abfällen". Die Kosten für die Rückholaktion werden auf etwa 3,7 Milliarden Euro geschätzt. Diese würde nach derzeitiger Einschätzung des BfS etwa zehn Jahre dauern. Zahlen wird dies vor allem der Steuerzahler, eine Rechtsgrundlage zur Beteiligung der Kernkraftwerksbetreiber gibt es bisher nicht.

Auch ist nicht klar, wo der Atommüll danach gelagert werden soll. Nach Einschätzung des BfS sei es so, dass die Kapazitäten des Schachtes Konrad nicht alle Abfälle aus der Asse aufnehmen können.

Die Suche nach einem zentralen Endlager wurde schon in den 1960er Jahren begonnen. Der Salzstock in Gorleben war jahrzehntelang Favorit für die Lagerung hoch radioaktiven Mülls und wurde mehr als 20 Jahre lang auf seine Tauglichkeit untersucht. 2000 stoppte der damalige Bundesumweltminister die Untersuchungen in Gorleben. Im Jahr zuvor hatte er einen „Arbeitskreis Auswahlverfahren Endlagerstandorte" einberufen.

Dieses 16-köpfige Expertengremium sollte „ein nachvollziehbares Verfahren für die Auswahl von Standorten zur Endlagerung aller Arten radioaktiver Abfälle in Deutschland entwickeln." Eine weitere Zielvorgabe lautete: Ein einziges Endlager soll ausreichen. Die Suche begann damit praktisch bei null.

Im Dezember 2002 überreichte der Arbeitskreis einen Bericht, in dem die Kriterien für die Suche und Auswahl eines Endlagers dargestellt wurden. Die darin gestellten geologischen Bedingungen waren nicht wesentlich neu. Neu waren dagegen sozialwissenschaftliche Kriterien, die zum Beispiel die Zustimmung der Bevölkerung vorsahen. Nach Ansicht des Ministers war der Standort Gorleben aus diesem Grund „voraussichtlich als Standort verbrannt", weil es bei der Entscheidung für Gorleben an Transparenz und Akzeptanz der Bevölkerung gefehlt habe.

Aufgrund der Erfahrungen, die derzeit und in der Vergangenheit in der Asse gemacht wurden, fordert ein Atomphysiker bei Greenpeace, ebenfalls das Aus für den Salzstock Gorleben. „Wer nach den Asse-Erfahrungen in einem Salzstock sogar hoch radioaktive Abfälle für eine Million Jahre einlagern will, gehört eigentlich hinter Schloss und Riegel gesperrt." Die Suche nach einem geeigneten Endlager müsse neu beginnen.

Das sieht der neue Umweltminister anders: Im März 2010 gibt er bekannt, dass Gorleben wieder auf seine Eignung als Endlager untersucht werde. Sollte sich der Salzstock als geeignet erweisen, könnte dort in etwa 20 Jahren Atommüll eingelagert werden. Die Untersuchungen sollen voraussichtlich bis 2017 dauern.

Die Anforderungen an ein Endlager für hoch radioaktiven Müll sind hoch. Grundlage für die Suche ist eine Langzeitsicherheit von einer Million Jahren. Gesucht wird in Tiefen zwischen 300 und 1.500 Metern, in denen beispielsweise Seismik, Störungspotenziale im Deckengebirge oder Isolationsvermögen des Gesteins stimmen müssen. Radioaktive Stoffe sind so lange gefährlich, bis sie in andere, nichtradioaktive Stoffe zerfallen sind.

Die Halbwertzeiten der Bestandteile vieler radioaktiver Abfälle zeigen, dass das lange dauert. Von Plutonium-239 zerfällt beispielsweise innerhalb von 24.400 Jahren die Hälfte der Ursprungsmenge, bei Jod-129 liegt die Halbwertzeit bei 15,7 Millionen Jahren. Auch der eigentliche Müll muss für die Endlagerung vorbereitet, in der Fachsprache „konditioniert" werden. Eine Pilotkonditionierungsanlage wurde in Gorleben eingerichtet. Dort wird erprobt, wie die vier Meter langen Brennstäbe verpackt werden können. Dafür vorgesehen sind sogenannte Polluxbehälter, in die der radioaktive Müll aus den Castor-Behältern umgeladen werden muss.

Den modernen Menschen, **den Homo sapiens, also uns, gibt es seit ungefähr 160.000 Jahren.**

Das Geschäft mit Erdöl hinterlässt dunkle Spuren in der Umwelt. Undichte Pipelines, Ölseen rund um Bohrtürme oder auslaufende Tankschiffe. Doch bei der Förderung von Erdöl und Erdgas kommt außerdem ein radioaktiver Cocktail aus Abwasser und Schlamm an die Oberfläche.

Natürliche radioaktive Stoffe wie Uran lagern überall in der Erdkruste. Zerfällt Uran, entstehen radioaktive Elemente wie beispielsweise das hochgiftige und langlebige Radium 226 oder das gesundheitsschädliche Polonium 210. Diese natürlichen radioaktiven Stoffe werden als **NORM, naturally occurring radioactive material,** bezeichnet.

Tief unten in der Erde geht von diesen radioaktiven Elementen kein Strahlenrisiko aus. Doch wenn die Öl- und Gasindustrie die begehrten Rohstoffe tief aus dem Boden herausholt, werden auch Radium und Polonium über die Förderanlagen mit Öl und Schlamm an die Oberfläche gespült. Dort konzentrieren sie sich im Abwasser und Schlamm und lagern sich in harten Krusten an den Förderrohren ab. Radioaktiv verunreinigte Geräte, belastete Mitarbeiter und eine verseuchte Umwelt sind die Folgen.

Eine besondere Gefahr geht von dem wasserlöslichen Radium 226 aus. Wird es an die Oberfläche gespült und zerfällt, entsteht Radon, ein radioaktives Gas. Eine Studie der Münchener Gesellschaft für Strahlenforschung ergab, „dass ab 100 Becquerel pro Kubikmeter ein signifikant erhöhtes radonbedingtes Lungenkrebsrisiko auftritt. Man erkennt sehr deutlich diesen linearen Zusammenhang und dass es schon von den niedrigsten Konzentrationen an hochgeht mit dem Risiko".

Doch wie hoch und wie belastend ist diese „Natürliche" Radioaktivität aus dem Erdinneren wirklich?

Die Studie „Strahlenschutz und der Umgang mit radioaktiven Abfällen in der Öl- und Gasindustrie" der Internationalen Atom-Energie-Agentur ergab, dass die spezifische Aktivität der Abwässer und Abfälle bei der Öl- und Gasförderung zwischen 0,1 und 15.000 Becquerel pro Gramm beträgt. Zum Vergleich: Die natürliche Bodenbelastung liegt bei 0,03 Becquerel pro Gramm.

Nach Recherchen eines WDR-Energieexperten bezifferte das Ölunternehmen Exxon im Jahr 2007 die mittlere Belastung der NORM-Abfälle seiner Branche auf 88,5 Becquerel pro Gramm. Das ist mehr als das 3.000-fache der natürlichen Bodenbelastung. Ab einer Belastung von einem Becquerel pro Gramm fällt das Material bereits unter die Strahlenschutzverordnung. Das bedeutet, dass diese Rückstände gesondert entsorgt werden müssen. Doch dies geschieht nach Angaben des Bundesamtes für Strahlenschutz „weitgehend in Eigenverantwortung der betroffenen Betriebe". Eine Kontrolle der Industrie ist also nicht vorgesehen. Eine Erfassung der entstandenen Abfälle und deren Entsorgung ist höchstens in unternehmensinternen Aufstellungen vorhanden.

In Deutschland fördern nur drei Unternehmen in nennenswertem Umfang Öl und Gas. Daher ist auch der anfallende Abfall im Vergleich zu anderen Ländern gering. Trotzdem widersprechen sich die Angaben. Man spricht von etwa 300 Tonnen pro Jahr, die Gesellschaft für Anlagen- und Reaktorsicherheit aber von etwa 1.000 bis 2.000 Tonnen. Radioaktiver Abfall, dessen Entsorgung nicht kontrolliert wird.

In den großen Ölförderländern sieht es noch schlimmer aus. Beispiel Nigeria. Dort wird in einem Monat mehr Öl gefördert als in Deutschland in einem Jahr. Besonders das Nigerdelta ist betroffen. Atemwegs- und Hauterkrankungen sowie Krebs treten dort gehäuft auf. Ob dies an den radioaktiven Nebenprodukten der Ölförderung liegt, lässt sich nur vermuten.

Im Jahr 2004 führte Nigerias Nukleare Aufsichtsbehörde Radioaktivitätsmessungen an zehn Offshore-Ölplattformen und zwei Terminals an Land durch. Der Ölschlamm wies eine spezifische Aktivität von bis zu 200 Becquerel pro Gramm auf. Nach deutschen und internationalen Richtlinien viel zu viel. So stuft beispielsweise auch der kanadische Ölindustrieverband Material, das mit mehr als 70 Becquerel pro Gramm belastet ist, als Gefahrgut ein. Verbindliche Regelungen zur sachgemäßen Entsorgung des Schlammes in Nigeria gibt es nicht, selbst Schutt aus noch belasteteren Uranminen wurde als Baustoff verwendet.

Aber auch in den Industrienationen sieht es nicht besser aus. In den USA wurden radioaktive Schlämme jahrelang einfach auf Freiflächen verteilt. Später wurden diese Gebiete zur Erholung und für die Landwirtschaft genutzt, oder es wurden Wohn- und Industriegebäude errichtet. In den Häusern war die Radon-Konzentration stark erhöht. Ölfirmen verschenkten kontaminierte Rohre an Kindergärten, Schulen, Sportvereine und Gemeinden, die daraus unter anderem Klettergerüste und Fußballtore herstellten.

In Kasachstan soll nach einer Studie der Universität Almaty ein Gebiet von der Größe der Bundesrepublik verseucht sein. Die strahlenden Reste der Ölförderung, Radium 226 und das Gas Radon, machen die Gegend eigentlich unbewohnbar. Trotz dieser Rückstände und den dort durchgeführten etwa 500 Atombombentests leben ungefähr eine Million Menschen in dieser Region. **Nur knapp zehn Prozent der Bevölkerung in diesem Gebiet gelten als gesund.**

Es bleibt das Argument, dass die Strahlung eigentlich natürlichen Ursprungs ist. Es findet keine künstliche Kernspaltung wie in Atomkraftwerken statt. Allerdings werden die radioaktiven Zerfallsprodukte von Uran nicht natürlich an die Erdoberfläche gespült, sie werden vom Menschen gefördert, in viel größerem Umfang als auf natürlichem Wege. Eine natürliche Strahlenbelastung bedeutet auch nicht, dass sie keine Gefahr darstellt. Gerade im süddeutschen Raum, in Sachsen und Thüringen kann je nach Untergrund Radon verstärkt aus der Erde austreten und über die Kellerräume in die Häuser eindringen. Das ist zwar ein natürlicher Vorgang, aber keineswegs gefahrlos.

Eine europaweite Studie, an der auch das Bundesamt für Strahlenschutz beteiligt war, bestätigt, dass europaweit ungefähr neun Prozent der Lungenkrebstodesfälle und zwei Prozent aller Krebstodesfälle durch Radon in Aufenthaltsräumen verursacht wird.

Radon verursacht damit jährlich ungefähr 20.000 Lungenkrebstodesfälle in der Europäischen Union, davon etwa 3.000 in Deutschland. Auch weiß man nicht, welche Auswirkungen eine Ansammlung von NORM-Stoffen unterhalb der Grenzwerte im menschlichen Körper hat. Eventuell potenzieren sich diese und tragen damit zur Gesundheitsgefährdung bei.

Nun können wir klar erkennen, dass die Erzeugung von atomarem Strom nicht gerade die Sicherste ist. Auch die Ölförderung birgt Gefahren für die Umwelt. Die beste und sicherste Art der Stromerzeugung werden die grünen Energiequellen unserer Natur sein. Wind, Sonne, und Wasser. Doch hört man überall zurzeit von Biotreibstoffen. Doch auch hier liegen Bedenken vor.

Die Zweifel an den Vorteilen von Biotreibstoffen sind ungebrochen. Einer aktuellen Studie zufolge schadet der geplante Ausbau der Anbauflächen dem Klima mehr als die fossilen Energien, die Biosprit ersetzen soll. Als Folge würden Millionen Tonnen mehr an CO_2 freigesetzt werden.

Biosprit ist erneut in die Kritik von Wissenschaftlern geraten. Biosprit sei „schädlicher für das Klima als die fossilen Energien, die es ersetzen soll". Demnach wird der steigende Einsatz von Biosprit in Europa zu einem Anstieg der klimaschädlichen CO_2-

Emissionen, weil für die Produktion der Agrotreibstoffe weltweit riesige Flächen in zusätzliches Ackerland umgewandelt werden müssten.

Die Forscher untersuchten die offiziellen Pläne von 23 EU-Mitgliedstaaten zum Ausbau der erneuerbaren Energien bis 2020. Deutschland werde dann 5,5 Millionen Tonnen Biosprit dem Benzin und Diesel beimischen und damit im Verbrauch Spitzenreiter vor Großbritannien, Frankreich und Spanien sein. Der angelaufene Verkauf von Biosprit in Deutschland wurde zu einem Disaster.

Insgesamt sollen 2020 in Europa 9,5 Prozent der Energie für den Verkehr aus Biosprit bestehen, der fast vollständig aus Ölsaat, Palmöl, Rohr- und Rübenzucker sowie Weizen produziert werde. Dafür müssten laut Studie weltweit bis zu 69.000 Quadratkilometer Wald, Weiden und Feuchtgebiete als Ackerland kultiviert werden, eine Fläche mehr als zweimal so groß wie Belgien.

Als Folge würden jährlich bis zu 56 Millionen Tonnen CO_2 freigesetzt werden. Das entspreche zusätzlichen 12 bis 26 Millionen Autos auf Europas Straßen.

Die Zweifel an den Vorteilen von Biotreibstoffen wachsen. Der geplante Ausbau der Anbauflächen würde in Brasilien zum Verlust riesiger Regenwaldgebiete führen, wie Simulationen ergaben. Eine andere Studie schlägt einen Ausweg vor, die massenhafte Nutzung grüner Abfälle.

Wie umweltfreundlich sind Biotreibstoffe? Schon seit Längerem bestehen schwerwiegende Zweifel, ob die Vorteile des alternativen Sprits die Nachteile wettmachen, die bei seiner Herstellung entstehen. Brasilien ist neben den USA führend bei der Produktion von Ethanol. Doch anders als die Vereinigten Staaten setzt das südamerikanische Land seit Jahrzehnten nicht auf Mais, sondern auf die hocheffiziente Zuckerrohrpflanze. Und das könnte indirekt dem Regenwald Schaden zufügen, wie eine Untersuchung jetzt ergeben hat.

Die Plantagen liegen nicht im Amazonasgebiet, sondern vor allem im Süden, Südosten und Nordosten Brasiliens. Zuckerrohr, aus dem im Übrigen auch der landestypische Schnaps Cachaca gewonnen wird, wächst derzeit auf etwa 8.000 Quadratkilometern Fläche. Nach offiziellen Angaben könnte diese Fläche mehr als verachtfacht werden. Noch größer soll das Wachstumspotenzial bei Sojabohnen sein, aus denen Biodiesel gewonnen wird.

Das aber würde dazu führen, dass Rinderzüchter vor allem im Südosten Brasiliens verdrängt werden und dann in Richtung Amazonas-Regenwald ausweichen und dort Flächen für die Viehhaltung abholzen. Durch diese Umwidmung der Landnutzung werde die Klimabilanz des Biosprits erheblich verschlechtert.

Um das Ausbauziel bis 2020 zu erreichen, müssten laut der Simulation 57.200 Quadratkilometer Zuckerrohr-Anbaufläche hinzukommen; bei Soja wären es sogar 108.100 Quadratkilometer. Die neuen Flächen würden zu 88 Prozent aus ehemaligen Viehweiden bestehen. Als Folge, die Rinderzüchter müssten fast 122.000 Quadratkilometer Waldfläche abholzen, um neuen Weideplatz für ihr Vieh zu kultivieren. Das entspricht in etwa einem Drittel der Fläche Deutschlands. Zuckerrohr wäre damit für 41 und Soja für 59 Prozent der indirekten Entwaldung verantwortlich.

Die Wissenschaftler rechnen vor, dass man 250 Jahre bräuchte, bis das von der Regenwaldabholzung verursachte Kohlendioxid durch die Vorteile der Biospritnutzung wieder ausgeglichen sei. Allerdings will die Regierung in Brasilia die Abholzung im Amazonas bis 2020 um 80 Prozent reduzieren und hat auf diesem Weg bereits beeindruckende Erfolge vorzuweisen.

Als einen Lösungsvorschlag regen einige Forscher an, in Brasilien statt Soja die ertragreicheren Ölpalmen anzupflanzen. Damit könnte die für Biodiesel bis 2020 zusätzlich benötigte Fläche von 108.100 auf nur 4.200 Quadratkilometer reduziert werden.

Brasilien ist seit Jahrzehnten führend auf dem Gebiet der Biospritherstellung. Über 90 Prozent der in Brasilien verkauften Neuwagen verfügen inzwischen über Motoren, die mit einer beliebigen Mischung aus herkömmlichem Benzin und Ethanol fahren. Ethanol ist mittlerweile nach Öl die zweitwichtigste Energiequelle in dem südamerikanischen Land.

Die Internationale Energie-Agentur (IEA) schlägt einen anderen Ansatz vor. Die Produktion von Biotreibstoffen könne bis zum Jahr 2030 verdoppelt werden, wenn man nur zehn Prozent der Abfälle aus der Land- und Forstwirtschaft nutzen würde. Schon nach heutigem Stand der Technik ließen sich auf diese Weise vier Prozent des weltweiten Kraftstoffverbrauchs im Verkehrsbereich decken. Das entspreche 125 Milliarden Litern Diesel oder 170 Milliarden Litern Ethanol pro Jahr, hieß es in der IEA-Untersuchung.

Biokraftstoffe decken demnach heute 1,7 Prozent des globalen Kraftstoffbedarfs im Verkehrssektor. Da sie meist aus Pflanzen wie Mais, Ölpalmen oder Raps hergestellt werden, steht ihre Herstellung in Konkurrenz zur Nahrungsmittelproduktion und hat in den vergangenen Jahren die Kosten für Lebensmittel teils stark in die Höhe getrieben. Das verschärfte in vielen Entwicklungsländern die Versorgungslage.

Hinzu kommen laut IEA auch hohe Produktionskosten und relativ geringe CO_2-Einsparungen heutiger Biokraftstoffe. Wir brauchen einen Wechsel zu effizienteren Technologien, um den steigenden Biokraftstoffbedarf nachhaltig decken zu können.

Um das Potenzial der Biokraftstoffe der sogenannten zweiten Generation voll zu erschließen, müssen der Studie zufolge die Schwellen- und Entwicklungsländer einbezogen werden, da dort ein Großteil der Agrar- und Forstabfälle anfällt. Biokraftstoffe der zweiten Generation sollen nicht mehr aus Nutzpflanzen selbst, sondern aus den Resten gewonnen werden, die bei der ersten Verarbeitung überbleiben.

Allerdings dürfen die Fehler bei der Entwicklung der ersten Generation von Biokraftstoffen nicht wiederholt werden. Mit international vereinbarten Nachhaltigkeitsstandards für die Produktion von Biomasse und mit der Zertifizierung von Biokraftstoffen könne sichergestellt werden, dass sowohl ökologische als auch soziale Belange bei der Biokraftstoffproduktion beachtet würden.

Die IEA verwies in ihrer Studie darauf, dass in einigen Ländern Abfälle aus Land- und Forstwirtschaft bereits als Dünger oder zum Heizen verwendet werden. Hier müsse deshalb eine Abwägung stattfinden, ob ein Ausbau der Biokraftstoffproduktion sinnvoll sei. Auch die möglichen ökologischen Auswirkungen auf Nährstoffe im Boden und Wasserressourcen müssten untersucht werden, um eine nachhaltige Verwendung der zweiten Generation von Biokraftstoffen sicherzustellen.

Elftes Kapitel

Die Forscher erforschen die Möglichkeiten, unserer Umwelt Entlastung zu vermitteln.

Doch fast alle aufgezeigten Entwicklungen sind mit Nebenwirkungen versehen. Oft ist das erreichte Ziel weit weg von der Realität in der wir leben. Die gesamte Welt benötigt ein Umdenken. Alle Nationen müssen an diesem Denkprozess teilnehmen und alle Wege müssen ausgeschöpft werden, die unserer Natur und gleichzeitig dem Menschen dienlich ist, auch in Zukunft eine Zukunft erleben zu dürfen.

Es kommen Gedanken nach einer zweiten Welt auf. Ist unser Planet in Zukunft nicht mehr lebenswert?

Erkenntnisse, die hellhörig machen. Die achte Ausgabe des Living Planet Reports des World Wide Fund for Nature (WWF) informiert über die Entwicklungen der Tierpopulationen, über Wasserverschmutzung und -verbrauch, CO_2-Emissionen und weitere Umweltaspekte.

Der erschienene Bericht macht deutlich:

Wie bisher kann es nicht weitergehen.

Der Bedarf der Menschheit an natürlichen Ressourcen übersteigt die Kapazität der Erde. Wenn wir so weitermachen wie bisher, Würden wir 2030 zwei Planeten benötigen, um unseren Ressourcen-Bedarf zu decken.

Er ist die umfassendste wissenschaftliche Analyse zum Zustand der Erde und zum Einfluss menschlicher Aktivitäten. Der Report des WWF beschreibt, wie sich die weltweite biologische Vielfalt seit der Mitte des vergangenen Jahrhunderts verändert hat und welchen Druck die Menschheit durch Verbrauch und Ausbeutung von Ressourcen auf die Biosphäre ausübt. Diese Kennzahlen werden seit mehreren Jahrzehnten nach einheitlichen Methoden erhoben. Sie erlauben einerseits den Rückblick auf globale Veränderungen der letzten Jahre und zeigen die absehbaren Entwicklungen in der Zukunft.

Die weltweite Biodiversität zeigt seit der Veröffentlichung des ersten Living Planet Reports 1998 eine gleichbleibende Tendenz auf: einen Rückgang der betrachteten Arten um fast 30 Prozent zwischen 1970 und 2007. Auch wenn Wissenschaftler immer wieder neue Tierarten entdecken, geht die Vielfalt insgesamt zurück, so lautet das Ergebnis der Untersuchungen.

Bei den Tierbeständen aus tropischen und gemäßigten Klimazonen haben die Biologen allerdings sehr unterschiedliche Entwicklungen registriert. Der Wert für die tropische Klimazone ist um 60 Prozent zurückgegangen, während der für gemäßigte Zonen um nahezu 30 Prozent zugelegt hat. Dieser Unterschied zeigt sich bei Säugetieren, Vögeln, Amphibien und Fischen genau wie beim Vergleich von Land-, Meeres- und Süßwasserarten und in allen tropischen und gemäßigten Ökozonen. Grund für den Zuwachs in den gemäßigten Zonen könnten laut Report unter anderem eine strengere Schadstoffemissionskontrolle, höhere Luft- und Wasserqualität und intensivere Schutzmaßnahmen sein. Im Gegensatz dazu spiegelt der Wert für die tropische Klimazone die massiven Veränderungen der Ökosysteme wider, die sich seit 1970 in den tropischen Regionen, wie etwa den Regenwäldern, vollzogen haben.

Die Veränderungen der biologischen Vielfalt werden mithilfe des sogenannten „Living Planet Index (LPI)" erfasst. In diesen Wert fließt die Entwicklung der Populationen von fast 8.000 Wirbeltierarten ein. Die stärksten Veränderungen zeigen folgende Tierpopulationen auf: Bengalgeier, minus 53,4 Prozent von 2000-2007, Lederschildkröte, minus circa 20 Prozent 1989-2002, Walhai, minus circa 8 Prozent 1995 und 2004. Ebenfalls zurückgegangen sind die Populationen des Dunkelalbatros, des Pearykaribus und des atlantischen Blauflossenthunfischs. Zugelegt haben dagegen folgende Populationen: europäischer Biber, plus circa 13 Prozent 1966-1998, atlantischer Stör, plus circa elf Prozent 1991-2001. Ebenfalls vermehrt haben sich der afrikanische Savannenelefant und die Rothalsgans.

Alle menschlichen Aktivitäten können auf verschiedene Weise die Artenlandschaft verändern:

1. Verlust, Veränderung, Zersplitterung von Lebensräumen,
2. Ausbeutung wild lebender Populationen,
3. Umweltverschmutzung,
4. Klimawandel,
5. Invasive Arten.

Mit invasiven Arten sind Tierarten gemeint, die absichtlich oder ungewollt aus einem Teil der Welt in einen anderen Teil überführt werden und dort zu Konkurrenten oder Parasiten heimischer Tierarten werden. Zu einem großen Teil entsteht die Bedrohung der biologischen Vielfalt durch den menschlichen Bedarf an Lebensmitteln, Getränken, Energie und Rohstoffen sowie die Nachfrage nach Flächen für Städte und Infrastruktur. Je größer die Bevölkerung und je größer die Menge der Ressourcen, die jeder Einzelne verbraucht, desto größer der Druck.

Erstmals beleuchtet der Living Planet Report die Entwicklung der Biodiversität auch mit Rücksicht auf das Ländereinkommen. Das Ergebnis zeigt einen alarmierend schnellen Verlust an Artenvielfalt in einkommensschwachen Ländern. Das hat schwerwiegende Konsequenzen für die Bewohner. Ohne Zugang zu sauberem Wasser, ohne Land, ausreichende Lebensmittel, Brennstoff und sonstige Rohstoffe können die benachteiligten Menschen den Teufelskreis der Armut nicht durchbrechen.

Der ökologische Fußabdruck drückt die biologisch produktive Land- und Wasserfläche aus, die wir brauchen, um die vom Menschen genutzten erneuerbaren Ressourcen bereitzustellen. Außerdem berücksichtigt er den Raum, der erforderlich wäre, um das ausgestoßene Kohlenstoffdioxid absorbieren zu können. Der ökologische Fußabdruck setzt sich aus mehreren Komponenten zusammen: Kohlenstoffaufnahme, Weideland, Wald, Fischgründe, Ackerland und bebautes Land, doch:

Wir brauchen mehr als die Erde zur Verfügung stellt.

Die bekannte, aber immer noch erschreckende Tendenz. Auch 2007, im jüngsten Jahr der Datenerhebung, haben die Menschen weltweit mehr Ressourcen verbraucht und mehr CO_2 ausgestoßen, als die Erde zur Verfügung stellt beziehungsweise reinigen kann.

Und zwar um satte 50 Prozent mehr.

Diesem Wert zufolge würde es 1,5 Jahre dauern, bis die Erde die verbrauchten Ressourcen regeneriert und das ausgestoßene CO_2 absorbiert hätte. Insgesamt hat sich der ökologische Fußabdruck seit 1966 verdoppelt. In diesem Jahr haben wir theoretisch schon alle Ressourcen verbraucht. Der sogenannte „Overshot Day", der Tag, an dem die Menschheit die gesamten ökologischen Ressourcen, die die Erde theoretisch für dieses Jahr zur Verfügung stellt, war 2010 am 21. August. Den Rest des Jahres leben wir sozusagen auf Kredit und verbrauchen die Reserven der Erde.

Die Liste der Top 30 Staaten, die weltweit den größten ökologischen Fußabdruck hinterlassen, führen zum Teil bevölkerungsarme Länder und Schwellenländer an.
Die ökologische Überlastung ist bereits seit den 1970er-Jahren Dauerzustand. Dafür, dass der ökologische Fußabdruck im letzten halben Jahrhundert so stark angestiegen ist, ist aber vor allem der Kohlenstofffußabdruck verantwortlich, also die nach Hochrech-

nungen benötigte Menge an Wald, die gebraucht würde, um das bei der Verbrennung von fossilen Brennstoffen etc. ausgestoßenes CO_2 aufzunehmen.

Dieser Wert hat seit 1961 um das Elffache und seit der Veröffentlichung des ersten Living Planet Report im Jahr 1998 um ein gutes Drittel zugenommen. Er macht rund die Hälfte des derzeitigen ökologischen Fußabdrucks aus. Doch während der Kohlenstofffußabdruck immer größer wird, hat der relative Anteil der Bestandteile „Ackerland", „Weideland" und „Wald" allgemein abgenommen.

Diese Verschiebung von einem von Biomasse dominierten Fußabdruck hin zu einem Fußabdruck, bei dem Kohlenstoff die wichtigste Rolle spielt, steht für den Übergang vom Verbrauch ökologischer Ressourcen hin zur Energiegewinnung aus fossilen Brennstoffen.

Wie der Report zeigt, nehmen die Menschen aus verschiedenen Ländern die Ökosysteme der Erde sehr unterschiedlich stark in Anspruch. Einkommensstärkere, weiter entwickelte Länder stellen laut der Erhebung höhere Nutzungsansprüche an die Ökosysteme der Erde als ärmere, weniger entwickelte Länder. Würde jeder auf der Welt so leben wie der Durchschnittsbürger in den USA oder den Vereinigten Arabischen Emiraten, wäre laut Living Planet Report die Biokapazität von mehr als vier Planeten notwendig. 2007 trugen die 31 Länder der Organisation für wirtschaftliche Zusammenarbeit und Entwicklung (OECD), darunter die reichsten Volkswirtschaften der Welt, mit fast vierzig Prozent zum ökologischen Fußabdruck der Menschheit bei. Im Gegensatz dazu hatten die Länder des Verbands südostasiatischer Nationen (ASEAN) und die Länder der Afrikanischen Union lediglich einen Anteil von gut zehn Prozent am globalen Fußabdruck. Aber auch wenn der Kohlenstofffußabdruck der OECD weit größer ist als der von allen anderen Regionen, ist er nicht am schnellsten gewachsen. In den ASEAN-Ländern hat er sich mehr als

verhundertfacht und in den Ländern der Afrikanischen Union ver-
dreißigfacht.

Die Biokapazität eines Landes wird von zwei Faktoren bestimmt.
Der Fläche von Ackerland, Weideland, Fischgründen und Wäldern, die sich innerhalb seiner Grenzen befinden und der Pro-
duktivkraft dieses Landes oder dieser Gewässer.

Eine Analyse auf nationaler Ebene zeigt, dass mehr als die Hälfte
der weltweiten Biokapazität von nur zehn Ländern erbracht wird.
Brasilien verfügt über die höchste Biokapazität, gefolgt von China,
den USA, der Russischen Föderation, Indien, Kanada, Australien,
Indonesien, Argentinien und Frankreich. Die Erhebung zeigt
ebenfalls, dass die pro Kopf verfügbare Biokapazität in dem Maße
abnimmt, wie die Weltbevölkerung zunimmt.

Der sogenannte „Wasser-Fußabdruck der Produktion" bildet ne-
ben dem ökologischen Fußabdruck eine zweite Maßeinheit des
menschlichen Bedarfs an erneuerbaren Ressourcen. Er misst die
Wassermenge, die vom Menschen bei der Herstellung von Gütern
während der gesamten Lieferkette verbraucht wird, sowie die
Wassermenge, die von Haushalten und Industrie benutzt wird. Der
Wasser-Fußabdruck der Produktion misst aber nicht nur den
Wasserverbrauch in verschiedenen Ländern, er gibt auch einen
Hinweis auf den Bedarf an nationalen Wasserressourcen durch den
Menschen.

Laut Report beanspruchen 71 Länder ihre Süßwasserquellen über
Gebühr. Dieses Phänomen hat tief greifende Auswirkungen auf
die Gesundheit von Ökosystemen, auf die Lebensmittelproduktion
sowie die menschliche Lebensqualität und wird durch den Klimawandel wahrscheinlich noch verschärft werden, so die Prognose
des aktuellen Reports.

Nur die Hälfte des Wassers, das für die Herstellung der Produkte und Dienstleistungen, die in Deutschland konsumiert werden, benötigt wird, stammt aus deutschen Gewässern. Die anderen 50 Prozent beziehen wir aus anderen Ländern. Den größten Wasser-Fußabdruck hinterlässt Deutschland in Brasilien, an der Elfenbeinküste und in Frankreich. Das liegt wohl an den importierten Gütern mit dem höchsten Wasserfußabdruck. Kaffee und Kakao, aber auch der Ölsaat, Baumwolle, Schweinefleisch, Sojabohnen, Rindfleisch, Milch und Nüssen.

Laut Living Planet Report 2010 leiden derzeit 45 Länder unter Wasserproblemen im Hinblick auf ihre Süßwasserquellen. Unter diesen Ländern sind weltweit wichtige Produzenten landwirtschaftlicher Güter wie Indien, China, Israel und Marokko. Besonders unbefriedigend ist dieses Ergebnis, weil der Report gleichzeitig aufzeigt, dass eigentlich genug Süßwasser vorhanden wäre, um den Bedarf der Menschen zu decken.

Das Problem ist allerdings, dass nur weniger als ein Prozent der Süßwasserressourcen der Erde für den Menschen zugänglich ist und es sich als sehr schwierig erweist, genügend Wasser von guter Qualität in einer Weise bereitzustellen, die nicht die Ökosysteme zerstört, aus denen wir unser Wasser beziehen: Flüsse, Seen und Grundwasser.

Fisch bildet die Lebensgrundlage für Milliarden von Menschen auf der ganzen Welt. Etwa drei Milliarden Menschen beziehen mindestens 15 Prozent der durchschnittlich von ihnen aufgenommenen tierischen Proteine aus Fisch. Auch zur Fütterung in Geflügel-, Vieh- und Fischzuchten wird immer mehr Fisch eingesetzt.

Die Überfischung ist nach Angaben des aktuellen Reports die stärkste Bedrohung für die Gesundheit der Meere. Als Gründe für die Überfischung werden die steigende Nachfrage nach Fisch und Fischprodukten, die Überkapazitäten der Fangflotten und ineffiziente Fangtechniken genannt. Im Jahr 2007 galten knapp dreißig Prozent der untersuchten Fischbestände entweder als überfischt, erschöpft oder sie befanden sich in einer Phase der Regenerierung. Weltweit gelten rund 80 Prozent der kommerziell genutzten Fischbestände als von Überfischung bedroht.

Der atlantische Blauflossenthunfisch im Mittelmeer ist beispielsweise bereits vom Aussterben bedroht. Seit die Bestände großer, langlebiger Raubfische wie Kabeljau und Thunfisch erschöpft sind, konzentrieren sich die Fangflotten zunehmend auf kleine, kurzlebige Arten, die in der Nahrungskette weiter unten stehen. Dadurch ist das Gleichgewicht ganzer Meeresökosysteme in Gefahr, sagen die WWF-Experten.

Zerstörerische Fangpraktiken und zu viel unerwünschter Beifang stellen den Ergebnissen der Untersuchungen zufolge weitere Bedrohungen für die Lebensräume und Arten in allen Meeren dar. Ein nachhaltiges Fischereimanagement kann nach Angaben des WWF dazu beitragen, die Bedingungen für die Fischbestände und die marine Biodiversität zu verbessern.

Ebenso dramatisch wie der Rückgang der Fischbestände ist die Zerstörung der Wälder. 13 Millionen Hektar Wald gingen laut Studie zwischen 2000 und 2010 jährlich verloren. Wälder spielen für unser Leben eine zentrale Rolle, denn sie liefern Baumaterial, Holz zur Papierherstellung, Brennstoff, Nahrungs- und Heilpflanzen und spenden Schatten für Anbaupflanzen wie Kaffee und Kakao.

Sie speichern Kohlenstoff, regulieren das Klima, filtern Wasser und mindern die Auswirkungen von Überschwemmungen, Erdrutschen und anderen natürlichen Gefahren. Darüber hinaus beherbergen sie fast neunzig Prozent der landlebenden Arten. Der Rückgang der Waldbestände hat somit schwerwiegende Folgen.

Nicht nur für die dort beheimateten Tiere, auch für über eine Milliarde in Armut lebender Menschen, die laut einer Erhebung der Weltbank ihren Lebensunterhalt direkt aus den Wäldern bezieht. Besonders die stark gestiegene Nachfrage nach Palmöl, das für die Herstellung von Lebensmitteln, Kosmetikprodukten, aber auch als Biokraftstoff verwendet wird, hat sich in den letzten Jahren auf das Ökosystem ausgewirkt.

Für die wachsende Nachfrage wurden große, wertvolle Tropenwaldgebiete abgeholzt und in Plantagen umgewandelt. Dadurch ist laut Report das Überleben unzähliger Arten, wie zum Beispiel des Orang-Utans, gefährdet.

Das Global Footprint Network hat einen „Footprint Scenario Calculator" entwickelt. Dieser schätzt anhand von Daten zur Bevölkerung, Flächennutzung, zur Energienutzung und weiterer Daten, wie sich der ökologische Fußabdruck und die Biokapazität in der Zukunft verändern werden.

Weiter wie bisher geht es nicht.

Für ein Szenario nach dem Motto „weiter wie bisher" sind die Aussichten düster. Selbst mit den relativ niedrig angesetzten UN-Prognosen für Bevölkerungswachstum, Konsum und Klimawandel wird die Menschheit laut Footprint Scenario Calculator im Jahr 2030 die Kapazität zweier Planeten ausschöpfen, um den CO_2-Ausstoß zu absorbieren und mit dem Verbrauch natürlicher Ressourcen Schritt zu halten. Da das nicht geht, schlägt der WWF Maßnahmen vor, um die Ausbeutung der Erdressourcen einzudämmen.

Eine mögliche Lösung für den enormen Ressourcenverbrauch ist laut WWF die Erhöhung der Biokapazität des Planeten. Die Wiederherstellung von Wäldern oder Plantagen steigert beispielsweise die Biokapazität nicht nur durch die Produktion von Holz, sondern auch durch die Wasserregulierung, durch das Verhindern von Erosion und Versalzung und durch die Absorption von CO2.

Laut Living Planet Report müssen wir unseren Kohlenstofffußabdruck verkleinern, indem wir die Energieeffizienz verbessern, die Nutzung von Elektrizität als Energiequelle vorantreiben und fossile Flüssigbrennstoffe durch Biokraftstoffe ersetzen. Ein vom WWF entworfenes Maßnahmenpaket für Biokraftstoffe stellt sowohl pflanzliche Agrarprodukte als auch Wälder dar, die benötigt werden, um die aus Biokraftstoffen gewonnene Energie zu erzeugen.

Betont werden auch die Investitionen zum Schutz maßgeblicher Waldflächen, Süßwassergebiete und Meere. Schutzgebiete spielen laut WWF eine immer wichtigere Rolle als Pufferzonen gegen den Klimawandel. Mit der Einrichtung der Schutzgebiete ist es jedoch nicht getan, denn Wälder, Süßwassergebiete und Meere weisen jeweils spezifische Herausforderungen auf. Laut WWF wird ein weltweites Maßnahmenpaket benötigt, das aus traditionellen Schutzgebieten, aber auch neuen Initiativen und Marktmechanismen besteht.

Was die Wasserversorgung angeht, weist der WWF darauf hin, dass der Süßwasserverbrauch innerhalb ökologisch verträglicher Grenzen gehalten und die Durchgängigkeit der Wassersysteme erhalten werden muss. Dazu gehört nach Meinung der Organisation auch, allen Menschen den Zugang zu Wasser in Form eines grundlegenden Menschenrechts zu ermöglichen und Staudämme und andere Wasser-Infrastruktur so zu konstruieren und zu betreiben, dass sie den Bedürfnissen der Natur und des Menschen gerecht werden.

Der Mensch lebt weit über seine Verhältnisse.

Wenn der bisherige Verbrauch an natürlichen Ressourcen anhält, braucht der Mensch bis zum Jahr 2035 theoretisch eine zusätzliche Erde. Nur so könnte der derzeitige weltweite Bedarf an Nahrung, Energie und Fläche gedeckt werden.

Der beängstigende Raubbau des Menschen an der Erde beschleunigt sich. Der ökologische Zustand hat sich weltweit in den letzten zwei Jahren nochmals dramatisch verschlechtert, belegt der „Living Planet Report 2008" der Naturschutzorganisation WWF. Der Raubbau an der Erde nimmt dramatisch zu. Der ökologische Zustand weltweit verschlechtert sich drastisch. Zudem drohen verheerende ökonomische Konsequenzen,

weil Naturkatastrophen und die Preise für Nahrungsmittel und Rohstoffe explodieren.

Die Entwaldung, der Klimawandel sowie Umweltverschmutzung und Überfischung bedrohen immer mehr Arten und verknappen die Wasserreserven. Die ökologische Krise wird uns um ein Vielfaches härter treffen als die aktuelle Finanzkrise und früher oder später die Entwicklung aller Nationen gefährden. Wenn der Verbrauch an natürlichen Ressourcen weitergeht wie bisher, werden nach WWF-Berechnungen bis zum Jahr 2035 zwei Planeten benötigt, um den Bedarf an Nahrung, Energie und Fläche zu decken. Im letzten Report 2006 ist der WWF noch davon ausgegangen, dass erst 2050 ein zusätzlicher Planet gebraucht wird.

Der WWF-Report gilt als eine der bedeutendsten Studien über den allgemeinen Zustand der Erde. Ihm liegen zwei Parameter zugrunde, die den weltweiten Artenreichtum und den menschlichen Konsum widerspiegeln. Zu Letzterem, also dem „Fußabdruck" des Menschen in der Natur, stellt der Report fest, dass die Menschheit die weltweiten Ressourcen immer schneller aufbraucht, als sie erneuert werden können. Wir übersteigen mit unserem Konsum die vorhandenen Möglichkeiten um ein Drittel, so die Studie.

Deutschland hat im internationalen Vergleich seines „Fußabdrucks" den Rang 30. Damit liegt es vergleichsweise gut und hinter Großbritannien, Frankreich und Österreich, aber deutlich über dem globalen Mittelwert. Deutschland gehört somit zu den 50 „ökologischen Schuldnern" auf der Welt. Den größten „Fußabdruck" haben die USA und China. Der „Living Planet Index" der globalen Biodiversität wird an den Beständen von 1686 Wirbeltierarten in aller Welt gemessen. Er hat sich in den letzten 35 Jahren um fast ein Drittel verschlechtert. Während die Abnahme in manchen gemäßigten Zonen ein Ende gefunden hat, zeigt der gesamte Index weiterhin einen rasanten Absturz.

Die Umweltstiftung hat Politik und Bevölkerung gleichermaßen zu mehr Umweltschutz aufgerufen. Wir benötigen ein drastisches Umdenken in der Umweltpolitik, aber auch im alltäglichen Handeln jedes Einzelnen, jeder kann etwas für den Naturschutz tun, ohne an Lebensfreude einzubüßen. Es ist wichtig, dass Industrie, Gebäude und Fahrzeuge energieeffizienter gestaltet werden. Außerdem muss die Energieherstellung auf erneuerbare Energien umgestellt werden.

Schon Privathaushalte können viel zum Schutz der Erde tun, beispielsweise mit Energiesparlampen, gut gedämmten Häusern, Hybridautos und weniger Flugreisen. Es soll keiner frieren, wir werden weiter einen hohen Lebensstandard haben, doch wir alle müssen die natürlichen Ressourcen klüger nutzen. Außerdem sollte jedes Haus mit modernen Heiz- und Lüftungssystemen ausgestattet sein, um den Energieverbrauch zu senken. Ziel müssen Passiv-Energiehäuser sein, die selbst im Winter auf Sonnenenergie zurückgreifen. Es ist zu wünschen, dass ab 2020 alle Neubauten nach diesem Prinzip errichtet werden.

Wichtig sei auch das auf Nachhaltigkeit bedachte Handeln der Wirtschaft. „Sie muss schon bald mit weniger Energie auskommen und ihre Abfallmenge vermindern", so die WWF-Experten.

Sollten all diese Ratschläge unsere Zukunft ändern?

Aus allen Studien geht hervor, das Amerika und China die größten Umweltbelastendenten Nationen der Erde sind. Wir hören von einer zweiten Welt, die benötigt wird zum Überleben, von Dürren und Sintfluten, von ausuferndem Bevölkerungswachstum, dem Schmelzen unseres ewigen Eises und den damit verbundenen Klimaproblemen. Doch sollte nicht vergessen werden, dass unsere Ökosysteme besonders von China überaus stark belastet sind, denn

China lebt weit über seine Verhältnisse.

Die chinesischen Ökosysteme sind dem immensen Wachstum der Wirtschaft nicht mehr gewachsen. Das Land verbraucht seine natürlichen Ressourcen doppelt so schnell, wie sie nachwachsen können. Das belegt eine neue Studie. Gegenwärtig verbraucht China rund 15 Prozent der biologischen Kapazitäten der Erde.

Der „ökologische Fußabdruck" Chinas hat sich seit den 1960er Jahren verdoppelt. Inzwischen verbraucht die Volksrepublik China zweimal mehr Ressourcen, als nachhaltig wäre. Zu diesem Ergebnis kommt eine Studie, die von der Umweltstiftung WWF in Zusammenarbeit mit dem chinesischen Rat für internationale Kooperation in Umwelt und Entwicklung erstellt wurde. Die kommenden 20 Jahre seien für das Land eine „kritische Phase", in der eine nachhaltige Entwicklung erreicht werden müsse.

Gegenwärtig konsumiere China 15 Prozent der biologischen Kapazitäten der Erde. Nach den jüngsten verfügbaren Zahlen von 2003 benötige jeder der 1,3 Milliarden Chinesen theoretisch 1,6 Hektar nutzbaren Lands, um die nötigen Ressourcen für seinen Lebensstil zu bekommen. Diese Zahl liege zwar noch deutlich unter dem globalen Durchschnitt von 2,2 Hektar und China rangiert damit nur auf Platz 69 unter 147 untersuchten Ländern. Für das Reich der Mitte bedeuteten die wachsenden Zahlen wegen seiner großen Bevölkerung und der starken wirtschaftlichen Entwicklung dennoch große Herausforderungen.

Das Bevölkerungswachstum und der enorme Wirtschaftsaufschwung schaffen ein immer größer werdendes ökologisches Defizit, so WWF. Die Umweltorganisation riet China, flächendeckend in saubere Technologien zu investieren und komplett auf Energiesparlampen umzustellen. Um wirklich voranzukommen, müssten alle Problemfelder parallel mit einfachen Lösungsansätzen angegangen werden, Stadtentwicklung und Landmanagement ebenso wie Energieeffizienz und die Verringerung von Problemabfällen.

Dass dies ein gewaltiger Kraftakt für China und den Klimaschutz darstellt, erscheint klar zu sein, denn China ist der größte Klimasünder weltweit. Kein Land braucht mehr Energie und stößt mehr Treibhausgase aus.

Sollen die Chinesen etwa weiter Fahrrad fahren, damit die Menschen in reichen Industrieländern unbeirrt in dicken Autos herumkutschieren können? Auf diese simple Frage reduziert sich für viele Chinesen der Streit um den Klimaschutz.

„Als Chinese kann ich nicht akzeptieren, dass jemand in einem entwickelten Land mehr recht hat als ich, Energie zu konsumieren, wir wollen nicht die Umwelt verschmutzen, wie sie es getan haben, aber wir haben das Recht, ein besseres Leben anzustreben." Erstmals ist China der Gastgeber einer großen UN-Klimakonferenz. Vor dem Klimagipfel Ende November in Cancun in Mexiko wollen rund 3.000 Teilnehmer in der Metropole Tianjin nahe Peking versuchen, sich zumindest auf einzelne Punkte zu einigen.

Ein Jahr nach dem Scheitern des Gipfels in Kopenhagen ist ein neuer Weltklimavertrag nicht in Sicht. Die UN sieht die Verhandlungen „festgefahren". In Tianjin müssen die Regierungen sich festlegen, was in Cancun erreichbar sein wird. Versprechen müssen in feste Zusagen umgewandelt werden.

Dieses Jahr brachte uns eine Reihe von Katastrophen, die die Verletzlichkeit der Menschheit durch extreme Klimaerscheinungen vor Augen geführt hat, dies ist aber nur ein kleiner Vorgeschmack dessen, was durch den Klimawandel droht, wenn nichts unternommen wird.

Egal wie groß die historische Verantwortung der reichen Industrienationen für die Treibhausgase in der Atmosphäre auch ist, durch seine schiere Größe spielt das bevölkerungsreichste Land der Erde heute eine alles entscheidende Rolle. Auf dem Weg zur zweitgrößten Volkswirtschaft der Erde hat China auch den unrühmlichen Titel des größten Klimasünders und Energieverbrauchers erworben.

Doch schon aus eigenem Interesse muss China den Klimaschutz vorantreiben. Das aufstrebende Riesenreich zählt zu den größten Opfern der Erderwärmung. Extreme Wetterphänomene, Überschwemmungen, Dürren, Wüstenbildung und Ernteausfälle werden noch zunehmen, sagen Experten voraus.

China ist sich der prekären Lage bewusst. Egal, ob es die Auswirkungen des Klimawandels sind, die Nachfrage durch die Wirtschaftsentwicklung, die Anpassung der wirtschaftlichen Strukturen oder der Druck durch die Energieknappheit, China wird von sich aus Energie sparen und Emissionen reduzieren müssen.

Der neue Fünfjahresplan, der im März verabschiedet wird, wird die Zusage von Kopenhagen festschreiben, die Emissionen gemessen an der Wirtschaftsleistung bis 2020 um 40 bis 45 Prozent gegenüber 2005 zu reduzieren.

Foto: Bildagentur Huber Platz 1. Tokio: 34,45 Millionen

Foto: Bildagentur Huber Platz 2. New York: 20,42 Millionen

Foto: picutre-alliance / LANDOV/MAXAPPP Platz 3. Seoul:
20,09 Millionen

Eine „Mammutaufgabe", so Chinas Klimaunterhändler, die auf jeden Fall verfolgt wird, egal, ob es eine internationale Klimavereinbarung geben wird oder nicht. Es müssen enorme Anstrengungen unternommen werden, um diese Ziele zu erreichen. Aber selbst dann wird Chinas Ausstoß an Treibhausgasen durch das starke Wirtschaftswachstum noch bis 2030 oder 2040 weiter ansteigen.

Der neue Fünfjahresplan wird auch massiv erneuerbare Energien fördern, um den Anteil nicht fossiler Energieträger wie geplant bis 2020 auf 15 Prozent anzuheben. Nirgendwo in der Welt werden heute schon so viele Windanlagen oder Solarzellen produziert wie in China.

Auch sind in keinem anderen Land so viele Atomkraftwerke im Bau oder in Planung. Der Energiehunger ist unersättlich. Seit 2000 hat sich der Bedarf durch das rasante Wachstum sogar verdoppelt, dabei verbraucht der einzelne Chinese heute gerade erst ein Drittel von dem, was Menschen in reichen Industrieländern an Energie konsumieren. Es bleibt nur zu hoffen, das die chinesische Regierung sich bewusst ist, welche Gefahren von Atomkraftwerken ausgehen können. Im Moment hat man den weiteren Ausbau der Kernenergie ausgesetzt. Erst sollen die Störungen und Auswirkungen der Reaktorunfälle in Fukushima/Japan ausgewertet werden.

Man scheint nun langsam zu begreifen, dass Klimaschutz sofort umzusetzen billiger ist, als spätere Reparaturen.

Es ist volkswirtschaftlich günstiger, jetzt aktiv gegen den Klimawandel zu investieren, statt später für „Reparaturmaßnahmen" zu bezahlen. Weniger um zähe Klimapolitik als um die praktische Seite des Klimas geht es in einem Pilotprojekt für ein Klima-Siegel.

Die Diskussion um den Klimawandel und wie man mit ihn umgehen sollte, nimmt neue Fahrt auf. Zum einen hat die Unternehmensberatung McKinsey eine Studie vorgestellt. Sie kommt zu dem Schluss, dass es volkswirtschaftlich günstiger sei, jetzt aktiv gegen den Klimawandel zu investieren, statt später für „Reparaturmaßnahmen" zu bezahlen. Der Report wurde in Brüssel gemeinsam von EU-Umweltkommissar und dem britischen Ökonomen Nicholas Stern vorgestellt. Stern war bereits 2006 in einer Studie für die britische Regierung zu einem ähnlichen Ergebnis gekommen. Zu den Finanziers der aktuellen Studie gehören die Umweltorganisation WWF sowie Firmen, darunter Vattenfall, Shell und Volvo.

Nicholas Stern ist indes nicht mit dem neuen Klimaberater der Obama-Administration verwandt. Todd Stern hatte bereits unter dem US-Präsidenten Bill Clinton als hochrangiger Berater gearbeitet.

In Deutschland hat eine Arbeitsgemeinschaft aus Vertretern von Umweltgruppen, Forschungsinstituten und Firmen aus dem Handel und der Verbrauchsgüterindustrie ein Klimaschutzprojekt vorgestellt. Es soll klären, wie Alltagsprodukte in ihrem Treibhauseffekt bewertet werden können.

Die Weltklimastudie von McKinsey kommt zu dem Schluss, dass eine Wende hin zu einer klimafreundlichen Weltwirtschaft pro Jahr zwischen 150 und 400 Milliarden Euro kosten würde. Das sei weniger als ein Prozent des globalen Bruttoinlandsproduktes und bedeute, dass für jede Tonne des Treibhausgases Kohlendioxid (CO_2), die emittiert wird, vier bis zehn Euro Zusatzkosten entstünden. Diese Kosten seien tragbar und geringer als erwartet. Sie lägen niedriger als die Kosten eines ungebremsten Klimawandels. Der WWF kommt bei ungebremstem Klimawandel langfristig auf 5 bis 20 Prozent des globalen Bruttoinlandsproduktes.

Die Autoren der Studie unterbreiten 200 Vorschläge, wie die Treibhausgasemissionen bis 2030 um 40 bis 70 Prozent gegenüber 1990 gesenkt werden könnten. Die forcierte Nutzung der regenerativen Energien reduziere die CO_2-Emissionen 2030 um 14 Milliarden Tonnen pro Jahr. Eine effizientere Land- und Forstwirtschaft brächte weitere 14 Milliarden Tonnen Einsparung. Investitionen in eine bessere Energieeffizienz, wie etwa Wärmedämmung würden mit zusätzlichen elf Milliarden Tonnen zu Buche schlagen. 30 Prozent des Strombedarfs könnten bis 2030 aus erneuerbaren Energien gedeckt werden, sagte McKinsey.

Die Studie sei unter anderem von Wirtschaftsunternehmen bei einem unabhängigen Institut in Auftrag gegeben worden. Deshalb hoffe sie, dass die Erhebung von der Politik gehört werde, sagte eine WWF-Klimaexpertin. Will sagen, die Studie sei ausgewogen. Die Unabhängigkeit der Studie zeigt sich im Punkt „Kernkraft", der beim WWF keinen Beifall findet. McKinsey kommt zu dem Schluss, dass auch Atomenergie als weitgehend klimaneutrale Energietechnologie weiter ihre Berechtigung habe.

In den USA hat die neue Obama-Administration den Juristen Todd Stern (57) zum Klimaberater ernannt. Stern war bereits Berater von Präsident Bill Clinton und bearbeitete dabei unter anderem das Thema Klimawandel, aber auch den Schutz von geistigem Eigentum und Maßnahmen gegen Geldwäsche. Seine Ernennung gilt als Signal, dass es die neue US-Regierung ernst meint mit dem Klimaschutz und in den Verhandlungen zur Begrenzung der Treibhausgasemissionen eine Vorreiterrolle übernehmen will.

Weniger um die zähe Klimapolitik, als vielmehr um die alltagspraktische Seite des Klimas geht es im Pilotprojekt PCF. „Product Climate Footprint" soll die CO_2-Formel für Güter des Alltags finden, um den Konsumenten idealerweise mit einem Siegel klar zu signalisieren, wie klimafreundlich oder -schädlich ein Produkt ist. Beteiligt an PCF sind neben dem WWF das Freiburger Öko-Institut, das Potsdaminstitut für Klimafolgenforschung und Konzerne wie Tengelmann, Henkel, Frosta, Tetrapak und T-Home.

Anhand von 15 Produkten und Dienstleistungen wollen die Projektpartner klären, wie die komplexe CO_2-Bilanz berechnet werden kann, von der Rohstoffgewinnung bis zur Entsorgung. Eine solche Formel, die international akzeptiert wäre und zu einem CO_2-Siegel führen könnte, existiert noch nicht. Zugleich wollen die Projektpartner Einsparpotenziale für Treibhausgase im gesamten Produktlebenszyklus identifizieren. Dass die Klimarelevanz antiintuitiv sein kann, hatten Studien zu Obst gezeigt. Dabei war herausgekommen, dass Äpfel aus Übersee, per Schiff transportiert, klimafreundlicher sein können als heimische Ware. Entscheidend ist der Lkw-Transport der letzten Kilometer. Produkte aus der unmittelbaren Region des Käufers hatten aber die beste CO_2-Bilanz.

Vergleichsweise gut nachvollziehbar sind Wasch- und Pflegeratschläge. So produziert eine Waschmaschine durch ihren Stromverbrauch bei 30 Grad Celsius einen CO_2-Fußabdruck von 240 Gramm pro Ladung. Bei 60 Grad sind es schon 750 Gramm. Wer beim Haare Waschen 22,5 Liter Wasser von 40 Grad verbraucht, produziert 290 Gramm. Wird die Dusche beim Einschäumen abgestellt und die Temperatur auf 37 Grad gedrosselt, sind es nur noch bei 185 Gramm. Ein Umdenken beim Verhalten wird nicht einfach. Einen „klimaverträglichen Konsum" hält man aber für möglich, wenn es verständliche Informationen gibt.

Zwölftes Kapitel

Genau das ist es, was unser Leben erschwert. Die Unverständlichkeit der Erklärungen zu fast allem des täglichen Lebens. Wie oft können wir Beschreibungen oder Gebrauchsanweisungen nicht folgen, nur weil die Wortwahl es uns unmöglich macht, das Erklärte zu verstehen.

So stand ich gegen 06:00 Uhr am Morgen auf dem Frankfurter Flughafen am Bahnkartenautomat und hatte vor, mir eine Fahrkarte nach Wiesbaden zu lösen. Leider konnte ich selbst nach dem fünften Anlauf mein Ziel nicht erreichen, die hinter mir wartenden Berufspendler wurden ungeduldig, sodass ein junger Mann für mich die Bahnkarte dem Automaten entlockte.

Nach alldem Gelesenen möchte ich etwas abschweifen von den Problemen unserer Umwelt. Ich möchte den verehrten Leser mitnehmen auf eine Marokko-Rundreise, bei der mir die Verkörperung von 1001 Ideen und den Träumen des Orients greifbar begegneten. Wer denkt nicht zuerst an die Geschichten von Ali Baba, den fliegenden Teppichen und den wundersamen magischen Lampen?. Oder an verschiedenartige, fremd anmutenden Düfte und Gerüche, die einem bei Spaziergängen durch enge, labyrinthartige Gassen von alten Städten begleiten? Mit diesen und anderen unterschiedlichen Vorstellungen über Marokko, möchte ich Sie teilnehmen lassen an meiner Reise in das Herz des Orients, das Leben von Tausend und einer Nacht.

Mai 2002

Von Frankfurt aus flogen wir, mit einiger Verspätung nach Casablanca. Nach kurzen Einreiseformalitäten erreichten wir schließlich weit nach Mitternacht unser Hotel in Casablanca.

Casablanca ist die größte Stadt Marokkos und sehr modern. Sie liegt an einer Bucht des Atlantischen Ozeans, südlich der eigentlichen Hauptstadt Rabat. Die Stadt ist das Wirtschafts- und Handelszentrum des Landes, über 80 Prozent der marokkanischen Industrie befindet sich hier und 60 Prozent des Seehandels werden über Casablancas Hafen abgewickelt. In Casablanca ist die Hälfte aller marokkanischen Arbeitnehmer beschäftigt, daher hat die Stadt nahezu 3 Mio. Einwohner.

Die Geschichte Casablancas begann im 8. Jh. mit einer kleinen Berbersiedlung mit dem Namen Anfa. Im 12. Jh. wurde Anfa von den Almohaden erobert, die es zu einem wichtigen Hafenplatz ausbauten. Im 15 Jh. überfielen Piraten die wohlhabende Stadt und bauten sie zu einer gefürchteten Seeräuberfestung aus. Schließlich ließen sich hier die Portugiesen nieder, bis 1755 ein schweres Erdbeben die „weiße Stadt", auf portugiesisch „Casa Branca" zerstörte. Wenig später wurde sie unter demselben Namen von den Alaouiten wieder aufgebaut. Im 19 Jh. ließen sich hier spanische Händler nieder, die den Namen der Stadt wiederum in ihre Sprache übersetzten, nämlich „Casa Blanca". Unter der französischen Protektoratszeit, Anfang des 20 Jh., wurde ein Großhafen erbaut und zahlreiche Fabriken und Unternehmen entstanden. Das nun einsetzende industrielle Wachstum prägt die Stadt bis zur heutigen Zeit.

Bekannt und berühmt ist Casablanca auch wegen des gleichnamigen Films, der allerdings in den USA gedreht wurde.

Zuerst besuchten wir einen kleinen, quirligen Markt mit allerlei Kram, unter anderem Plastikwaren, Flechtwerk, Kochtöpfchen, Einrichtungsgegenstände, etc. Ein großer Bereich des viereckigen Marktgeländes beherbergt alles Essbare, wie Obst, Gemüse, Fisch und Fleisch. Alles sah hier sehr frisch und sauber aus. Als großer Blumenfreund fand ich die Pflanzenecke des Marktes, mit einem Meer an verschiedensten bunten Blumen, natürlich äußerst anziehend. Der letzte Stopp in Casablanca war die vom Atlantik umtoste Moschee Hassan II, die mit ihren gewaltigen Ausmaßen von 200 Meter Länge, 100 Metern Breite und einer Minaretthöhe von beinahe 200 Metern die zweitgrößte Moschee der Welt ist, nach Mekka. Ehrfürchtig bewunderten wir dieses gigantische Bauwerk, welches unter König Hassan II errichtet und 1993 eingeweiht wurde.

Unser Busfahrer Jusef führte uns nun weiter nach Rabat. Die heutige Hauptstadt und Königsresidenz des Landes liegt am Ufer des Flusses Bou Regreg, an der Mündung in den Atlantik. Rabat ist eine elegante, sehr einnehmende Stadt, die vor allem durch das Zusammenspiel von alter und neuer Architektur einen unverwechselbaren Charme ausstrahlt. Bereits im 3. Jh. v.Chr. befand sich an der Mündung des Bou Regreg eine karthagische Siedlung. Sie wurde von den Römern erobert und Sala Colonia genannt. In späterer Folge wurde die Stadt die Hauptsiedlung eines Berberstammes. Gegen Ende des 10. Jh. wurde ein Ribat, eine befestigte Klosterburg, errichtet. Im 12. Jh. bauten die Almohaden die Festung großzügig aus. Manche Bauwerke, darunter eine gigantische Moschee, wurden allerdings nie vollendet.

Von den nachfolgenden Herrscherdynastien vernachlässigt, von den Portugiesen geplündert, verfiel die Stadt immer mehr, bis sich im 17. Jh. andalusische Flüchtlinge hier niederließen. Sie erbauten die heutige Medina, den ältesten Teil der Stadt und brachten durch Piraterie und Sklavenhandel Reichtum. 1666 wurde die berüchtigte Piratenstadt in das marokkanische Reich eingegliedert. 1829 wurde ein europäisches Schiff gekapert, woraufhin ein Vergeltungsschlag auf mehrere Atlantikhäfen folgte, sodass der damalige Sultan Moulay Abd er Rahman das Piratentum in ganz Marokko verbot. Rabat verfiel darauf nahezu zur Bedeutungslosigkeit, bis es 1912 zum Verwaltungssitz der französischen Protektoratszone wurde. Daraufhin verlegte der damalige Sultan Moulay Youssouf seine Residenz von Fes nach Rabat. Auch nach der Unabhängigkeit

Marokkos 1956 blieb Rabat Hauptstadt und Königssitz von Marokko.

Zuerst besichtigten wir das weitläufige Palastviertel der Stadt. Hier befindet sich die Hauptresidenz von König Mohammed VI. Die Palastanlage ist leider nicht zugänglich, lediglich das prachtvolle Eingangstor konnten wir fotografieren. Anschließend ging es weiter zur Nekropole Chellah, die ehemalige Totenstadt der merinidischen Fürsten des 14. Jh. Ihre Reste, die bereits seit Langem von der Natur zurückerobert werden, liegen friedlich auf einem Hügel, der zum Tal des Bou Regreg hin sanft abfällt. Die Grabanlage wurde auf der alten Römerstadt Sala Colonia errichtet. Heute bewohnen nur noch zahlreiche Störche und Katzen den durch eine wuchtige Mauer geschützten Komplex.

In der Nähe der Chellah befindet sich der mächtige Hassanturm. Er ist das Minarett einer Moschee aus der Almohadenzeit des 12. Jh. Sie sollte das größte Gebetshaus der Erde werden, wurde aber aus Kostengründen nie vollendet. Heute kann man neben dem Turm noch zahlreiche Säulenüberreste erkennen. Am südlichen Ende des Moscheegeländes liegt das prachtvoll gestaltete Mausoleum Mohammed V. Es wurde zwischen 1961 und 1967 erbaut und gilt als eines der schönsten Bauwerke islamischer Architektur der neueren Zeit, manchmal wird es sogar mit dem Taj Mahal verglichen.

Ein weiteres Highlight von Rabat ist die Kasbah des Oudaias. Dieses Altstadtviertel, das nach einem kriegerischen, arabischen Nomadenstamm des 13. Jh. benannt ist, wurde auf der Stelle der ehemaligen Ribat, der Klosterburg, errichtet.

Die Kasbah, Kasbah bedeutet Zitadelle bzw. ummauerte Stadt, wird von einer 10 Meter hohen und 2,5 Meter dicken Mauer umrahmt, den eindrucksvollen Haupteingang bildet das Tor „Bab el

Kebir", welches zu den schönsten Bauwerken der Almohaden-architektur zählt.

Nachdem wir die schmalen, blau getünchten Gassen der Kasbah betreten hatten, fühlten wir uns plötzlich in eine vergangene Zeit zurückversetzt. Der Lärm der Stadt verstummte allmählich und die malerischen Gassen verleiteten uns zum Träumen. Unvermutet öffnete sich ein kleiner Platz, von dem wir einen wunderbaren Blick auf den wilden Atlantik unter uns werfen konnten. Hier treffen sich viele einheimische Liebespaare, die Händchen haltend den Ozean betrachten.

Inmitten der Kasbah befindet sich ein großer Garten im andalusischen Stil, mit zahlreichen Blumenbeeten und knorrigen Bäumen. Leider mussten wir nun die äußerst sehenswerte und abwechslungsreiche Stadt Richtung Meknes verlassen. Die Fahrt zur ehemaligen Königsstadt Meknes führte uns durch den Mamora Wald, mit 60 km Länge und 30-40 km Breite, das größte Waldgebiet Marokkos. Der Mischwald dient zur Holzproduktion und zum Korkabbau. Um den Bestand der Korkeichen zu schützen, plant man jedoch, den Wald in ein Biosphärenreservat umzuwandeln.

Abends erreichten wir schließlich unser Tagesziel Meknes, wo wir in einem sehr komfortablen, orientalisch gestalteten Hotel untergebracht waren.

Eine weitere marokkanische Königsstadt ist Meknes. Sie liegt in einer fruchtbaren Ebene zwischen Rabat und Fes. Meknes wurde im 10. Jh. von den Meknassa, einem Berberstamm gegründet. Der Alaouiten-Herrscher Moulay Ismail, 1672-1727, erkor die kleine Stadt schließlich zur Hauptstadt seines Reiches. Er hatte grandiose Pläne mit ihr und ließ einen gewaltigen Palastbezirk mit zahlreichen Palästen, Moscheen und Gärten von über 30.000 Sklaven errichten. Die ganze Anlage war von 40 km langen Palastmauern umgeben. Nach dem Tod des Herrschers verlor Meknes wieder an Bedeutung und verfiel langsam.

Unter der französischen Protektoratszeit ab 1912 wurde die Neustadt, die Ville Nouvelle erbaut. Heute ist Meknes ein wichtiges Handelszentrum für landwirtschaftliche Produkte aus dem fruchtbaren Umland.

Nach dem herzhaften Frühstücksbuffet begann unsere Stadtbesichtigung mit dem berühmtesten Tor Marokkos, dem Bab el Mansour. Dieses wuchtige Bauwerk, mit herrlichen Keramikdekorationen wurde 1732 vollendet und lässt noch einiges vom Prunk der damaligen Zeit erahnen. Man kann sich gar nicht vorstellen, dass einst hier, auf dem Platz vor dem Tor, Gerichtsverhandlungen stattfanden und die Köpfe der Hingerichteten als Abschreckung zur Schau gestellt wurden.

Heute geht es hier glücklicherweise beschaulicher zu, einige Händler bieten ihre Ware feil, vor allem sattfarbene Früchte aus dem Umland. Anschließend machten wir einen kleinen Spaziergang durch die engen Gassen der Medina, dem ältesten Teil der Stadt. Hierhin verirren sich nur wenige Touristen, sodass diese Altstadt noch zu dem ursprünglichsten Stadtteil Marokkos zählt.

Mitten im hektischen Trubel der Souks, dem Marktviertel, befindet sich eine sehenswerte Koranschule, nämlich die Medersa Bou Inania.

Der rechteckige Innenhof dieser ehemaligen islamischen Hochschule aus dem 14. Jh. ist mit sehr schönen Fliesen, zartgliedrigem Alabasterstuck und graziösen Holzschnitzereien ausgestattet. Im Obergeschoss befinden sich kleine Studierzimmer mit Blick auf den Innenhof. Von der oberen Terrasse aus bot sich uns ein wundervoller Ausblick auf die blau geschmückte große Moschee. Nun besuchten wir die einzige Moschee Marokkos, die für Touristen zugänglich ist, nämlich das Mausoleum des Moulay Ismail. Vom äußerst schön ausgestatteten Vorraum, mit zahlreichen Stuck- Fliesen- und Golddekorationen, konnten wir einen Blick auf den Grabraum mit dem weißen Sarkophag werfen. In der Nähe des Mausoleums befindet sich hinter hohen Mauern das heutige Palastviertel, das vom König benutzt wird, wenn er sich in der Stadt aufhält. Es ist leider nicht öffentlich zugänglich.

Von einem Teehaus an der Stadtmauer konnten wir einen schönen Blick auf die kläglichen Überreste der ehemals sicherlich großartigen Altstadt werfen, unter anderem auch auf das ehemalige „Prison des Chretiens", in dem Christen in unterirdischen Verliesen gefangen gehalten wurden.

Im südlichen Bereich der Altstadt stehen die Reste eines ehemals gewaltigen Getreidespeichers, dem Heri es Souani. Hinter meterdicken Lehmmauern konnten Vorräte für zwanzig Jahre gelagert werden. Davor befindet sich das Bassin de l'Agdal, ein 4 ha großes Wasserbecken, welches unter Moulay Ismail zur Bewässerung der unzähligen Parkanlagen und Gärten des Sultans diente.

Am späten Vormittag verließen wir die Königsstadt Meknes und fuhren durch ein grünes, hügeliges Gebiet zur reizvoll gelegenen römischen Ausgrabungsstätte Volubilis.

Schon von Weitem konnten wir die Ruinen ausmachen und freuten uns schon sehr auf die Besichtigung der antiken Stadt, die 1997 in die UNESCO-Liste des Weltkulturerbes aufgenommen wurde. Volubilis wurde auf den Resten einer karthagischen Siedlung erbaut und war das Verwaltungszentrum der Provinz Mauretania, am westlichen Rand des römischen Herrschaftsbereiches. In der fruchtbaren Umgebung wurden Feldfrüchte und Oliven geerntet, welche nach Rom exportiert wurden und somit Volubilis zu wirtschaftlicher und kultureller Blüte verhalfen.

Gegen Ende des 3. Jh. jedoch häuften sich Berberüberfälle, sodass die Stadt aufgegeben wurde und allmählich verfiel. In den Ruinen siedelten sich Berberfamilien an. Im Jahre 1755 wurden die Reste der Stadt jedoch durch ein verheerendes Erdbeben endgültig zerstört. 1915 begannen französische Archäologen mit Ausgrabungen.

Beeindruckend sind die wunderbar erhaltenen, fantastischen Bodenmosaike in Volubilis. Mythologische Szenen, wilde Tiere und Alltagsdarstellungen zeugen vom ehemaligen Reichtum und Glanz der Stadt. Bei einem kleinen Rundgang inmitten dieser lieblichen Landschaft, vorbei an mehreren Themenanlagen, einer rekonstruierten Olivenpresse, dem Triumphbogen und vielen anderen Gebäuden mit tollen Mosaiken fühlten wir uns zurückversetzt in ein lebendiges Volubilis der Antike mit mehr als 10.000 geschäftigen Einwohnern, die besonders stolz auf ihre prächtige Stadt sein mussten.

Von den ausgedehnten Ruinen hatten wir einen schönen Ausblick auf die weiße Pilgerstadt Moulay Idriss, die wir als nächstes streiften. Hier befindet sich das Grabmal „Marabout" des Moulay Idriss, Urenkel des Propheten Mohammed und Gründer der ersten marokkanischen Dynastie. Jährlich strömen mehr als 40.000 Pilger in diesen Wallfahrtsort, dessen Zentrum für Nicht-Moslems gesperrt ist. Viele Marokkaner pilgern siebenmal nach Moulay Idriss und können damit die Wallfahrt nach Mekka, eines der Gebote im Islam, ersetzen.

Inmitten des Zerhoun-Massivs gelegen, erstreckt sich diese vollkommen in sich gekehrte Stadt, auf zwei unterschiedlich hohe Hügel und wirkt dadurch besonders malerisch.

Wir genossen einen traumhaft schönen Ausblick auf die Stadt von einer nahen Anhöhe aus.

Die Weiterreise in Richtung der dritten Königsstadt Fes führte uns durch eine karge, leicht hügelige Landschaft, die durch ihre satten Erdfarben irgendwie geheimnisvoll und irreal wirkte. Abends erreichten wir Fes, wo wir zuerst das schöne Tor Bab Segma im Abendlicht fotografierten, um anschleißend einen Bummel durch das Kairaoine-Viertel zu machen. Als Ausgangspunkt diente uns das Tor bab Boujeloud und der kleine Place Boujeloud, wo gerade ein Gewandmarkt stattfand.

Wir stürzten uns ins Getümmel der wuselnden Masse und ließen uns treiben. Plötzlich schrie eine Frau vor uns laut auf und stürzte in einen der kleinen Handwerkerläden, die sich rechts und links des Gässchens befanden. Auf einmal wirkte die enge Gasse wie ausgestorben und auch wir konnten gerade noch rechtzeitig in einen kleinen Schusterladen stolpern, bevor zwei rennende Jugendliche mit großen Dolchen vor uns auftauchten und aufeinander einstachen! Sekunden später waren sie auch schon wieder weitergelaufen und die Gasse füllte sich erneut mit zahllosen Menschen. Manche Schaulustige liefen den beiden kämpfenden sogar nach. Wir hatten nun eindeutig genug gesehen und drängten uns durch das Gewühl bis zu unserem Bus.

Zum Ausspannen und Beruhigen genossen wir vom Hotelbalkon das herrliche Abendrot und begaben uns nach dem reichlichen Abendbuffet zur Nachtruhe.

Der folgende Tag sollte uns einen Einblick in die älteste der 4 Königsstädte, nämlich Fes, gewähren. Bereits im Hotel trafen wir unseren Führer. Einen absolut ungewöhnlichen Marokkaner mit stahlblauen Augen und einer imposanten Größe von ca. 1,90 m, der uns stolz die Geschichte seiner Stadt näherbrachte.
Laut unserer Reiseleitung dürfen Gruppenreisende in Marokko alle Besichtigungen nur mit einem zusätzlichen einheimischen Führer durchführen. Dies kann manchmal ziemlich nervenaufreibend sein, denn die Abdullahs und Moulays wollen natürlich ihr Ein-

kommen entsprechend aufbessern und zerren die „vermögenden" Ausländer in diverse vollkommen überteuerte Touristenfallen. Leider war dies gerade in Fes, wo es so viele exotische und interessante Läden zu entdecken gegeben hätte, sehr schade.

Allerdings waren wir andererseits wieder froh, einen Einheimschen dabei zu haben, denn die Gassen in Fes' Altstadt sind gerade mal eselsbreit und können jedem Labyrinth ernsthafte Konkurrenz machen! Angeblich gibt es bis zum heutigen Tag keine komplette Straßenkarte über die Medina von Fes, selbst die Einheimischen sollen sich manchmal im Gassengewirr verlaufen.

Bis ins 8. Jh. war Fes ein kleines, unbedeutendes Dorf mitten im Nirgendwo. Erst Moulay Idriss II baute Anfang des 9. Jh. einen Königspalast und siedelte Flüchtlinge aus dem damals islamischen Andalusien an. Weiter folgten Tunesier, die die Karaouine Moschee erbauten, welche die älteste Universität der Welt ist. Die Kunstfertigkeit der Bewohner war legendär und verhalf der Stadt zu großer Blüte.

Im 14. Jh. zogen Juden zu, die Fes erneut durch Kunst, Handwerk und Handel belebten. So herrschte bereits damals ein Schmelztiegel der Kulturen, der bis heute in den Bauwerken ersichtlich ist. In der französischen Protektoratszeit entstand schließlich die Ville Nouvelle, sodass Fes nunmehr aus 3 Stadtteilen besteht, Fes el Bali, der Altstadt, Fes el Jdid und Ville Nouvelle.

Um einen Gesamtüberblick über das kontrastreiche Fes zu erhalten, fuhren wir morgens auf einen der Hügel, an den sich die Stadt schmiegt und genossen von dort einen sehr schönen Blick auf die gerade erwachende Stadt.

Am Morgen war es so weit, wir konnten uns in das faszinierend exotische Getümmel der Souks, der Märkte, stürzen. Ein Schwall von Eindrücken und Düften strömte auf uns ein, unsere Augen irrten ziellos und überwältigt umher. Jedes Handwerk hat hier ein eigenes Marktviertel, von den hoch aufgetürmten, bunten Gewürzständen über filigrane Arbeiten der Ziselierer, bis hin zu den Schneidern in ihren dunklen Läden, ließen wir uns treiben, um hinter jeder Ecke wieder Neues zu ergründen. Auf das Färber- und Gerberviertel blickten wir von einer Dachterrasse hinab, die Häute werden hier noch heute auf einfachstem Wege bearbeitet. Sie werden in großen Bottichen gelagert bzw. gefärbt und mit bloßen Händen und Füßen vorbereitet. Das ganze Viertel umgibt ein beißender Geruch, jedoch wurden wir von unserem Führer rechtzeitig mit Minzblättern versorgt.

Zurück in den schmalen Gassen wurden wir häufig von Esel überholt, die als Verkehrsmittel dienen. Hier wird das Mittelalter wahrhaftig wieder lebendig! Um uns vom regen Treiben in den Souks ein wenig zu erholen, statteten wir der Medersa Bou Inania einen Besuch ab. Diese merinidische Koranschule, die denselben Namen wie die Koranschule in Meknes trägt, entstand zwischen 1350 und 1357 und ist reichlich mit feinsten Ornamenten aus Stuck, Marmor und Onyx verziert.

Ebenso schön sind die filigranen Zedernschnitzereien und die bunten Kacheln an den Wänden. Anschließend, nachdem wir einen kurzen Fotostopp beim imposanten, glänzenden Eingangstor des Königpalastes eingelegt hatten, besichtigten wir noch einen alten Riad, einen Kaufmannspalast. Diese Gebäude haben dicke Mauern, eine unscheinbare Außenfassade und wirken durch die schmalen, vergitterten Fenster abweisend und kalt. Gelangt man jedoch in den Innenhof, ist man bezaubert von den schönen, gekachelten Wegen und den lieblichen Blumenbeeten. Die Vögel zwitschern lauthals, ein Marmorbrunnen plätschert friedlich vor sich hin und man vergisst die Hektik der geschäftigen Souks. Die Innenräume der Riads wirken durch ihre langen, gepolsterten Sitzreihen und den mosaikverkleideten Wänden für uns fremdartig, zeugen jedoch von der Gastlichkeit der ehemaligen Bewohner.

Abends, bevor wir zurück ins Hotel fuhren, konnten wir noch einen kurzen Blick durch den Haupteingang in die Grabstätte von Moulay Idriss II werfen, die zu den Wallfahrtsstätten der Marokkaner zählt und für Nicht-Moslems nicht zugänglich ist.

Heute sollten wir das Mittlere Atlas Gebirge überqueren, um in den Süden des Landes zu gelangen.

Circa 60 km südlich von Fes, nach einigen Steigungen, erreichten wir unseren ersten Zwischenstopp, Ifrane. Hier hatten wir das Gefühl, Marokko verlassen zu haben und irgendwo in den Voralpen gelandet zu sein, denn die Häuser haben alle, ganz untypisch für Marokko, rote Ziegeldächer. Außerdem ist das Städtchen inmitten eines Zedernwaldes gelegen. Ifrane liegt auf ca. 1.650 m und ist der exklusivste Wintersportort Marokkos. Ende Mai gab es allerdings auch hier nur noch ganz vereinzelte Schneefelder.

Unsere Reise führte uns weiter über eine karge Hochfläche zum Bergbaustädtchen Midelt und weiter bis zum Pass Tiz-n-Talrhemt, der mit 1.907 Meter der höchste Punkt des heutigen Reiseverlaufes darstellte. Die kahle, unwirtlich scheinende Hochebene gewährte uns immer wieder atemberaubende Ausblicke auf die in der Ferne weiß glitzernde Gebirgskette des Hohen Atlas.

Nun gelangten wir in den spärlich bewachsenen und eher traditionellen Süden des Landes, der vor allem durch seine wüstenartige Landschaft und seine großen, grünen Oasen besticht. Er steht damit im kompletten Gegensatz zum grünen und westlich anmutenden Norden Marokkos.

Unsere ersten Eindrücke konnten wir im Tafilalet sammeln. Dieses gewaltige Oasengebiet nimmt eine Fläche von 1.400 km² ein und liegt zwischen den beiden Flüssen Oued Ziz und Oued Rheris. Hier werden vorwiegend Dattelpalmen angebaut, jedoch auch Getreide, Gemüse, Tabak usw. Inmitten dieses Palmenhains befindet sich die „Blaue Quelle von Meski". Das Wasser dieser Quelle wurde seinerzeit von den Franzosen in mehreren Becken gesammelt, um als Schwimmbad mitten in der Wüste zu dienen. Heute gibt es hier einen schönen Aussichtspunkt und für Abenteuerlustige einen kleinen Campingplatz, der meiner Meinung nach nicht sehr vertrauenserweckend zu sein scheint.

Am späteren Nachmittag sollten wir ein weiteres Highlight der Reise erleben, und zwar einen Ausflug mit Geländewagen in die

Wüste. Jeweils zu fünft wurden wir in die Autos gepackt und mit hochgekrempelten Ärmeln und heruntergekurbelten Fenstern starteten wir unsere Wüstensafari von der Stadt Erfoud aus. Nun ging es ca. 50 km über Stock und Stein in die Nähe des Dorfes Merzouga. Dort, am Rande der Sahara, stiegen wir aus und entschieden uns, über die rot leuchtenden Ausläufer der Sanddünen zu wandern.

Es hätte auch die teurere Möglichkeit gegeben, die Wüste auf einem Kamelrücken zu erkunden, doch hatte ich noch sehr schlechte Erinnerungen an einen Kamelritt auf der Insel Lanzarote, auf den Kanarischen Inseln. So fand ich es besser, mit dem Allrad durch die Wüste zu fahren.

Die höchste Düne Marokkos ist der Erg Chebbi mit 150 m Höhe und mehreren Kilometern Breite. Es ist schon ein eigenes Gefühl, über meterhohen Sand zu stapfen. Immer wieder sinkt man ein oder rutscht rückwärts und blickt neiderfüllt auf wuselnde Käfer, die keine Schwierigkeiten mit dem Untergrund zu haben scheinen. Von zwei Berbern begleitet, die uns unbedingt ihre Produkte verkaufen wollten, ließen wir uns schließlich auf einer Düne nieder, um den malerischen Sonnenuntergang zu erleben.

Scheinbar jede Minute änderten sich die Farben des Sandes rings um uns, von Ockerbraun bis zu Tiefrot konnten wir ein prächtiges, romantisches Farbenspiel beobachten. Immer tiefer sank die orangefarbene Sonnenkugel herab, bis sie schließlich komplett hinter einer Düne verschwand. Tief beeindruckt kehrten wir, bei merkbar kühlerer Temperatur, zu den Geländeautos zurück, die uns zum Hotel in Erfoud brachten. Beim Abendessen ließen wir nochmals den Tag Revue passieren und bei einem Glas Rotwein besprachen wir mit anderen Gästen die Schönheit des Sonnenunterganges.

Sehr früh machten wir einen kleinen Spaziergang durch Erfoud. Dieses Städtchen wurde erst 1917 von den Franzosen als Standort einer Militäreinheit gegründet. Heute ist sie die Hauptstadt des Tafilalet. Für Touristen besonders interessant sind die angebotenen Fossilien der Umgebung. Alle möglichen und unmöglichen Gebrauchsgegenstände werden aus diesen mehrere Millionen alten Steinen hergestellt, z. B. Aschenbecher, Tischplatten, Schmuck etc.

Weiter ging unsere Reise nun in den Oasenort Rissani. Dieses Dorf mit seinen Häusern aus gebrannter Erde gilt als die Wiege der Alaouiten-Dynastie, die bis heute herrscht. Wir besichtigten hier das prunkvolle Mausoleum des Begründers dieser Dynastie, des Moulay Ali Cherf und spazierten anschließend, natürlich mit zusätzlichem einheimischen Führer, durch die unwirklich anmutenden grasgrünen Felder und Haine des Dorfes mit mehr als 300.000 Dattelpalmen.

Auf der Weiterfahrt durch karge, trostlose Vorsahara Landschaften stoppten wir kurz und lernten das System der Foggaras kennen. Diese unterirdischen Wasserkanäle leiten das Grundwasser vom Hohen Atlasgebirge über mehrere Kilometer bis zu den Oasentälern. Zur Pflege und Instandhaltung der Kanäle wurden in gewissen Abständen senkrechte Schächte ausgehoben, die von der Ferne betrachtet wie überdimensionale Maulwurfshügel wirken.

Bei der Stadt Tinghir kamen wir erstmals in Kontakt mit der berühmten Straße der Kasbahs. Diese klassische Reiseroute, die quer durch das Vorsahara-Hochplateau läuft, besticht durch ihre zahlreichen grün gesprenkelten Oasentäler und den malerisch gelegenen erdbraunen Kasbahs, die aus einem orientalischen Traum entsprungen sein könnten.

Nach einigen Fotostopps erreichten wir die gewaltige Todhra-Schlucht, deren engste Stelle nicht breiter als 10 Meter ist. Hier gibt es ein kleines Restaurant, welches sich direkt an die mächtigen Felsen anschmiegt. Nach einer kurzen Mittagspause schlenderten wir ein Stückchen in die Schlucht hinein und waren begeistert von der erhabenen Landschaft.

Gemeinsam entschieden wir, noch einen kleinen Streifzug durch die Oase von Tinghir zu unternehmen, welche als eine der üppigsten in ganz Marokko gilt. Neben Dattelpalmen werden hier Oliven, Mandel- und Apfelbäume angepflanzt.

Spätabends erreichten wir das kleine Städtchen Boumalne-du-Dades, an dessen Rand sich unsere Hotelanlage „Kasbah Tizzarouine" befand. Leider waren wir mit der Wahl der Unterkunft nicht besonders glücklich, bis wir jedoch am nächsten Morgen den traumhaften Ausblick auf das Tal des Dades-Flusses unter uns erblickten.

Das Dades-Tal ist Teil einer von mehreren Flüssen durchzogenen Hochebene, zwischen 1.100 bis 1.500 m, mit einer äußerst reizvollen Landschaft. Hier liegt das Herz der Straße der Kasbahs. Wuchtige Wohntürme aus Stampflehm beherrschen die merkwürdige Felslandschaft, die in verschiedensten Braunschattierungen leuchtet. Zwischendurch schweift der Blick immer wieder auf silbergrün schimmernde Felder und Obstbäume ab.

Februar und März gelten als die wirklich schönste Reisezeit für Marokkos Süden, schon der Baumblüte wegen.

Nach einigen Fotostopps in dieser schönen Hochebene stoppten wir in der Nähe der Ortschaft Skoura und machten einen Spaziergang durch die Palmoase. Bei einer kleineren Kasbah, die zu einem Luxushotel umgebaut worden war, erfuhren wir, dass 3 Menschen an einem einzigen Tag 10,3 m an Mauerwerk aus Lehm, Stroh, Palmzweigen und Urin herstellen können.
Die so entstehenden Kasbahs halten am Tag die Hitze und in der Nacht die Kälte ab. Ein großer Nachteil ist jedoch, dass sie kaum der Witterung standhalten können und so ständig repariert werden müssen. Schon innerhalb von 50 Jahren kann eine Kasbah komplett verfallen sein!
Unser nächster Programmpunkt war die wunderbar gepflegte Kasbah von Amridil. Dieses wuchtige Bauwerk, mit zahlreichen Ornamenten verziert, welche die Stammeszugehörigkeit der Besitzer ausdrücken sollen, besichtigten wir gegen ein kleines Entgelt auch von innen.

Der Führer informierte uns sichtlich stolz, dass „seine" Kasbah den 50 Dirham Schein ziert und schon für zahlreiche Filme als Kulisse diente. Er hat schon recht, „seine" Kasbah ist wirklich ganz besonders schön. Der schattige Innenhof, die mächtigen Zinnen und die schöne Lage sind bezaubernd und laden zum Träumen ein.

Unsere Reiseleiterin holte uns schließlich wieder zurück in den Alltag und führte uns weiter in die Stadt Ourzazate, die aus einer französischen Garnisonsstadt erwuchs. Auch heute noch ist sie ein wichtiger Knotenpunkt im Süden des Landes und bedeutender Warenumschlagplatz.

Zuerst jedoch näherten wir uns der berühmten Kasbah von Ait Benhaddou. Dieses imposante Festungsdorf zählt zum UNESCO-Weltkulturerbe und ist wohl das schönste von Marokko.

Um die noch heute bewohnte Anlage besichtigen zu können, mussten wir zuerst einen kleinen Fluss überqueren. Die hier ansässigen Menschen verhindern seit Jahren erfolgreich den Bau einer Brücke, denn sie verdienen mit ihren Maultieren, die die Touristen trockenen Fußes auf die andere Seite bringen, gutes Geld. Auch wir wollten den schmutzigen Fluss nicht zu Fuß durchwaten, obwohl uns die armen Tiere in der sengenden Mittagshitze und auch wegen meines Gewichtes, sehr leidtaten. Schließlich standen wir vor dem pittoresken, halb verfallenen Wehrdorf, das sich mit seinen labyrinthartigen Gassen an einen kleinen Hang schmiegt. Durch enge Passagen, über Felsstufen hinweg, gelangten wir zum höchsten Punkt Ait Benhaddous, einem verfallenen Wachturm. Der mühsame Aufstieg hatte sich mehr als gelohnt, denn von hier aus konnten wir uns an einem fantastischen Ausblick auf die Umgebung erfreuen.

Langsam begaben wir uns wieder abwärts und besuchten das Haus unseres einheimischen Führers. Hier, in einem teppichbelegten Zimmer, welches am Tag als Wohnraum und in der Nacht als Schlafraum dient, setzten wir uns auf Polster auf den Boden und genossen die erfrischende Kühle. Die Dame des Hauses servierte uns typisch marokkanischen, süßen Pfefferminztee und selbst gebackenes Fladenbrot. Der Pfefferminztee wird in kleinen Gläschen, sehr süß und heiß getrunken.

Nach dieser kleinen Pause wurden wir von unseren Maultieren wieder über den Fluss getragen und fuhren mit dem Bus weiter Richtung Gebirge. Als wir bei einem der vielen Fotostopps aus dem Bus stolperten, lagen rings um uns unzählige Gipskristalle verstreut.
Das Gebiet des Atlasgebirges ist überhaupt ein Mekka für Mineralienfreunde. Überall gibt es kleine Stände, die wunderschöne Mineralien in allen Größen und Farben feilbieten. Auch wir konnten nicht widerstehen und packten uns ein paar besonders schöne Gipskristalle ein. Glücklicherweise ist das Ausführen von Mineralien aus Marokko erlaubt, im Gegensatz zur Türkei, wo schon ein einziger Stein zu einem Gefängnisaufenthalt führen kann!

Immer kurviger wurde nun die Straße und wir schraubten uns immer höher hinauf durch eine wild zerklüftete, karge Berglandschaft. Wir erreichten den höchsten Punkt unserer Reise, den Col du Tichka Pass auf 2.260 Meter. Hier machten wir eine Pause und ließen uns von den fliegenden, jedoch ziemlich unaufdringlichen Händlern schöne Mineralien zeigen. Natürlich mussten wir auch einige Erinnerungsfotos schießen.
Die anderen Reiseteilnehmer verschwanden ziemlich schnell in einem modernen Shop, der Schmuck, Mineralien und sonstige Kleinigkeiten anbot.
Nun ging es in rascher Fahrt weiter Richtung Marrakesch. Den Besuch dieser vierten Königsstadt, eigentlich sollte es eher Sultansstädte und nicht Königsstädte heißen, deren Name alleine schon aus einem Märchen entsprungen zu sein scheint und wohl alle Wunschbilder und Fantasien des Orients vereint, sollten wir den ganzen morgigen Tag widmen.

Wir erreichten die berühmte Stadt schon bei Dunkelheit und begaben uns auf den magischen Platz Djemaa el Fna, der wegen seiner

Märchenerzähler, Zauberer, Affenbändiger und Schlangenbeschwörer und Taschendiebe Berühmtheit erlangt hat.

Im Mittelalter war der Djemaa el Fna ein Handels- und Gerichtsplatz, auf dem die Köpfe der Hingerichteten zur Schau gestellt wurden. Im Jahre 1846 wurde das gesamte Gebiet jedoch durch eine Explosion zerstört. Heute herrscht hier ein wuselndes Treiben, welches wir auf einer Terrasse eines Kaffeehauses verfolgten, wo uns der verführerische Geruch der zahlreichen Garküchen, die jeden Abend neu aufgebaut werden, in die Nase stieg.

Mit festgehaltenen Taschen begaben wir uns wieder auf den Platz hinunter und ließen uns in der Menge treiben. Ein Rad schlagender Junge tauchte plötzlich vor uns auf, schnitt uns frech den Weg ab und verlangte dafür auch noch 10 Dirham. Als wir ihm nichts gaben, beschimpfte er uns und war so schnell verschwunden, wie er gekommen war.

In dieser großen Freiluftarena, in der der Puls der Stadt schlägt, ist kostenloses Fotografieren unmöglich. Man ist hier niemals unbeobachtet und die Künstler sind teilweise ziemlich hartnäckig, wenn es um ihr Trinkgeld geht. Somit endete auch dieser Tag und wir freuten uns schon auf morgen.

Marrakesch wurde vor mehr als 1.000 Jahren gegründet, als Basis von der aus der Hohe Atlas kontrolliert werden konnte. Im Laufe der Zeit entwickelte sie sich zu einem wichtigen Handelszentrum und zog durch ihre geistige und kulturelle Aufgeschlossenheit viele Gelehrte an.

Im Mittelalter entstanden zahlreiche Moscheen, Paläste, Gärten und die mehr als 20 km langen Festungswälle mit mehr als 200 Türmen. Im Jahre 1147 zerstörten die Almohaden das gesamte Stadtgebiet und machten die wieder neu aufgebaute Stadt zu ihrer Hauptstadt. Unter dem Herrscher Yakoub el Mansour erlebte sie wiederum eine Blütezeit, bis sie nach seinem Tod an Bedeutung verlor und Fes zur neuen Hauptstadt ernannt wurde.

Unter den folgenden Dynastien erlebte die Stadt eine wechselhafte Geschichte, wurde wieder aufgebaut und diente manchen Alaouiten Herrscher als Nebenresidenz. Im Laufe der Zeit ließen sich wohlhabende Händler hier nieder und im Jahre 1912 erbauten die Franzosen die schicke Ville Nouvelle mit ihren breiten Boulevards. Durch die rote Erde und den dunklen Farben der Bauten wird Marrakesch auch **„Rote Perle des Südens"** genannt. Sie gab dem gesamten Land ihren Namen, denn aus dem arabischen Wort „Mraksch", das „Stadt der Städte" bedeutet, entwickelte sich auch der Name Marokko. Heute ist sie das wohl bedeutendste Touristenzentrum des Landes und ein bedeutender Verkehrsknotenpunkt.

Unsere ganztägige Stadtbesichtigung begann mit dem Besuch des Jardin Menara. Diese Gartenanlage aus dem 12. Jh. ist eigentlich eine große Olivenplantage. Im Zentrum des Gartens befindet sich ein großes Wasserbecken, in dem die Soldaten des Almohaden-Fürsten schwimmen lernen sollten, bevor sie nach Andalusien gesendet wurden. Am Rande des Beckens spiegelt sich ein kleiner Pavillon aus dem 19. Jh. im Wasser, in der Ferne konnten wir die Gipfel des Hohen Atlas erkennen.

Anschließend erreichten wir das Wahrzeichen der Stadt, die Koutoubia Moschee. Das 70 Meter hohe Minarett des Bauwerks gilt als eines der schönsten der Almohaden Zeit. Es entstand im 12. Jh. unter Yakoub el Mansour. Da Marrakesch in einer weiten Ebene liegt, kann man das schön verzierte Minarett von überall her sehen. Der Name der Moschee bedeutet Buchhändler und geht auf eben diesen Souk zurück, der sich seinerzeit gleich neben der Moschee befand. Leider ist auch hier der Zutritt für Nichtgläubige nicht gestattet.

Das wohl schönste und älteste Tor Marrakeschs ist das Bab Agnaou. Dieses monumentale Bauwerk stammt ebenfalls aus der Almohaden Zeit und sollte den Sitz des Herrschers anzeigen. Gleich hinter dem wuchtigen Tor befinden sich die Reste der Almohaden-Kasbah und die Saaditen-Gräber. Betritt man diese prächtige Nekropole, die die sterblichen Überreste von 7 Sultanen und über 150 ihrer Angehörigen aus dem 16. bis18. Jh. beherbergt, ist der Lärm der Stadt vergessen. Die Stätte der Toten strahlt eine gelassene Ruhe und Friedlichkeit aus. Auch die Sonne scheint hier weniger heiß zu sein.

Zurück im Trubel der Gassen, mit dem Gestank von unzähligen durch die engen Gassen flitzenden Mopeds, wanderten wir weiter zum Dar Si Said Palast, der ein Museum der marokkanischen Künste beherbergt. Hier wird eine sehr interessante Sammlung an Kunsthandwerk, Schmuck, Kleidung, Bücher, Kinderspielzeug, Teppiche etc. der Berber und der Saaditen-Zeit präsentiert. Besonders schön und natürlich erholsam war der kleine, kühle Innenhof des Palastes mit einem plätschernden Brunnen.

Nun ging es erst richtig los, denn unser Führer brachte uns in die quirligen Souks der Stadt, die wahrlich ein Aufgebot für alle Sinne sind. Die Augen können die Fülle der bunten Waren kaum fassen, unzählige Gerüche steigen einem, mehr oder weniger betörend, unvermittelt in die Nase. Die Händler preisen lautstark ihre Produkte an und Menschentrauben und Mofas schlängeln sich unverwandt in alle Richtungen. Leider sind die engen Souks nicht für Motorroller gesperrt, sodass ein Schleier an Abgasen die schmalen Passagen durchzieht und die Luft stockt. Somit waren wir eigentlich ganz froh, als wir zum Mittagessen in ein kleines, verstecktes Restaurant abbogen. Auch hier gab es wieder das Nationalgericht Marokkos, nämlich Tajine in allen erdenklichen Variationen.

Dieses leckere, eintopfartige Gericht wird traditionell in einem spitzkegeligen irdenen Gefäß aus Ton zubereitet und auch serviert. Tajine gibt es mit Gemüse, verschiedenem Fleisch, Lamm, Rind und Kalb, sowie auch Fisch.

Frisch gestärkt begaben wir uns zur prächtigen Koranschule Medersa Ben Youssouf, die im 14. Jh. errichtet wurde. Sie war die größte und wichtigste Koranschule in ganz Nordafrika, bis zu 900 Schüler sollen hier seinerzeit studiert haben. Der Unterricht wurde erst 1960, nach Renovierungsmaßnahmen, eingestellt. Seitdem können Touristen wie wir ihren reichlich verzierten Innenhof und die kleinen Studierzimmer im Obergeschoss bestaunen.

Nun brachte uns unser Führer in eine Apotheke, in der wir eine Vorführung von verschiedensten Mittelchen und Duftstoffen bekamen. Müde und natürlich mürrisch ließen wir uns wiedermal berieseln und ärgerten uns über die verlorene Zeit. Glücklicherweise konnten wir anschließend den Souk auf eigene Faust erkunden. Da wir Angst hatten, uns in den engen Gassen zu verirren, machten wir immer nur kleine Rundgänge. Wir beobachteten Handwerker bei ihrer Arbeit und waren erstaunt von dem großen Angebot an Waren. Ein Händler reiht sich neben den Anderen; hier gibt es beispielsweise Früchte, die wir noch nie zuvor gesehen hatten.

Allerdings gelten in Marokko die beiden Grundsätze „Handeln macht Spaß" und „Leben und leben lassen". Daher kann man, vor allem als Tourist, nichts kaufen, ohne es vorher auf mindestens 50 Prozent des Ausgangsgebotes hinunter zu handeln. Schließlich trafen wir unsere Reisegruppe wieder am Platz Djemaa el Fna, der bei Tageslicht leer und verlassen wirkt. Nur ein paar Stände mit Orangensaftverkäufern bevölkerten den großen Platz, der anscheinend erst mit Sonnenuntergang so richtig zum Leben erwacht.

Am späten Nachmittag erreichten wir schließlich wieder unser Hotel und ruhten uns aus, um für den nächsten Tag fit zu sein.

Ein letztes absolutes Highlight von Marrakesch ist der kleine Majorelle Garten. Dieser traumhafte botanische Garten, der meiner Meinung nach der schönste Ort Marrakeschs ist, wurde vom französischen Maler Jacques Majorelle in den 20er Jahren des 20. Jh. angelegt. Heute gehört er dem Designer Yves Saint-Laurent, der ihn auch öffentlich zugänglich gemacht hat. Nicht nur in Marrakesch begeisterten mich bereits die unglaublich schönen Gärten in den Maurischen Festungen. Um nur Granada in Spanien zu nennen. Die dominierende Farbe der Gartengestaltung ist Blau, welche immer wieder zwischen Bambushainen, mächtigen Palmen, zahlreichen Kakteen und den bunten Farbtupfern der blühenden Blumen hervorsticht.

Inmitten der üppigen Pflanzenpracht liegt das kleine Museum für islamische Kunst, welches wir ebenfalls kurz besichtigten. Die angenehme, ruhige Atmosphäre des Gartens lädt zum Verweilen und Träumen ein, auch das Herz jedes Fotografen schlägt hier sicherlich höher.

Leider mussten wir bald wieder weiter, denn der Weg zu unserem Tagesziel Essaouira war noch weit. Durch die äußerst karge und eintönige Haouz-Ebene mit ihren Arganienbäumen, die ausschließlich hier vorkommen, gelangten wir schließlich wieder zum Atlantik.

Der Arganienbaum ist wohl Marokkos berühmtester und zugleich seltenster Baum. Die Früchte des 4 bis 6 m hohen, knorrigen, eher unscheinbaren Laubbaums ähneln Oliven und dienen den Ziegen, die auf seinen Ästen herumklettern, als Nahrungsergänzung. Durch Zermalen und Pressen der Kerne erhält man ein Öl, welches als marokkanische Spezialität gilt und nicht nur für die Nahrungszubereitung, sondern auch gerne zur Körperpflege verwendet wird. Vergleichbar mit unserer Tui-Tui Nuss hier in Tonga, die ebenfalls als Pflegemittel der Haut Verwendung findet.

Am frühen Nachmittag erreichten wir Essaouria, wo wir zuerst eine lange Mittagspause in einem Hafenlokal einlegten.

Die äußerst malerische blau-weiße Stadt am Atlantik zählt zum UNESCO-Weltkulturerbe und zieht wahrscheinlich jedermann in seinen Bann.

Ihre Geschichte reicht bis zu den Phöniziern zurück, die bereits im 7. Jh. hier sesshaft wurden. In römischer Zeit lag im Stadtgebiet eine große Purpurmanufaktur, sogar Rom wurde von hier aus mit dem begehrten Farbstoff beliefert.

Im 14. Jh. siedelten sich Portugiesen an, die einen Hafen und die Festungsanlagen der Stadt errichteten. Später wurde Essaouira auch für die Europäer bedeutendes Handelszentrum und diente als Vorposten zur Sahara. Zahlreiche, vor allem jüdische Händler, siedelten sich an und verhalfen der Stadt zu ihrer Blüte. Mitte des 20. Jh. ließen sich viele Künstler und Aussteiger hier nieder.

Auch heute noch ist dieses unvergleichliche Flair, der von einer unbekümmerten, offenen Lebensweise zeugt, in jeder Gasse zu spüren. In den zahlreichen Kunstgalerien und kleinen Cafés kann man den Charme der Stadt voll auskosten. Hier würde es sich für mehrere Tage aushalten lassen!

Unser großer Stadtrundgang führte uns vom Hafen, mit seinen wuchtigen Festungsanlagen, in die Altstadt, zum jüdischen Viertel Mellah und anschließend in den Souk. Dieser liegt, ganz untypisch für Marokko, nicht in einem verwinkelten Gassengewirr, sondern erstreckt sich überschaubar über mehrere, schnurgerade Straßen und Gassen überhaupt weißt die ganze Medina einen regelmäßigen Grundriss mit gerade verlaufenden, sich rechtwinkelig kreuzenden Straßen auf. Berühmt ist Essaouira auch wegen der dort hergestellten Holzeinlegearbeiten. Die filigranen, wunderbaren Intarsienarbeiten werden zu Tischplatten, Schmuckkästchen, Stühlen, Spiegelrahmen etc. verarbeitet. Es war nicht einfach, hier zu widerstehen!

Besonders begeistert waren wir von unserem Hotel, einem umgebauten Kaufmannspalast, dem Riad Al Madina. Unser Zimmer in diesem herrlichen Palast, der sich mitten im Zentrum der Stadt befindet, erstreckte sich über zwei Stockwerke. Im kleinen, liebevoll gestalteten Innenhof konnten wir bei Vogelgezwitscher und Pfefferminztee so richtig gemütlich den Tag ausklingen lassen.

Auch der Speisesaal, mit seiner rustikalen Einrichtung, begeisterte uns, sodass wir unsere letzte Nacht im bezaubernden Marokko sehr genossen.

Nun war leider schon unser letzter Tag angebrochen. Mit vielseitigen Eindrücken und Erinnerungen begaben wir uns heute zur letzten Etappe unserer knapp 2-wöchigen Reise durch das abwechslungsreiche Marokko. Unsere Fahrtstrecke führte entlang des wilden Meeres bis nach Casablanca, wo die Reise begonnen hatte. Von dort sollte etwa um Mitternacht unser Flug zurück nach Frankfurt starten. Glücklicherweise hatten wir gut geschlafen, denn eine lange Nacht wartete nun auf uns.

Wir hatten noch den ganzen Tag zur Verfügung und so besuchten wir zuerst die Stadt Safi. Diese Industriestadt an einer felsigen Küste vom Atlantik umtost, ist ein wichtiges Handelszentrum für

Phosphat und der Textilindustrie. Auch große Lebensmittel-fabriken, wie Fisch, Gemüse und Obst sind hier ansässig. Außer-dem ist Safi ein bedeutendes Töpfereizentrum, das große Teile Marokkos mit Töpferwaren versorgt. In der das Stadtzentrum beherrschenden Burganlage aus dem 16. Jh. ist heute das Nationalmuseum für Keramik untergebracht.

Bei einem kleinen Spaziergang durch den Stadtkern konnten wir die in der Sonne trocknenden Produkte sehen und natürlich im nahegelegenen Marktgebiet die fertigen Töpferwaren auch erwer-ben.

Inmitten des Zentrums liegt ein kleiner Friedhof mit einem weißen, kubischen Grabmal. Diese für Marokko charakteristischen Bauten bezeichnen Gräber von als heilig und wundertätig angese-henen Menschen. Viele Marokkaner pilgern auch heute noch zu diesen Ruhestätten, sprechen Gebete und richten Wünsche an den Verstorbenen. Als Nationalheiliger gilt beispielsweise Moulay Idriss, der Gründer des ersten marokkanischen Staates.

Entlang der anmutigen Küstenlinie ging es weiter nach El-Jadida. Die Phönizier siedelten hier zuerst, dann kamen die Portugiesen, deren Erbe noch heute in den wuchtigen Befestigungsanlagen lebendig ist. 1769 wurden sie gewaltsam vertrieben, töteten aber dabei viele marokkanische Soldaten, sodass die Einheimischen die Stadt aus Angst lange Zeit mieden. Erst 1815 setzte der Wiederauf-bau des verfallenen Ortes ein, auch die Befestigungsanlagen wurden renoviert. Ihre Blüte erlebte El-Jadida allerdings erst in der französischen Protektoratszeit.

Für uns Touristen ist vor allem das portugiesische Erbe sehr se-henswert, welches heute zum UNESCO-Weltkulturerbe zählt. Die meisten Häuser sind Weiß gekalkt und ducken sich innerhalb der mächtigen Festungsmauern, auf denen wir spazierten. Die Wehrmauer fällt teilweise senkrecht bis zum Meer hin ab und scheint allen Widrigkeiten zu trotzen.

Das bedeutendste Bauwerk der Stadt ist sicherlich die portugie-sische Zisterne aus dem Jahre 1541. Dieser geräumige, unterir-dische Raum mit seiner gewölbten Decke, wird von 25 Säulen getragen und diente höchstwahrscheinlich als Lagerraum oder als Zufluchtsstätte. Bis zum heutigen Tag ist seine Funktion nicht vollständig geklärt, allerdings wird ausgeschlossen, dass es sich um eine Zisterne handelte.

Nach dem Besuch dieser interessanten Stadt ging unsere Reise endgültig dem Ende zu.

In rascher Fahrt, unser Busfahrer war zu schnell unterwegs und kassierte dafür zu Recht einen Strafzettel, erreichten wir wieder Casablanca. Dort aßen wir zu Abend und sprachen über unsere reichhaltigen Impressionen und Erlebnisse der Reise in diesem vielschichtigen, interessanten Land. Für meine Frau, aufgewachsen in einem Königreich christlicher Natur, war diese Reise ein Höhepunkt ihres bisherigen Lebens. Die moslemische Lebensart und besonders die Feinheit des Baustils fanden uneingeschränkt ihre Bewunderung.

Als Abschluss wollten wir noch auf den Spuren des Films Casablanca wandeln und suchten Ricks Café. Dies stellte sich allerdings als gar nicht einfach heraus, denn unsere Reiseleiterin dachte, das besagte Café aus dem Film wäre im Hyatt Hotel. Als wir dort alle 15 hineinstürmten, wurden wir komisch angesehen und ins Hafenviertel verwiesen. Schließlich fanden wir es doch noch und die meisten Reiseteilnehmer genehmigten sich einen Abschiedscocktail.

Dreizehntes Kapitel

Doch zurück zur Realität. Auch wenn die sich abzeichnenden Klimaveränderungen nicht aufzuhalten sind, dürfen wir nicht vergessen unser Leben zu leben, und uns den Blick für die Natur und die Schönheiten unseres Lebens zu bewahren.

Es gibt täglich Neues zu entdecken, die Welt ist immer noch voller Wunder, wir müssen sie nur sehen.
Zum Schluss möchte ich nochmals auf die Prognosen über die Folgen des Klimawandels eingehen und hoffe, dass für viele Anregungen zu finden sind, das Leben in eine natürlichere Richtung zu steuern und somit unserem Planeten Erde ein Überleben einzuräumen und unseren Kindern und Enkelkindern eine lebenswerte Zukunft zu sichern.

Erstmals hat nun die Bundesregierung in einer Regierungsprognose Folgen des Klimawandels für Deutschland veröffentlicht. Mehr Hitzewellen, kein Schnee im Winter.
Nach jahrelanger Rechenarbeit ist eine Klimaprognose der Bundesregierung fertig. In nie erreichter Genauigkeit sagt sie voraus, wie sich das Klima bis 2100 verändert, Region für Region. Die Prognose zeigt klar, worauf sich Deutschland einstellen muss. Für Remo ist Deutschland nicht mehr als eine Ansammlung von Würfeln, jeder von ihnen zehn Mal zehn Kilometer in der Fläche und 100 Meter hoch. Doch die Würfel haben es in sich. Prall gefüllt mit Daten, sollen sie die hiesigen Klimaveränderungen bis zum Jahr 2100 prognostizieren. Damit ist Remo, das Klimamodell des Hamburger Max-Planck-Instituts (MPI) für Meteorologie, räumlich mehr als 20-mal genauer als die globalen Modelle des UNO-Klimarats IPCC.

In keinem anderem Land der Welt liegt bis dato eine präzisere Kalkulation der Klimafolgen vor. Sie soll die Grundlage für politische Planungen bilden. Auch Katastrophenschützer, Landwirte,

Winzer, Kraftwerksbetreiber und die Tourismusbranche sollen sich rechtzeitig auf die neue Umwelt einstellen können.

Für die vom Umweltbundesamt in Auftrag gegebenen Berechnungen gingen die MPI-Forscher davon aus, dass die weltweiten Emissionen von Treibhausgasen aus Autos, Kraftwerken und Fabriken nur allmählich sinken. An den Knoten des Gitters aus virtuellen Würfeln hat der Großrechner des Instituts diverse Wettergrößen, etwa Temperatur, Luftfeuchtigkeit und Windstärke, ermittelt.

Für alle 30 Sekunden in den kommenden 89 Jahren spuckte er Werte aus.
Hunderte Billiarden Rechenaufgaben mussten bewältigt werden.
Die Vorgänge in der Luft, in den Meeren und auf der Erde wurden in mathematische Formeln gefasst.
Zudem gingen rund zwei Dutzend Einflussgrößen am Erdboden in die Rechnungen ein, von der Vegetation über die Zusammensetzung der obersten Bodenschicht bis hin zum Wasserfilm auf Blättern.

Das Ergebnis:

Die Klimaerwärmung wird Deutschland verändern, allerdings weniger dramatisch als vielfach befürchtet.

Folgende Gefahren haben die Forscher für Deutschland berechnet:

Sinkende Grundwasserspiegel im Sommer, insbesondere in Südwestdeutschland, eine erhöhte Waldbrandgefahr, besonders in Südwestdeutschland und Nordostdeutschland, eine Zunahme hitzebedingter Krankheiten, vor allem in Süddeutschland, eine Gefährdung der Kühlung von Atomkraftwerken im Sommer, auch dies insbesondere in Süddeutschland eine größere Hochwassergefahr im regenreichen Herbst, vor allem an der Elbe.

Allerdings bringt der Klimawandel in Deutschland auch Chancen mit sich, wie die Hamburger Forscher betonen, etwa höhere Ernten in der Landwirtschaft, vor allem in Norddeutschland, eine ertragreichere Weinlese in Süddeutschland, weniger kältebedingte Krankheiten, einen Boom des Tourismus in Deutschland, insbesondere an der Küste. Den Berechnungen zufolge werden also auch künftig keine Palmen an der Ostsee stehen, die Nordsee wird nicht den Kölner Dom fluten, und die Alpen behalten ihr weißes Kleid, wenn es auch etwas kürzer werden wird. Wir bekommen kein Mittelmeerklima, so die Hamburger MPI. Deutschland werde weiterhin in der Westwindzone liegen, wie eh und je werden regenreiche Tiefdruckgebiete übers Land ziehen. Ende des Jahrhunderts fällt den Berechnungen zufolge im Jahresmittel etwa ebenso viel Niederschlag wie derzeit. Weder Trockenepisoden noch Starkregenfälle werden häufiger.

Und doch: Die Umwelt ist offenbar dabei, sich deutlich zu wandeln, laut MPI. Ende des Jahrhunderts wird es dem Szenario zufolge im Jahresdurchschnitt rund drei Grad wärmer sein als im Zeitraum von 1971 bis 2000. Der Norden wird sich laut MPI weniger stark erwärmen als der Süden. Im Sommer werde es schon im Zeitraum 2021 bis 2050 um rund ein Grad wärmer sein als heutzutage. Selbst in Norddeutschland werden sommerliche Tropennächte demnach bald keine Ausnahme mehr sein. In 70 Jahren werden im Juli und August die Temperaturen um zwei bis vier Grad höher liegen, wurde berechnet. Besonders Süddeutschland muss sich auf heiße Sommer einstellen. Alle paar Jahre werde es Hitzewellen wie vor fünf Jahren geben. Im August 2003 starben in Deutschland rund 7.000 und europaweit bis zu 70.000 Menschen an den Folgen der extremen Hitze. In trockenen Sommern werde sich der Grundwassernachschub als nützlich erweisen. Dem MPI zufolge wird die warme Jahreszeit bis zum Ende des Jahrhunderts immer regenärmer, besonders im Süden Deutschlands. Vermutlich dehne sich das wolkenarme Azorenhoch vermehrt nach Mitteleuropa aus.

Die Sommertourismusbranche dürfte der warmen Zukunft freudig entgegensehen, insbesondere in Norddeutschland. Zahlreiche Familien werden die Sommerferien kommender Jahrzehnte wohl nicht mehr in der zunehmend staubtrockenen Mittelmeerregion, sondern an Nord- und Ostsee verbringen. Denn dort werden verregnete Sommer den MPI-Berechnungen zufolge seltener.

Vermehrte Sturmschäden sind laut MPI indes kaum zu befürchten. Unsere Modelle zeigen keine Zunahme der Stürme für Deutschland, jedenfalls nicht über Land. Die Küsten müssen sich allerdings auf einen steigenden Meeresspiegel einstellen. Ende des Jahrhunderts könnten die Meeresspiegel nach Angaben des aktuellen Klimaberichts der Vereinten Nationen um 18 bis 59 Zentimeter höher stehen. Inzwischen gehen aber viele Forscher davon aus, dass diese Schätzung zu konservativ ist, da sie die Gletscherschmelze in Grönland und der Antarktis nicht berücksichtigt. Mitunter ist die Rede von einem Pegelanstieg um bis zu eineinhalb Meter.

Am stärksten werden die Temperaturen im Winter steigen, berichten die Forscher. Dafür gebe es zwei Gründe. Der schneefreie Boden absorbiert mehr Wärme, und aus dem Osten gelangt weniger Kaltluft nach Mitteleuropa. Das Frühjahr indes dürfte laut MPI zwischen 2071 und 2100 kaum wärmer sein als heute, da aufgrund veränderter Luftdruckverhältnisse verstärkt kühler Nordwind nach Deutschland gelangen werde.

In den Alpen werde es im Winter bereits zwischen 2021 und 2050 rund zwei Grad wärmer sein. Oberhalb von 1.500 Metern hat das keine sichtbaren Folgen, dort bleibt die Temperatur meist unter dem Gefrierpunkt und der Schnee somit erhalten. In tiefer gelegene Regionen jedoch wird es den MPI-Berechnungen zufolge bereits in rund 25 Jahren nur noch halb so viel schneien wie heutzutage.

Keine guten Nachrichten für München, das sich für die Olympischen Winterspiele 2018 beworben hat und auf Schnee hofft. Denn 2018 dürfte Tauwetter bereits deutlich häufiger eintreten als heute. Der Trend setzt sich fort. Ende des Jahrhunderts fällt in den Alpen unterhalb von 1.500 Metern wohl kaum noch Schnee. In Deutschland liegen fast alle Skigebiete unterhalb der 1.500-Meter-Grenze.

Die Buden der Weihnachtsmärkte könnten künftig zwischen belaubten Bäumen stehen, denn Pflanzen werden künftig wohl fast das ganze Jahr über blühen. Zudem könnte Dauerregen das vorweihnachtliche Vergnügen häufiger als heute trüben, denn die Winter werden laut dem MPI-Szenario feuchter, besonders an der Nordsee.

Offen ist, was der Klimawandel in Deutschlands Wäldern anrichten wird. Während etwa die Buche nach Meinung von Forstexperten weiterhin zahlreich vertreten sein wird, können Fichten hohen Temperaturen schlecht trotzen. Die Experten empfehlen, Mischwälder zu pflanzen, um die Widerstandskraft der Forste gegen den Klimawandel zu erhöhen.

Auch Landwirte werden reagieren und in dem neuen Klima entsprechende Sorten anbauen müssen, beispielsweise mehr Hirse und weniger Weizen. Weil sich die Vegetationsperiode verlängert, können sie sich auf mehrere Ernten pro Jahr freuen. Bereits in 30 Jahren sprießen die ersten Knospen dem MPI zufolge regelmäßig Mitte Februar und nicht erst im März wie heutzutage. Dann könnten Bäume noch bis Mitte November ihr Laub tragen; also etwa einen halben Monat länger.

Ende des Jahrhunderts wird die Vegetationsperiode in Norddeutschland sogar fast übers ganze Jahr von Januar bis Dezember dauern. Die Landwirtschaft kann mit steigenden Erträgen rechnen. Ursache sind nicht nur die wärmeren Winter, sondern auch die Zunahme von Kohlendioxid in der Luft, das als Dünger wirkt. Künftig können Winterformen von Hafer, Erbsen und Ackerbohnen angebaut werden, die die kalte Jahreszeit bislang selten überlebten.

Zudem experimentiert man bereits mit neuen Getreidearten, die in wärmerem Klima mehr Ertrag versprechen. Bei der Züchtung arbeitet man mit Kollegen in Mexiko zusammen. Es herrscht Handlungsbedarf, denn in den vergangenen Jahren hat sommerliche Hitze einen Teil der Weizenernte in Deutschland zerstört.

Freuen können sich derweil Liebhaber hiesiger Weine. Denn Deutschland wird zum Rotweinland. Mit der Wärme verschiebt sich die Weinanbaugrenze nordwärts. Höhere Temperaturen sorgen für bessere Weine, da die Trauben zuckerreicher werden und ihr Destillat mehr Alkohol enthält. Begehrte Sorten aus Südeuropa werden Einzug halten, so ein Forscher vom Leibnizzentrum für Agrarlandforschung.

Merlot und Cabernet aus dem Rheinland? In 50 Jahren vermutlich kein Problem mehr. Ob dann aber noch Riesling an der Mosel wachsen wird, erscheint fraglich. Denn diese Traubensorte muss langsam reifen und verträgt keine Hitze. Zum Problem könnten lediglich vermehrte Niederschläge im Herbst werden. Sie gefährden die Weinlese, Fäulnis droht.

Obwohl von einem Großcomputer errechnet, der mehrere Räume des Max-Planck-Instituts in Hamburg füllt, unterliegen die Klimamodelle erheblichen Unsicherheiten. Unklar ist etwa, ob der zugrunde liegende Anstieg der Treibhausgasemissionen tatsächlich eintritt. Zudem wirken sich Vegetation und Bodenbedeckung auf das Klima aus, die Veränderung beider Faktoren ist indes nicht vorhersehbar.

Weil sich eine mögliche Verknappung des Wassers weitaus gravierender auswirken würde als die erwartete Erwärmung, steht die Niederschlagsprognose im Vordergrund. Die Niederschlagsrechnungen sind deutlich unsicherer als die Temperaturszenarien. Vergleiche verschiedener Klimamodelle haben gezeigt, dass insbesondere die Niederschlagsprognose für den Sommer sehr unzuverlässig ist. Zudem waren im Oktober 2006 erhebliche Unstimmigkeiten und handwerkliche Fehler im „Remo"-Modell, dem Supercomputer, bekannt geworden.

„Nur wenn es gelingt, den Wassergehalt des Bodens vorherzusagen, kann man auf robuste Prognosen hoffen", sagt ein Klimatologe von der Ludwig-Maximilians-Universität München. Doch Gewitter und Wolken erstrecken sich häufig nur über wenige Kilometer, sie fallen also durch das Raster der Modelle. Ihre Wirkung muss abgeschätzt werden.

Die Ergebnisse der regionalen Klimarechnungen hängen zudem von jenen Modellen ab, die das globale Klima berechnen. Die Strahlungsenergie in der Luft aber, die die Temperatur bestimmt, kann nur mit erheblicher Unsicherheit errechnet werden. Auch sind viele bedeutende Klimaprozesse wenig verstanden, etwa der Kreislauf des Wassers zwischen Boden, Luft und Ozean. Es mangelt an Messdaten.

Vertrauen in ihre Prognosen ziehen die MPI-Forscher daraus, dass sie ihr Modell mit der Klimaentwicklung der Vergangenheit abgeglichen haben. Dennoch wollen sie ihr Szenario für Deutschland nicht als exakte Vorhersage verstanden wissen. Auch Aussagen über das Wetter in einem bestimmten Jahr seien nicht möglich. Die Berechnungen lassen nur Aussagen über das durchschnittliche Wetter über einen Zeitraum von 30 Jahren zu.

Nachdem wir nun auch von deutscher Seite gehört haben, welche Veränderungen möglicherweise auf uns zukommen können, möchte ich zum Schluss meine eigene Prognose stellen.

Die Vielschichtigkeit der Informationen überfordern die meisten von uns, sich ein klares, verständliches Bild der Abläufe zu machen. Zum Teil durch Desinteresse oder einfach nur, um den täglichen Lebenskampf zu überstehen. Oft durch Abhängigkeit von Anderen mundtot gemacht zu werden. In der Zeit, in der wir leben, haben echte Tatbestände oft keinen Platz in unserem Traumleben. Wir hören Globalisierung, Gewinne, Arbeitslosigkeit, Bonuszahlungen, Vulkanausbrüche, Eisschmelze, Fluten, Völkerwanderungen der neuen Armut und so vieles mehr. Es fällt uns schwer, in die richtige Richtung zu gehen und über den Tellerrand zu sehen. Wir nehmen den Geschmack und das Denken der geistigen Vorturner an. Verkaufen es als unsere eigene Meinung, unseren eigenen Lebensstil und denken noch dabei, wir haben gerade gestern erst das Fahrrad neu erfunden.

Aus meiner Sicht ist es nun an der Zeit, umzudenken, unsere Kinder mit den wirklichen Begebenheiten vertraut zu machen, ihnen einen Weg für ihre Zukunft zu zeigen. Viele, sehr viele werden in der Zukunft der Nationen denkende Elite sein und diese Elite muss gefördert werden. Versehen mit klaren Vorgaben für unsere Natur, unseren Blauen Planeten. Die Investitation beginnt heute, damit wir morgen noch einen Gewinn erzielen können.

Den Gewinn des Lebens, in einer menschenfreundlichen Umwelt auf unserem Blauen Planeten.

www.ingramcontent.com/pod-product-compliance
Lightning Source LLC
Chambersburg PA
CBHW071355170526
45165CB00001B/47